工程制图（第2版）

主　编　吕海霆　李雪莱
副主编　朱洪军　樊琳琳
主　审　刘　军　王　琳

北京理工大学出版社
BEIJING INSTITUTE OF TECHNOLOGY PRESS

内容简介

本教材按照教育部工程图学教学指导委员会在 2015 年提出的"普通高等院校工程图学课程教学基本要求",全面贯彻最新颁布的《技术制图》和《机械制图》国家标准,适当简化了画法几何部分的内容,增加了第三角画法、制图国外标准等内容,内容翔实,图例清晰,体现了应用型本科教学的特色。

本教材的主要内容有:绪论、制图的基本知识和基本技能、投影基础、立体的投影、组合体、图样画法、标准件与常用件、零件图、装配图。

本教材及其配套的《工程制图习题集》(第 2 版)可作为高等工科院校各专业 32~96 学时工程制图课程的教材,也可作为高职院校、函授大学相应专业的教材及供有关工程技术人员参考。

图书在版编目(C I P)数据

工程制图 / 吕海霆,李雪莱主编. -- 2 版. -- 北京:
北京理工大学出版社,2022.7
ISBN 978 - 7 - 5763 - 1494 - 6

Ⅰ. ①工… Ⅱ. ①吕… ②李… Ⅲ. ①工程制图 – 高
等学校 – 教材 Ⅳ. ①TB23

中国版本图书馆 CIP 数据核字(2022)第 122839 号

出版发行 / 北京理工大学出版社有限责任公司
社　　址 / 北京市海淀区中关村南大街 5 号
邮　　编 / 100081
电　　话 / (010) 68914775 (总编室)
　　　　　 (010) 82562903 (教材售后服务热线)
　　　　　 (010) 68944723 (其他图书服务热线)
网　　址 / http://www.bitpress.com.cn
经　　销 / 全国各地新华书店
印　　刷 / 三河市龙大印装有限公司
开　　本 / 787 毫米 × 1092 毫米　1/16
印　　张 / 18　　　　　　　　　　　　　　　责任编辑 / 曾　仙
字　　数 / 423 千字　　　　　　　　　　　　文案编辑 / 曾　仙
版　　次 / 2022 年 7 月第 2 版　2022 年 7 月第 1 次印刷　责任校对 / 周瑞红
定　　价 / 90.00 元　　　　　　　　　　　　责任印制 / 李志强

前 言

本教材按照教育部工程图学教学指导委员会在 2015 年提出的"普通高等院校工程图学课程教学基本要求",全面贯彻最新颁布的《技术制图》和《机械制图》国家标准,总结并吸取了近年来教学改革的成功经验和同行专家的意见。本教材具有如下特点:

(1) 本教材在总体上重视基本概念、基本理论和基本技能,继承了课程的传统内容和结构,以维护学科的系统性、完整性和科学性。

(2) 本教材在注重学科知识的系统性、表达的规范性和准确性的同时,充分考虑学生对知识的接受性,遵循学生的认知规律,按照教学活动的实际过程,对教学内容进行了拆分与整合,衔接自然,方便整个教学活动的顺利进行。

(3) 本教材较系统地介绍了第三角画法、国外制图标准,有助于学生读懂国外图纸,并能够准确地实现第一角画法和第三角画法的转换,以适应经济全球化背景下国内外企业对人才的要求。

(4) 本教材在每章的章末增加了"文化阅读"相关知识,着重介绍工程制图发展史及其与中华传统文化相关的知识。在掌握学科知识的同时,培养学生对图学的兴趣,融入思政教育内容,提高学生的思想水平和文化素养,坚定学生的文化自信,激发民族自豪感。

(5) 本教材在附录中摘录了常用的标准结构、常用标准件、极限与配合、表面粗糙度、机械工程 CAD 制图规则、常用材料及热处理名词解释等国家标准,方便教师和学生查阅资料。

(6) 与本教材配套使用的《工程制图习题集》(第 2 版)由北京理工大学出版社同时出版,可供选用。

本教材的编写工作由大连科技学院的吕海霆、李雪莱、朱洪军、樊琳琳、温立达、郭瑞、姚金池、李晶、胡晓洁、孙陆陆、宋丕伟和大连亚明汽车部件股份有限公司的方健儒合作完成。具体分工为:樊琳琳编写绪论、前言、8.5 节和 8.6 节;郭瑞编写第 1 章;朱洪军编写第 2 章和第 3 章;李雪莱编写第 4 章和第 5 章;吕海霆编写第 6 章、8.1~8.4 节、附录 A,以及各章的文化阅读;姚金池编写 7.1 节和 7.2 节;李晶编写 7.3~7.5 节和 8.7 节;方健儒编写 8.8 节;胡晓洁编写附录 B;孙陆陆编写附录 C 和附录 D;宋丕伟编写附录 E;温立达编写附录 F。在本教材编写过程中,大连亚明汽车部件股份有限公司提供了大量有针对性的工程实例,并对教材内容提出了宝贵的建议,在此向大连亚明汽车部件股份有限公司表示深切谢意。

本教材由大连科技学院的刘军和王琳担任主审,审阅人提出了许多宝贵意见和指导性建议,在此表示衷心感谢。

　　本教材在编写过程中参考了相关教材、习题集等文献，在此谨向有关作者表示衷心感谢。由于编者水平有限，书中不当之处在所难免，敬请读者批评指正。

编　者

2022 年 3 月

目 录

绪　论

工程图样是表达和交流技术思想的重要工具，是表达工业产品形状和大小的重要技术资料，是工程技术界的通用语言。绘制工程图样是设计过程中必不可少的一个步骤。随着计算机图形学的发展，计算机辅助设计绘图技术为工程技术人员提供了现代化的设计绘图手段。

1. 工业产品的设计过程与表达方式

工业产品设计这一学科有许多分支，如汽车制造设计、飞机制造设计、机械设计等。随着科学技术的飞速发展，工业产品的功能要求日益增多，且复杂性增加、寿命期缩短、更新换代速度加快，这就要求工业产品的设计过程要紧扣时代脉搏。一般情况下，工业产品的设计过程如图0-1所示。

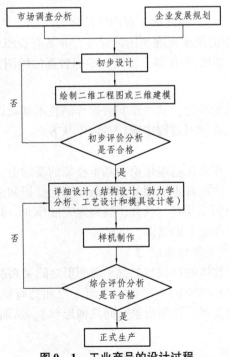

图0-1　工业产品的设计过程

工业产品表达（绘制二维工程图或三维建模）是整个工业产品设计过程中的重要一环。工业产品表达方式分为二维表达和三维表达。二维表达是先构思产品的三维形状，再用二维工程图表达；三维表达是先对产品构思进行三维建模，再将三维模型转化为二维工程图。现在某些高端行业已经不需要绘制二维工程图，而是直接根据三维模型用数控机床进行无图化加工。然而，无论是二维工程图还是三维建模，都越来越依靠各种先进的计算机辅助设计技术。

工业产品（特别是机械产品）的设计正朝着计算机辅助设计（CAD）、智能化设计和满足异地协同设计制造需求的方向迈进。计算机辅助设计是利用计算机系统来辅助设计人员进行工程或产品的设计，以实现最佳设计效果的一种技术，使设计更加快捷。智能化设计方法主要利用三维图形软件和虚拟现实技术进行设计，直观性较好。异地协同设计以智能化设计和发达的网络为基础，可以满足用户对产品的功能需求。

2. 本课程的性质和内容

本课程是研究用投影法绘制和阅读工程图样、图解空间几何问题的理论和方法的一门技术基础课程，具有很强的实践性，是应用型工科院校各专业必修的一门重要的技术基础课程，本课程主要包括以下几方面内容：

（1）画法几何：用正投影法图示空间几何形体和图解空间几何问题的基本理论和方法。

（2）制图基础：制图的基本知识和国家标准中常用的基本规定；绘图的基本方法；第三角画法与国外制图标准。

（3）机械制图：一般机械设备的零件图与装配图的绘制和阅读方法。

3. 本课程的学习任务

通过本课程的学习，学生应完成以下学习任务：

（1）掌握制图的基础理论和应用方法，提高空间思维与空间想象能力，初步达到工程技术人员的基本素质和能力。

（2）绘制（包括徒手绘制）和阅读工程图样的能力。

（3）了解有关工程制图的国家标准和国际标准，并具有查阅有关标准及手册的能力。

（4）能正确、熟练地使用绘图仪器、工具，掌握较强的绘图方法和技能。

4. 本课程的学习方法

本课程是一门既重视系统理论，又注重实践操作的技术基础课程。本课程的各部分内容既紧密联系，又各有特点，在学习过程中应注意以下几方面。

1）强化实践环节

本课程的实践性较强，在掌握基本理论和基本技能的基础上，学生只有通过一系列制图作业及绘图和读图的练习，才能真正掌握及运用所学理论分析和解决实际问题的正确方法和步骤。因此，学生在学习期间要及时、认真、独立地完成作业，并且在完成作业的过程中多画、多看、多想，及时改正作业上的错误。

2）有意识地培养自己的空间想象能力

本课程是一门研究三维物体的形状与二维平面图形之间关系的学科，学生在学习过程中应注重在学习的各个环节中加强空间－平面、平面－空间的有机联系（看见三维模型，立刻想象二维表达；看见二维视图，立刻想象空间几何形状），从而不断提高空间想象和空间思维能力。

3）树立严谨的工作作风

工程图样是产品在全生命周期内的重要技术文件，在生产中起着非常重要的作用。因此，学生要注意养成耐心细致、严谨认真的工作作风；要学会查阅有关制图的参考资料，在绘图时，应严格按照国家制图标准绘制，图纸上的细小差错都将带来严重的后果。

第1章
制图的基本知识和基本技能

在工业生产中，图样是指导生产的主要依据，也是交流技术信息的重要工具。为了便于生产、管理和交流，工程图样的画法和尺寸标注等方面必须有统一的规定。本章主要介绍国家标准《技术制图》和《机械制图》中的基本规定、常见绘图方式、几何作图方法和平面图形的绘制等。

1.1　制图的基本规定

1.1.1　图纸幅面和图框格式（GB/T 14689—2008）

图纸幅面是指图纸宽度与长度组成的图面，绘制图样时，应优先采用规定的图纸基本幅面尺寸。基本幅面代号分别为 A0、A1、A2、A3、A4，基本幅面尺寸间的关系如图 1 – 1 所示。

必要时，也允许选用国家标准所规定的加长幅面，这些幅面的尺寸由基本幅面的短边成整数倍增加后得出。例如，A2 × 3 的图框尺寸，按 A1 的图框尺寸确定，如图 1 – 2 所示（虚线为加长后的图幅）。

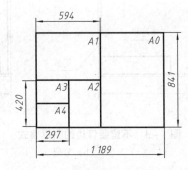

图 1 – 1　基本幅面尺寸间的关系

每张图样均需在图纸上用粗实线绘制图框，图框限定了绘图的区域。图纸尺寸的规定如表 1 – 1 所示。图框格式分为不留装订边（图 1 – 3）和留装订边（图 1 – 4）两种，同一产品的图样只能采用同一种格式。

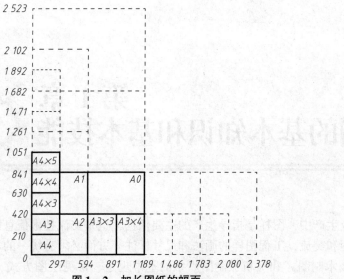

图1-2　加长图纸的幅面

表1-1　图框尺寸 　mm

幅面代号	A0	A1	A2	A3	A4
$B \times L$	841×1 189	594×841	420×594	297×420	210×297
e	20			10	
c	10			5	
a	25				

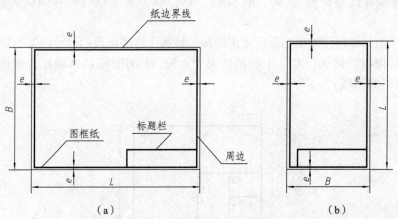

（a）　　　　　　　　　　　　　（b）

图1-3　不留装订边的图框格式

（a）X型；（b）Y型

　　每张图纸都必须画出标题栏。标题栏的格式和尺寸遵照 GB/T 10609.1—2008 的规定。标题栏一般应位于图纸的右下角。当标题栏的长边置于水平方向并与图纸的长边平行时，则构成 X 型图纸，如图 1-3（a）和图 1-4（a）所示；当标题栏的长边与图纸的长边垂直时，则构成 Y 型图纸，如图 1-3（b）和图 1-4（b）所示。在此情况下，看图的方向与看标题栏的方向一致，即标题栏中的文字方向为看图方向。

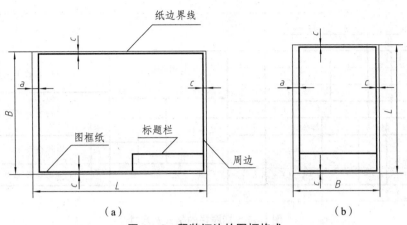

图1-4　留装订边的图框格式

(a) X型；(b) Y型

为了使图样复制和缩微时定位方便，应该在图纸的各边长中点处分别画出对中符号。对中符号用粗实线绘制，线宽不小于0.5 mm，长度从纸的边界开始至图框内约5 mm处，对中符号的位置误差应不大于0.5 mm。当对中符号处在标题栏范围内时，则伸入标题栏部分省略不画。

有时为了使用预先印制的图纸，允许将X型图纸的短边置于水平位置使用，或将Y型图纸的长边置于水平位置使用。此时，为了明确绘图与看图时的图纸方向，应在图纸下端的对中符号处加画一个方向符号，如图1-5所示。

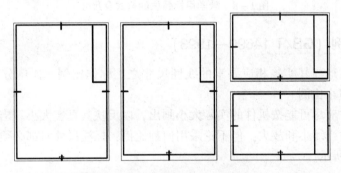

图1-5　标题栏的方位及对中符号

方向符号是一个用细实线绘制的等边三角形，其尺寸及位置如图1-6所示。

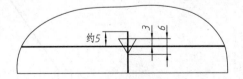

图1-6　方向符号的尺寸及位置

标题栏具体格式及尺寸如图1-7所示。为了学习方便，在学校的制图作业中，建议采用图1-8所示的格式。

注意：标题栏的尺寸是有规定的，而且不随图纸大小和绘图比例的大小而变化。

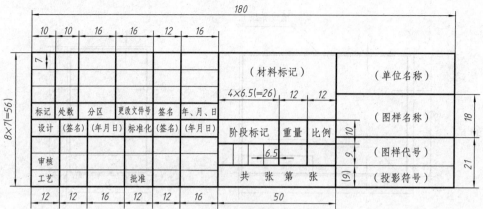

图1-7 标题栏的格式及尺寸

图1-8 教学用标题栏的格式及尺寸

1.1.2 比例（GB/T 14690—1993）

图样上所画图形与其实物相应要素的线性尺寸之比称作比例。比例分为三类：原值比例、放大比例和缩小比例。

为便于看图，应尽可能按机件的实际大小画出，以反映其真实大小。当不宜采用原值比例时，可以进行适当缩小和放大，但不论采用何种比例，标注尺寸时都必须标注物体的实际尺寸，如图1-9所示。

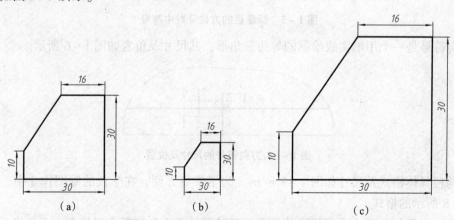

图1-9 同一机件不同比例的尺寸标注

（a）比例为1∶1；（b）比例为1∶2；（c）比例为2∶1

为了规范图样的比例，国家标准规定了绘图时可以使用的比例，如表1－2所示。必要时，也允许选用表1－3中的比例。

表1－2　比例（第一系列）

种　类	比　　例				
原值比例	1：1				
放大比例	2：1	5：1	1×10^n：1	2×10^n：1	5×10^n：1
缩小比例	1：2	1：5	1：10	$1：2 \times 10^n$	$1：5 \times 10^n$	$1：1 \times 10^n$

注：n 为正整数。

表1－3　比例（第二系列）

种　类	比　　例				
放大比例	4：1	2.5：1	4×10^n：1	2.5×10^n：1	
缩小比例	1：1.5	1：2.5	1：3	1：4	1：6
	$1：1.5 \times 10^n$	$1：2.5 \times 10^n$	$1：3 \times 10^n$	$1：4 \times 10^n$	$1：6 \times 10^n$

注：n 为正整数。

绘制同一机件的各个视图时，应尽量采用相同的比例。当某个视图需要采用不同比例时，必须另行标注。比例一般应标注在标题栏中的比例栏内，必要时可在视图名称的下方另行标注。

1.1.3　字体（GB/T 14691—1993）

国家标准《技术制图　字体》（GB/T 14691—1993）中，规定了汉字、字母和数字的结构形式及基本尺寸。

书写字体必须做到：字体工整、笔画清楚、间隔均匀、排列整齐。

字体高度（用 h 表示）的公称尺寸系列为：1.8 mm、2.5 mm、3.5 mm、5 mm、7 mm、10 mm、14 mm、20 mm。如果需要书写更大的字，其字体高度应按$\sqrt{2}$的倍数递增。字体高度代表字体的号数。

1. 汉字

汉字应写成长仿宋体字，并采用中华人民共和国国务院正式公布推行的《汉字简化方案》中规定的简化字。长仿宋体字的书写要领是：横平竖直、注意起落、结构均匀、填满方格。汉字的高度 h 不应小于 3.5 mm，其字宽一般为$h/\sqrt{2}$。

2. 字母和数字

字母和数字的书写字体分为 A 型和 B 型。字体的笔画宽度用 d 表示。A 型字体的笔画宽度 $d=h/14$，B 型字体的笔画宽度 $d=h/10$。在同一图样上，只允许选用一种型式的字体。

字母和数字均可以写成斜体或直体。其中，斜体字字头向右倾斜，与水平基准线成75°。绘图时，一般用 B 型斜体字。如图 1－10、图 1－11 所示的是图样上常见字体的书写示例。

10号字

字体工整 笔画清楚
间隔均匀 排列整齐

7号字

横平竖直注意起落结构均匀填满方格

5号字

技术制图机械电子汽车航空船舶土木建筑矿山井坑港口纺织服装

图1-10 长仿宋体字示例

ABCDEFGHIJKLMNOPQRST
UVWXYZ

abcdefghijklmnopqrstuvw
xyz

0123456789∅

I II III IV V VI VII VIII IX X

图1-11 字母与数字书写示例

3. 综合应用规定

用作指数、分数、极限偏差、注脚等的字母和数字，一般应采用小一号字体，如图1-12所示。

$$10^2 \quad \varnothing 30^{+0.010}_{-0.015} \quad \frac{3}{4} \quad Td$$

图1-12 综合应用规定书写示例

1.1.4 图线 （GB/T 17450—1998，GB/T 4457.4—2002）

绘制技术图样时，应遵循国家标准《技术制图　图线》的规定，以 GB/T 17450—1998为基础、GB/T 4457.4—2002 为补充。所有线型的图线宽度 d 应按图样的类型和尺寸大小在下列系数中选择。该数系的公比为 $1:\sqrt{2}$（$\approx 1:1.4$）：0.13 mm、0.18 mm、0.25 mm、0.35 mm、0.5 mm、0.7 mm、1 mm、1.4 mm、2 mm。

基本图线适用于各种技术图样。表1-4列出的是机械制图中常用图线的名称、型式、宽度及应用说明。

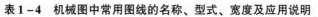

表1-4 机械图中常用图线的名称、型式、宽度及应用说明

图线名称	图线型式	图线宽度	图线应用	图线名称	图线型式	图线宽度	图线应用
细实线	———	约 $d/2$	1. 过渡线	波浪线	～～	约 $d/2$	断裂处边界线；视图与剖视图的分界线[a]
			2. 尺寸线				
			3. 尺寸界线	双折线	～/\/～	约 $d/2$	断裂处边界线；视图与剖视图的分界线[a]
			4. 指引线和基准线				
			5. 剖面线	粗实线	———	约 d	1. 可见棱边线
			6. 重合断面的轮廓线				2. 可见轮廓线
			7. 短中心线				3. 相贯线
			8. 螺纹牙底线				4. 螺纹牙顶线
			9. 尺寸线的起止线				5. 螺纹长度终止线
			10. 表示平面的对角线				6. 齿顶圆（线）
			11. 零件形成前的弯折线				7. 表格图、流程图中的主要表示线
			12. 范围线及分界线				8. 系统结构线（金属结构工程）
			13. 重复要素表示线				
			14. 锥形结构的基面位置线				9. 模样分型线
			15. 叠片结构位置线				10. 剖切符号用线
			16. 辅助线	细双点画线	—··—··—	约 $d/2$	1. 相邻辅助零件的轮廓线
			17. 不连续同一表面连线				2. 可动零件的极限位置的轮廓线
							3. 重心线
			18. 成规律分布的相同要素连线				4. 成形前轮廓线
							5. 剖切面前的结构轮廓线
			19. 投影线				6. 毛坯图中制成品的轮廓线
			20. 网格线				7. 轨迹线
细点画线	—·—·—	约 $d/2$	1. 轴线				8. 特定区域线
			2. 对称中心线				9. 延伸公差带表示线
			3. 分度圆（分度线）				10. 工艺用结构的轮廓线
			4. 孔系分布的中心线				11. 中断线
			5. 剖切线	细虚线	------	约 $d/2$	1. 不可见棱边线
							2. 不可见轮廓线
粗点画线	—·—·—	d	限定范围表示线	粗虚线	------	d	允许表面处理的表示线

注：[a] 在一张图上一般采用一种线型，即采用波浪线或者双折线。

当图样中出现三类不同宽度的图线时，称为粗线、中粗线和细线，其宽度比例为4：2：1。在机械制图中采用粗、细两类线宽，称为粗线和细线，它们之间的比例为2：1。粗线宽度优先采用0.5 mm和0.7 mm。

图1-13所示为各种图线的应用举例。

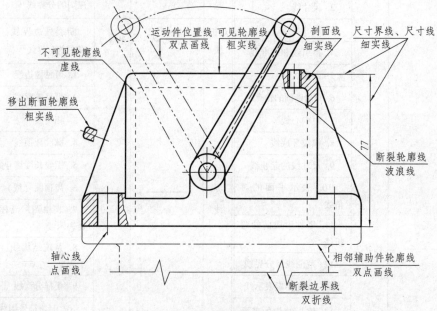

图1-13　各种图线的应用举例

绘图时，通常注意以下几点：

（1）在同一图样中，同类图线的宽度应基本一致。

在实际作图时，通常虚线画长4～6 mm，间隔约1 mm；点画线的长画长15～30 mm，两长画间的间隔约3 mm；双点画线的长画长15～30 mm，两长画间的间隔约5 mm。

（2）两条平行线之间的最小间隙不得小于0.7 mm。

（3）圆的中心线的画法如图1-14（a）所示。

在画圆的中心线时，圆心应是长画的交点；点画线的首、末两端都应是长画，而不是短画，同时其两端应超出图形的轮廓线2～5 mm。当圆的图形较小（直径小于12 mm）时，允许用细实线代替点画线。

（4）虚线与各图线相交的画法如图1-14（b）所示。

虚线与其他图线相交时，都应在长画相交，而不应在间隔或短画相交。当虚线处于实线的延长线上时，虚线应留有间隔；虚线圆弧与实线相切时，虚线圆弧应留有间隔。

1.1.5　尺寸注法（GB/T 4458.4—2003，GB/T 16675.2—2012）

1. 基本规则

（1）机件的真实大小应以图样上所标注的尺寸数值为依据，与图形的大小及绘图的准确度无关。

（2）图样中（包括技术要求和其他说明）的尺寸以毫米（mm）为单位时，不需要标注单位符号（或名称），如果采用其他单位，则应标注相应的单位符号。

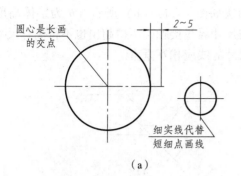
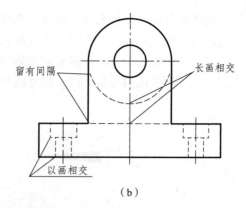

（a）　　　　　　　　　　　　　　　（b）

图1–14　图线画法

（a）圆的中心线的画法；（b）虚线与各图线相交的画法

（3）图样中所标注的尺寸，应为该图样所示机件的最后完工尺寸。否则，应另加说明。

（4）机件的每一尺寸，一般只标注一次，并应标注在反映该结构最清晰的图形上。

2. 尺寸组成

图样上标注的每个尺寸，一般由尺寸界线、尺寸线和尺寸数字组成，如图1–15所示。

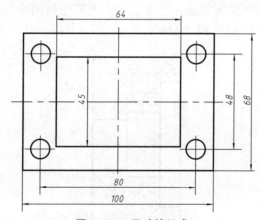

图1–15　尺寸的组成

1）尺寸界线

尺寸界线用细实线绘制，并应由图形的轮廓线、轴线或对称中心线处引出。此外，轮廓线、轴线或对称中心线也可以作为尺寸界线。

尺寸界线一般应与尺寸线垂直，必要时才允许倾斜。在光滑过渡处标注尺寸时，应先用细实线将轮廓线延长，再从它们的交点处引出尺寸界线，如图1–16所示。

2）尺寸线

尺寸线用细实线绘制，不能用其他图线代替，也不得与其他图线重合或画在其延长线上。标注线性尺寸时，尺寸线应与所标注的线段平行。

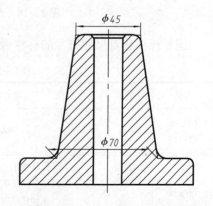

图1–16　光滑过渡处尺寸界线的画法

尺寸线终端可以有两种形式：箭头和斜线。箭头的形式如图 1 – 17 （a） 所示（d 为粗实线的宽度）；斜线用细实线绘制，其方向和画法如图 1 – 17 （b） 所示（h 为字体高度）。当尺寸线终端采用箭头形式时，箭头的尖端应与尺寸界线接触，不得超出也不得离开尺寸界线；当尺寸线终端采用斜线形式时，尺寸线与尺寸界线应相互垂直。

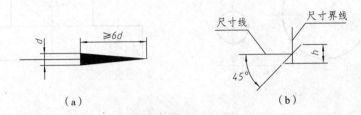

图 1 – 17 尺寸线终端的画法
（a）箭头形式；（b）斜线形式

同一张图样只能采用一种尺寸线终端形式，机械图样中一般采用箭头作为尺寸线的终端。

3）尺寸数字

线性尺寸的数字一般注写在尺寸线的上方，也允许注写在尺寸线的中断处。同一张图样中，注写方法应一致。需要强调的是，尺寸数字不能被任何图线通过，否则必须把图线断开，如图 1 – 18 中的 "8" "12" 和 "$\phi26$"。

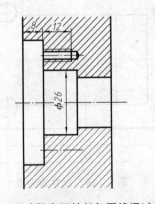

图 1 – 18 尺寸数字不被任何图线通过的注法

国家标准还对尺寸符号的标注做出了一些规定，如表 1 – 5 所示。

表 1 – 5 标注尺寸的符号及缩写词

含义	直径	半径	球直径	球半径	厚度	均布	45°倒角	正方形
符号或缩写词	ϕ	R	$S\phi$	SR	t	EQS	C	□
含义	深度	沉孔或锪平	埋头孔	弧长	斜度	锥度	展开长
符号或缩写词	⊥	⊔	∨	⌒	∠	▷	◜

3. 尺寸注法

尺寸注法的基本规则，如表1-6所示。

表1-6 尺寸标注示例

标注内容	示 例	说 明
线性尺寸	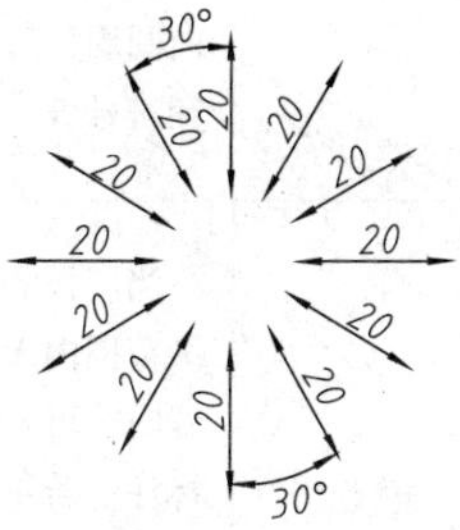 （a）（b）（c） 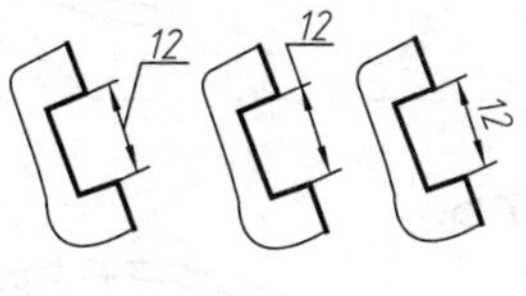 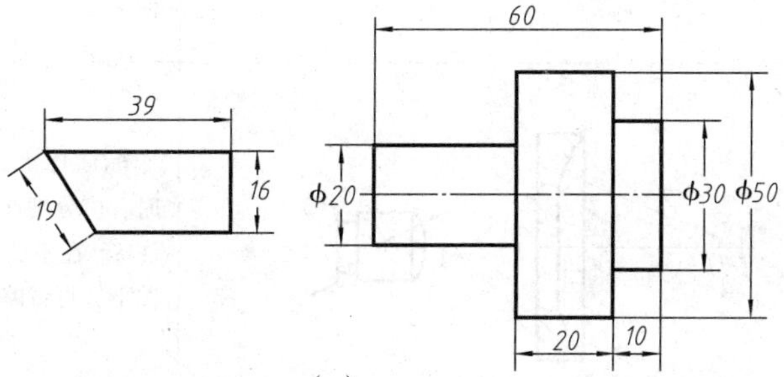	标注方法1：尺寸数字应按如图（a）所示的方向注写，并尽可能避免在图示的30°范围内标注尺寸，无法避免时，可按如图（b）所示的形式进行标注。 标注方法2：对于非水平方向的尺寸，其数字可水平地标注在尺寸线的中断处，如图（c）所示。 一般应采用标注方法1
角度	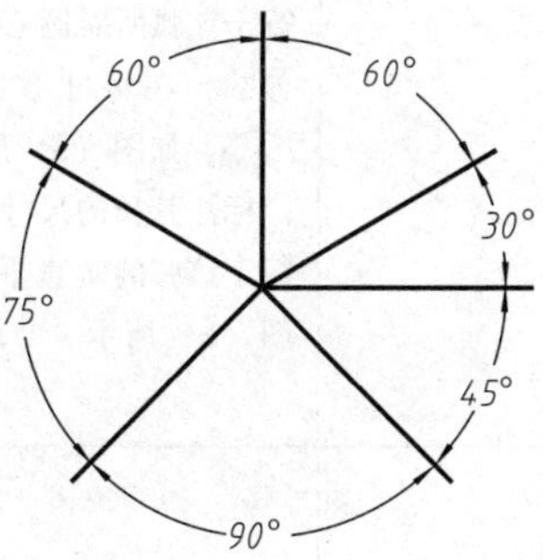 （a）（b） 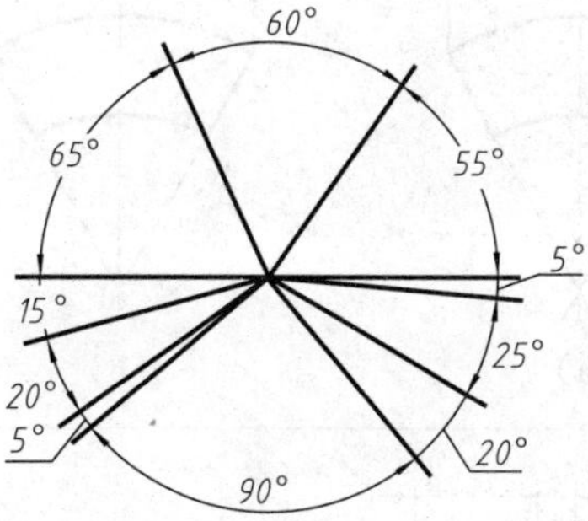	尺寸界线应沿径向引出，尺寸线画成圆弧，其圆心是该角的顶点。角度数字一律水平书写，一般注写在尺寸线的中断处，如图（a）所示。必要时，也可按图（b）的形式标注
圆弧 直径	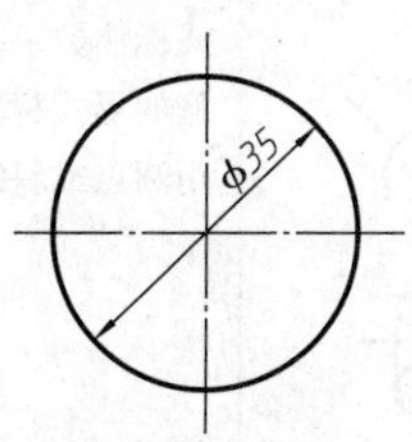 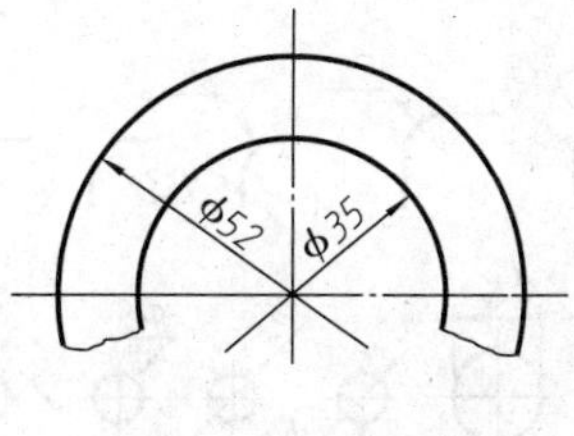	标注完整圆或大于半圆的圆弧时，采用直径标注。尺寸线通过圆心，以圆周为尺寸界线，并在尺寸数字前加注直径符号 φ

标注内容		示 例	说 明
圆弧	半径	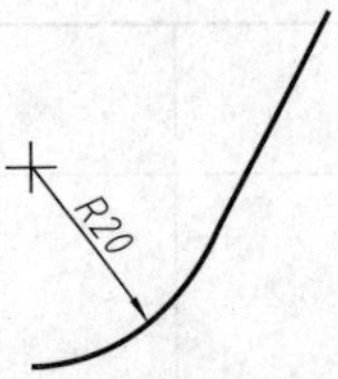 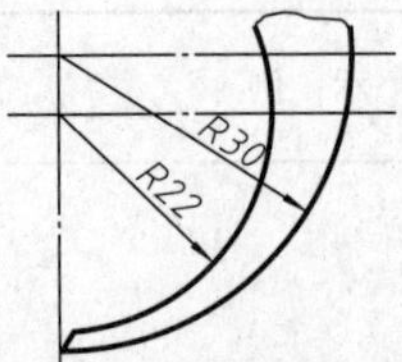	标注小于或等于半圆的圆弧时，尺寸线自圆心引向圆弧，只画一个箭头，箭头指向圆周，尺寸数字前加注半径符号 R
大圆弧		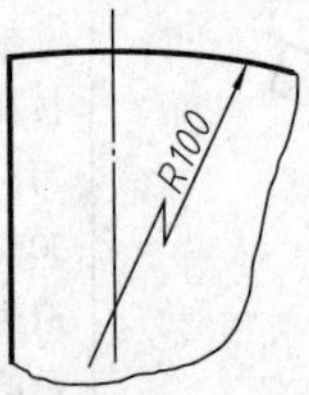 （a） 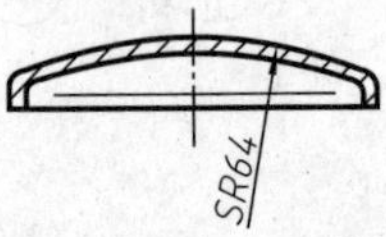　　　　（b）	当圆弧的半径过大或在图纸范围内无法标出其圆心位置时，可按图（a）的形式标注。若不需要标出其圆心位置，可按图（b）的形式标注
球面		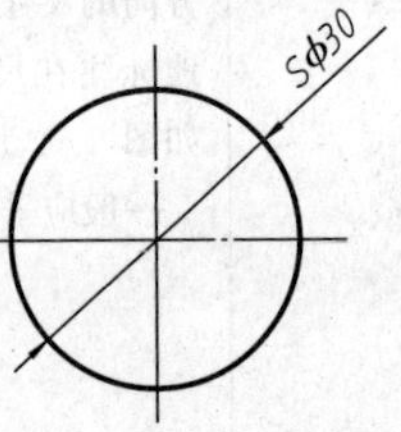 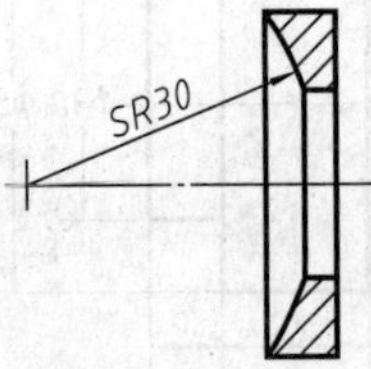 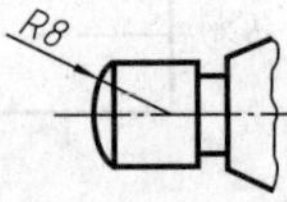	标注球面的直径或半径时，应分别在 φ 或 R 前面加注 S。在不致引起误解的情况下，可省略符号 S
弧长弦长		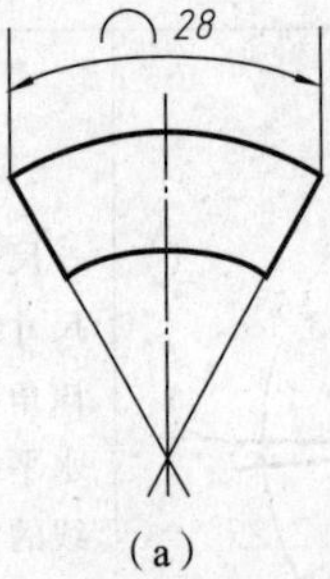 （a） 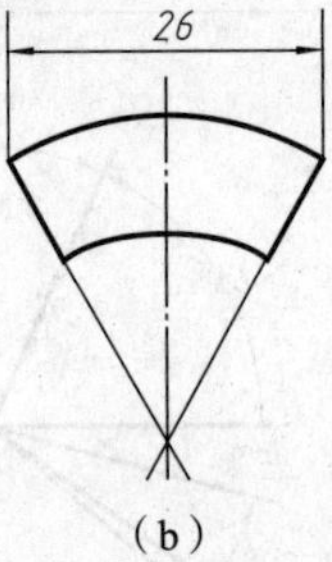　　　　（b）	标注弧长的尺寸界线应平行于该弧所对圆心角的角平分线，在尺寸数字前加注 ⌒，如图（a）所示。 标注弦长的尺寸界线应平行于该弦的垂直平分线，如图（b）所示
小尺寸		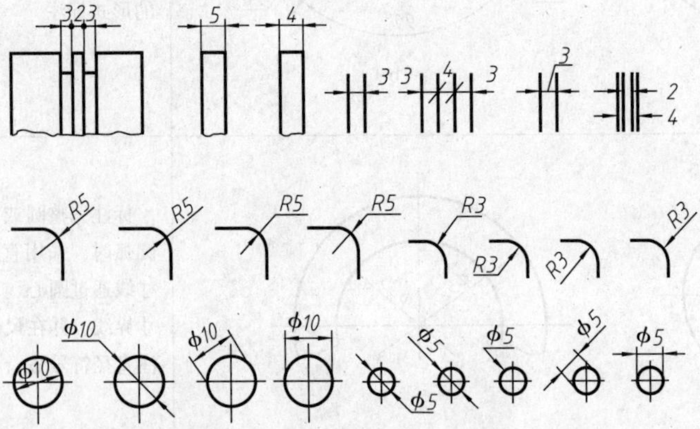	在没有足够的位置画箭头或标注数字时，可按图形示例的形式标注，此时，允许用圆点或斜线代替箭头

续表

标注内容	示　例	说　明
对称机件的图形只画出一半或略大于一半时	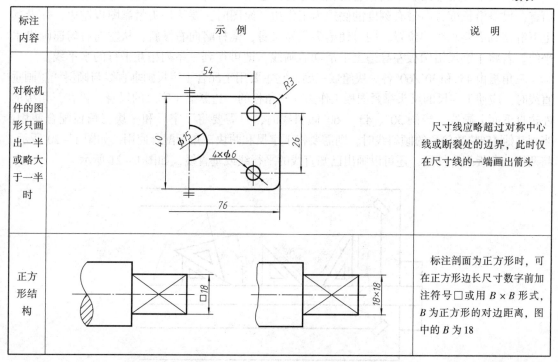	尺寸线应略超过对称中心线或断裂处的边界，此时仅在尺寸线的一端画出箭头
正方形结构		标注剖面为正方形时，可在正方形边长尺寸数字前加注符号□或用 $B \times B$ 形式，B 为正方形的对边距离，图中的 B 为18

1.2　绘图工具、仪器及其使用方法

1.2.1　常用的绘图工具

1. 图板、丁字尺和三角板

图板是用来铺放和固定图纸的，板面要平整光滑。图板的左边是工作边（称为导边），需要保持平直光滑。在使用时，用胶带纸将图纸固定在图板上。当图纸较小时，应将图纸铺贴在图板靠近左上方的位置，如图1－19所示。

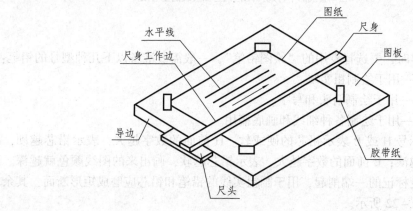

图1－19　图板与丁字尺

15

丁字尺主要用于画水平线，它由相互垂直并连接牢固的尺头和尺身两部分组成。对尺身而言，尺身沿长度方向带有刻度的侧边为工作边。绘图时，要使尺头紧靠图板左边，并沿其上下滑动到需要画线的位置，同时使笔尖紧靠尺身，笔杆略向右倾斜，从左向右匀速画出水平线。若将丁字尺沿图板左导边上下滑动后画线，即可得到一系列相互平行的水平线。

三角板由 45° 和 30°/60° 各一块组成一副，它主要用于配合丁字尺画垂直线与倾斜线。画垂直线时，应使丁字尺的尺头靠紧图板工作边、三角板的一边紧靠丁字尺的尺身，再在三角板的左边自下而上画线。当画 30°、45°、60° 倾斜线时，只需要将丁字尺和一块三角板配合使用；当画其他 15° 整数倍角的倾斜线时，则需要将丁字尺和两块三角板配合使用，如图 1－20 所示。将两块三角板配合使用，还可以画出已知直线的平行线或垂直线，如图 1－21 所示。

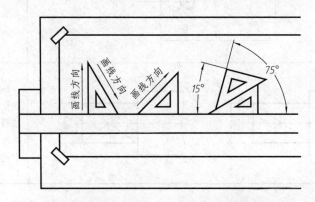

图 1－20　丁字尺和三角板配合的使用方法

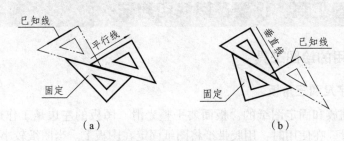

图 1－21　两块三角板配合的使用方法

（a）画已知直线的平行线；（b）画已知直线的垂直线

2. 绘图铅笔

在绘制工程图样时，要选择专用的"绘图铅笔"，一般需要准备以下几种型号的铅笔：

（1）B 或 HB——用于绘制粗实线。

（2）HB 或 H——用于绘制箭头和写字。

（3）H 或 2H——用于绘制各种细线和画底稿用。

绘图铅笔上的标号 H 或 B 表示铅芯的硬或软。H 前面的数字越大，表示铅芯越硬，画出来的图线颜色就越淡；B 前面的数字越大，表示铅芯越软，画出来的图线颜色就越深。削铅笔时，应从无硬度标记的一端削起，用于画粗实线的铅笔和铅芯应磨成矩形断面，其余的磨成圆锥形，如图 1－22 所示。

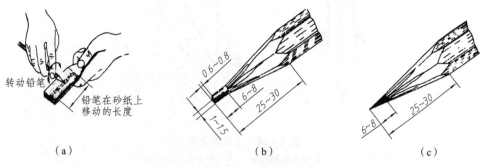

图 1－22 铅笔的削磨

（a）铅笔的磨法；（b）磨成矩形断面；（c）磨成圆锥形

3. 圆规和分规

圆规主要用来画圆及圆弧。一般来说，完整的圆规应附有铅芯插腿、钢针插腿、直线笔插腿及延伸杆等。圆规的定心针有两个尖端，带有台阶的一端画圆时用于定圆心，另一端作分规时用，定心针尖应略比铅芯尖长，如图 1－23（a）所示。在一般情况下画圆或圆弧时，应使圆规按顺时针方向转动，并稍向前方倾斜，如图 1－23（b）所示。在绘制较大的圆或圆弧时，应使圆规的两条腿都垂直于纸面；在画大圆时，还应接上延伸杆，如图 1－23（c）所示。

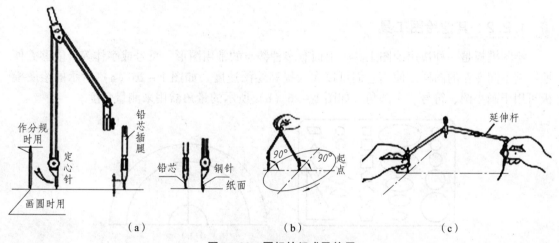

图 1－23 圆规的组成及使用

（a）圆规的组成；（b）圆规的一般使用；（c）画大圆时接上延伸杆

分规主要用来量取线段长度和等分线段。分规的形状与圆规相似，但两腿都是钢针。使用时，应调整两针尖保持平齐，即当分规两腿合拢后，两针尖聚于一点，如图 1－24（a）所示。等分线段时，将分规两针尖调整到所需的距离，然后用右手拇指和食指捏住分规手柄，使分规两针尖沿线段交替旋转前进，如图 1－24（b）所示。

4. 比例尺

比例尺有三棱式和板式两种，如图 1－25（a）和图 1－25（b）所示。尺面上有各种不同比例的刻度。在用不同比例绘制图样时，可以在比例尺上的相应比例刻度上直接量取而无须换算，加快了绘图速度，如图 1－25（c）所示。

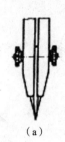 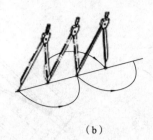

（a）　　　　　　　　　　　　（b）

图 1 – 24　分规的使用

（a）使用前调整分规；（b）用分规等分线段

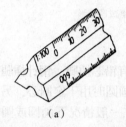 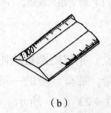 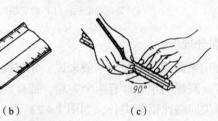

（a）　　　　　　　　　（b）　　　　　　　　　（c）

图 1 – 25　比例尺及其使用方法

（a）三棱式比例尺；（b）板式比例尺；（c）使用比例尺

1.2.2　其他绘图工具

绘图模板是一种快速绘图工具，上面有多种镂空的常用图形、符号或字体等，能够方便地绘制不同专业的图样，使用它们可以大大提高绘图速度。如图 1 – 26（a）所示的绘图模板可用于画小圆、符号、小圆角，如图 1 – 26（b）所示的量角器用来测量角度。

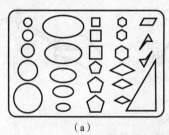 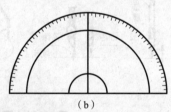

（a）　　　　　　　　　　　　　　　（b）

图 1 – 26　绘图模板和量角器

（a）绘图模板；（b）量角器

此外，在绘图时还需要准备铅笔刀、橡皮、用于固定图纸的塑料透明胶纸、用于磨铅笔的砂纸以及用于清除橡皮屑的毛刷等工具。

1.3　几何作图

1.3.1　等分圆周及作正多边形

在绘制机械图样时，常遇到等分圆周的作图问题，如绘制六角螺母、手轮等。有的等分圆周可以用三角板、丁字尺直接完成，有的必须借助其他作图方法。

1. 五等分圆周及作正五边形

已知正五边形的外接圆半径 R，用圆规作图，如图 1-27 所示。

作图步骤：

（1）求作 OB 的中点 G。以 B 点为圆心、OB 为半径作圆弧，交圆周于点 E、F，连接点 E、F，与 OB 相交于点 G，如图 1-27（a）所示。

（2）以点 G 为圆心、GA 为半径作圆弧，交 DB 于点 H，如图 1-27（b）所示。

（3）AH 长即正五边形边长，用 AD 长等分圆周可以得到五个顶点。依次连接这五个顶点，即可得到正五边形，如图 1-27（c）所示。

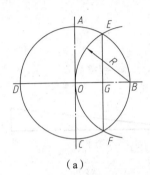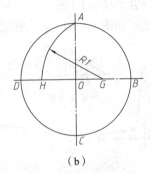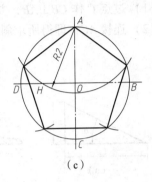

（a）　　　　　　　　　　　（b）　　　　　　　　　　　（c）

图 1-27　五等分圆周及作正五边形

2. 六等分圆周及作正六边形

已知正六边形的外接圆半径 R。

画法一： 用圆规作图，如图 1-28 所示。

分别以圆的直径两端点 A、D 为圆心，以 R 为半径，作圆弧交圆周于点 B、F、C、E，依次连接点 A、B、C、D、E、F，即可得到正六边形。

画法二： 用 30°/60° 三角板与丁字尺配合作图，如图 1-29 所示。

（1）根据已知直径 D 画圆，再将 30°/60° 三角板的短直角边紧贴丁字尺，并使其斜边分别通过点 A 和点 D 作直线 AB 和 DE。

（2）翻转三角板用同样方法作直线 AF 和 CD，圆周即被六等分。

（3）连接点 B、C 和点 E、F，即可得到正六边形。

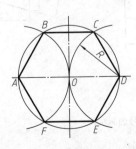　　　　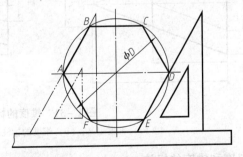

图 1-28　用圆规作正六边形　　　**图 1-29　用三角板和丁字尺配合作正六边形**

1.3.2 斜度和锥度

1. 斜度

斜度是指某一直线（或平面）对另一直线（或平面）的倾斜程度，其大小用两直线（或平面）夹角的正切来表示，通常以 $1:n$ 的形式标注，如图 1-30（a）所示。即

$$斜度 = \tan\alpha = H:L = 1:(L/H) = 1:n$$

标注斜度时，应在数字前加注符号"∠"，符号"∠"的指向应与直线或平面倾斜的方向一致，如图 1-30（b）所示。

若要对直线 AB 作一条斜度为 1:8 的斜度线，则作图步骤为：

（1）过点 C 作 $CB \perp AB$，并使 $CB:AB = 1:8$。

（2）连接 AC，即得所求斜度线，如图 1-30（c）所示。

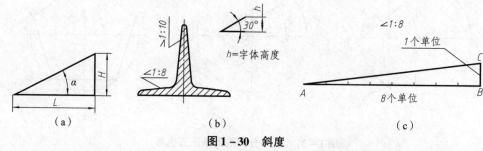

图 1-30　斜度

（a）斜度定义；（b）斜度的标注；（c）根据斜度作斜度线

2. 锥度

锥度是指正圆锥的底圆直径 D 与该圆锥高度 L 之比，对于圆台，锥度为两底圆直径之差 D-d 与圆台高度 l 之比，即锥度 $= D/L = (D-d)/l = 2\tan\alpha$（其中 α 为 1/2 锥顶角），如图 1-31（a）所示。

锥度在图样上的标注形式为 $1:n$，且在此之前加注锥度符号，符号的尖端方向应与锥顶方向一致，如图 1-31（b）所示。锥度符号的画法如图 1-31（c）所示。

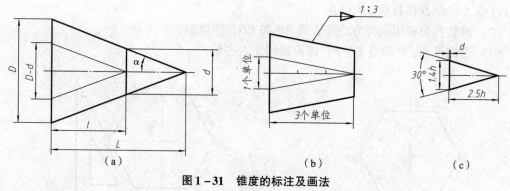

图 1-31　锥度的标注及画法

（a）锥度定义；（b）锥度的标注；（c）锥度符号的画法

3. 斜度和锥度的标注

斜度和锥度的标注示例如表 1-7 所示。

表 1 – 7　斜度和锥度的标注示例

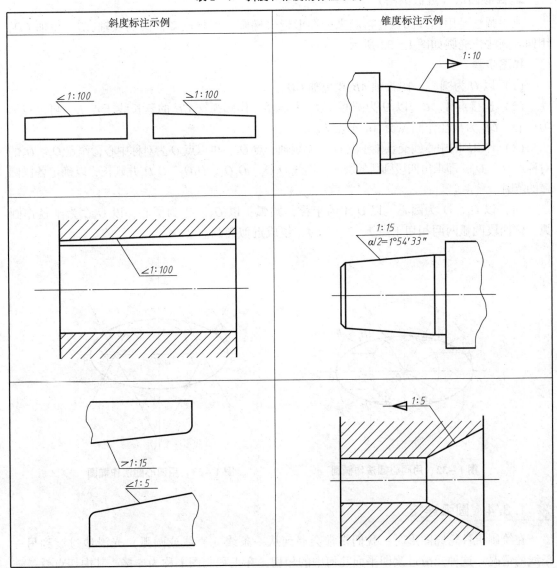

1.3.3　椭圆

1. 同心圆法（精确画法）

已知椭圆的长轴 *AB* 和短轴 *CD*，用同心圆法作椭圆，如图 1 – 32 所示。

作图步骤：

（1）分别以 *AB*、*CD* 为直径画两个同心圆。

（2）过圆心 *O* 作射线，把圆周若干等分（等分数越多，则所作的椭圆就越准确，图 1 – 32 中为 12 等分），分别交大圆于点 *I*、*II*、*III*…，交小圆于点 *1*、*2*、*3*…。

（3）过点 *I*、*II*、*III*…作铅垂线，过点 *1*、*2*、*3*…作水平线，交于点 M_1、M_2、M_3…。

（4）依次光滑连接点 M_1、M_2、M_3…及点 *A*、*B*、*C*、*D*，即可得到椭圆。

2. 四心圆法（近似画法）

四心圆法是用四段圆弧连接起来的图形近似椭圆。如果已知椭圆的长轴 AB、短轴 CD，用四心圆法作椭圆如图 1-33 所示。

作图步骤：

（1）以 O 为圆心，作长轴 AB 和短轴 CD。

（2）连接点 A、C。以 O 为圆心、OA 为半径，作圆弧交 CD 的延长线于点 E，再以点 C 为圆心、CE 为半径作圆弧交 AC 于点 F。

（3）作 AF 的中垂线交长轴于点 O_1、交短轴于点 O_3，再以点 O 为对称中心，作点 O_1、O_3 的对称点 O_2、O_4，即求出四段圆弧的圆心。连线 O_1O_3、O_1O_4、O_2O_3、O_2O_4 并延长，以确定各段圆弧的范围。

（4）以 O_1、O_2 为圆心，以 O_1A 为半径作圆弧；以 O_3、O_4 为圆心，以 O_3C 为半径作圆弧。这四段圆弧两两相切于点 1、2、3、4，组成近似椭圆。

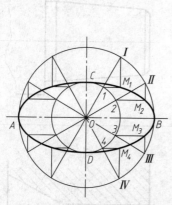

图 1-32　用同心圆法作椭圆

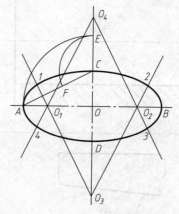

图 1-33　用四心圆法作椭圆

1.3.4　圆弧连接

在绘制机件轮廓图形时，我们常常会遇到从一条线（直线或圆弧）光滑地过渡到另一条线的情况。这种光滑过渡即平面几何中的相切，在工程制图上称为连接，其中切点就是连接点。圆弧连接的首要问题是求连接圆弧的圆心以及切点的位置。表 1-8 和表 1-9 分别列出了圆弧连接的几何原理和作图方法。

表 1-8　圆弧连接的几何原理

类别	图例	连接弧的圆心轨迹及切点位置
圆弧与直线连接（已知直线 L 和圆心 O 到直线 L 的距离 R）		连接弧的圆心轨迹：与已知直线相距 R 的平行线。 切点：由圆心 O 向已知直线作垂线得到的垂足

类别	图例	连接弧的圆心轨迹及切点位置
两圆外切（已知一个圆的圆心 O_1、半径 R_1 和另一个圆的半径 R_2）	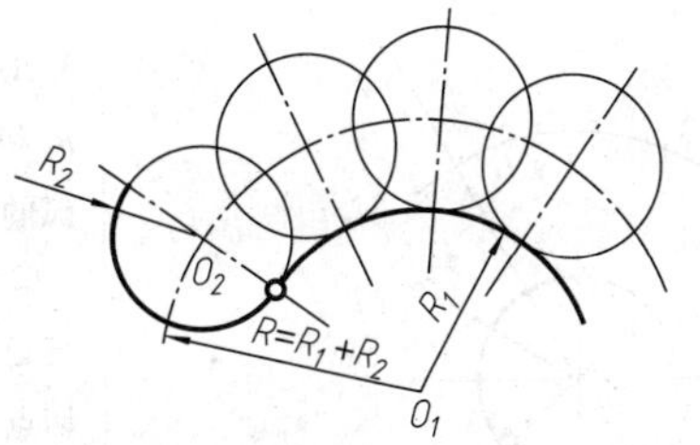	连接弧的圆心轨迹：以 O_1 为圆心，$R_1 + R_2$ 为半径的同心圆。切点：两个圆心的连线 O_1O_2 与已知圆弧的交点
两圆内切（已知一个圆的圆心 O_1、半径 R_1 和另一个圆的半径 R_2）	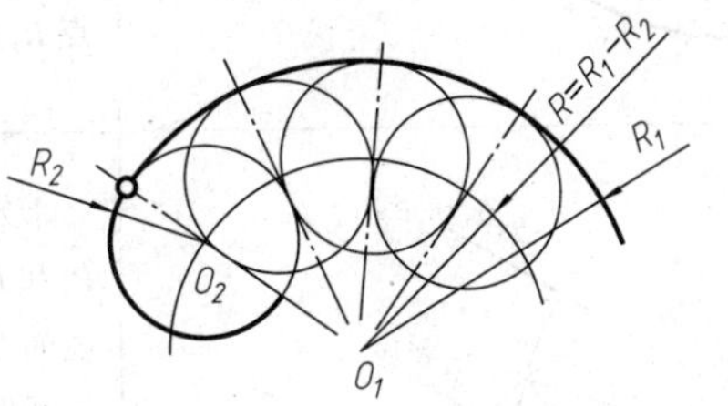	连接弧的圆心轨迹：以 O_1 为圆心、$R_1 - R_2$ 为半径的同心圆。切点：两个圆心的连线 O_1O_2 的延长线与已知圆弧的交点

表 1-9 圆弧连接的作图方法

类别	作图图示	作图步骤
两条直线之间的圆弧连接	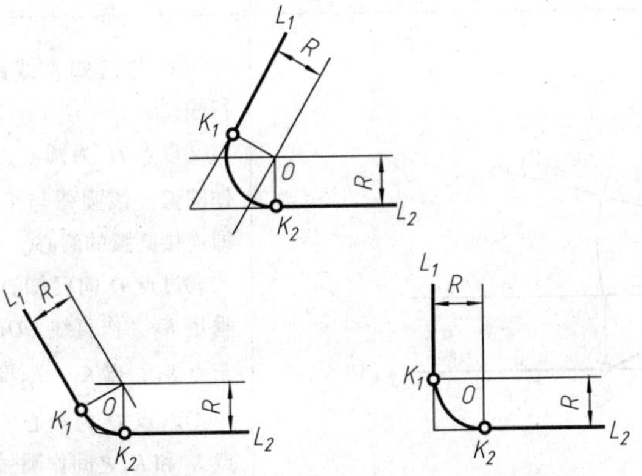	①分别作与两条已知直线距离为 R 的平行线，其交点 O 即连接圆弧的圆心。②过点 O 分别向两条直线作垂线，垂足 K_1 和 K_2 即切点。③以点 O 为圆心，R 为半径，在点 K_1 和 K_2 之间作圆弧，即所求
两条圆弧之间的圆弧连接 外连接	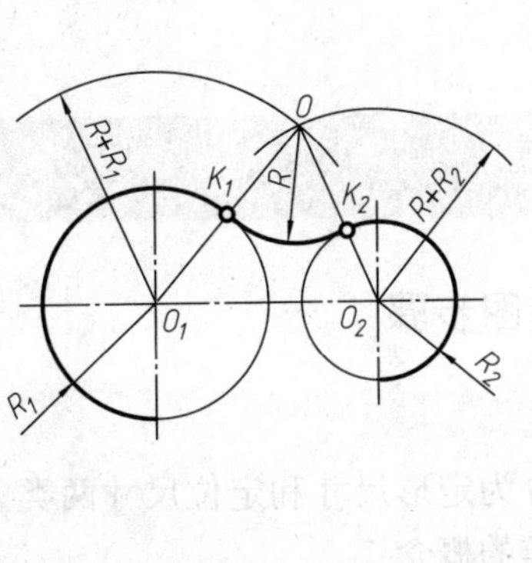	①分别以 O_1、O_2 为圆心，$R + R_1$ 和 $R + R_2$ 为半径作圆弧，两条圆弧的交点 O 即连接圆弧的圆心。②作直线 OO_1、OO_2，分别与已知圆弧交于点 K_1 和 K_2，即切点。③以点 O 为圆心、R 为半径，在点 K_1 和 K_2 之间作圆弧，即所求

工程制图（第2版）

续表

类别		作图图示	作图步骤
两条圆弧之间的圆弧连接	内连接		①分别以点 O_1、O_2 为圆心，$R-R_1$ 和 $R-R_2$ 为半径作圆弧，两条圆弧的交点 O 即连接圆弧的圆心。 ②作直线 OO_1、OO_2 并延长，分别与已知圆弧交于点 K_1 和 K_2，即切点。 ③以点 O 为圆心、R 为半径，在点 K_1 和 K_2 之间作圆弧，即所求
	混合连接		①分别以点 O_1、O_2 为圆心，$R+R_1$ 和 $R-R_2$ 为半径作圆弧，两条圆弧的交点 O 即连接圆弧的圆心。 ②作直线 OO_1、OO_2 并延长，分别与已知圆弧交于点 K_1 和 K_2，即切点。 ③以点 O 为圆心、R 为半径，在点 K_1 和 K_2 之间作圆弧，即所求
直线与圆弧之间的圆弧连接			①作与已知直线距离为 R 的平行线。 ②以点 O_1 为圆心、$R+R_1$ 为半径作圆弧，该圆弧与平行线的交点 O 即连接圆弧的圆心。 ③过点 O 向已知直线作垂线，得垂足 K_2，作直线 OO_1 与已知圆弧交于点 K_1，点 K_1、K_2 即切点。 ④以点 O 为圆心、R 为半径，在点 K_1 和 K_2 之间作圆弧，即所求

1.4 平面图形的绘制

1.4.1 平面图形的构形分析及绘图步骤

1. 平面图形的尺寸分析

平面图形中的尺寸按其作用不同，可分为定形尺寸和定位尺寸两类。要想确定平面图形中线段上下左右的相对位置，必须引入基准的概念。

1）基准

在平面图形中确定尺寸位置的点、直线称为尺寸基准，简称基准。一般平面图形中常用的基准是对称图形的对称线、较大圆的中心线或较长的直线。

一个平面图形至少有两个基准，图1－34（a）中的 *I* 和 *II* 分别为长度方向和高度方向的基准。

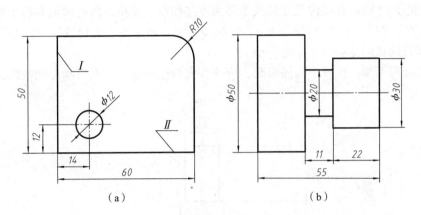

图1－34　平面图形的尺寸分析

2）定形尺寸

确定平面图形中各线段形状大小的尺寸称为定形尺寸。例如，图1－34（a）中直线段的长度50、60，圆及圆弧的直径或半径 ϕ12、R10 等。

3）定位尺寸

确定平面图形上各部分之间的相对位置的尺寸称为定位尺寸。例如，图1－34（a）中确定圆心位置的尺寸 12 和 14。

必须指出的是，定形尺寸和定位尺寸之间并没有明确的界线，有的尺寸可能既有定位功能，也有定形作用。例如，图1－34（b）中的 22，既是右边矩形的定形尺寸，又是中间矩形的定位尺寸。

对于平面图形来说，每个组成部分一般都需要标注两个方向的定位尺寸。但是，当组成部分的某些点、线位于平面图形的基准上时，在这一方向上的定位尺寸就可以不再标注。例如，图1－34（b）中的 ϕ20 的矩形框位于高度方向的基准上，所以仅标注了一个定位尺寸。

标注平面图形的尺寸时，必须满足以下 3 个要求：

（1）完整。尺寸必须标注齐全，既不能多，也不能少。

（2）正确。尺寸必须按国家标准规定进行标注。

（3）清晰。尺寸的位置要安排在图形的明显处，标注清楚，布局整齐，便于阅读。

2. 平面图形的线段分析

平面图形中的线段按所给尺寸的数量可以分为 3 类：已知线段、中间线段和连接线段。下面以吊钩图（图1－35）为例进行说明。

1）已知线段

具有齐全的定形尺寸和定位尺寸的线段称为已知线段。已知线段可以根据图中所标注的尺寸直接作出。例如，图1－35中的 ϕ14、ϕ18 以及圆弧 ϕ24、R29。

2）中间线段

具有完整的定形尺寸而定位尺寸不全的线段称为中间线段。中间线段必须依靠一个连接关系才能作出。例如，图1-35中的圆弧R14和R25，它们的竖向定位尺寸已知，但横向定位尺寸未知，必须借助它们和圆弧R29、φ24的外切关系才能确定圆心，将圆弧作出。

3）连接线段

只有定形尺寸而没有定位尺寸的线段称为连接线段。连接线段必须依靠两个连接关系才能作出。例如，图1-35中的圆弧R24、R36、R2没有确定圆心的位置尺寸，必须借助它们与其他直线及圆弧的连接关系才能作出。

由以上分析可知，在画平面图形时，应该首先画已知线段，然后画中间线段，最后画连接线段。

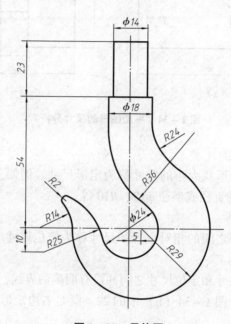

图1-35　吊钩图

1.4.2　绘图的一般方法和步骤

我们以图1-35为例，将平面图形的作图步骤归纳如下：

（1）画基准及已知线段，如图1-36（a）所示。

（2）画中间线段，如图1-36（b）所示。利用圆心在高度基准上并与R29相切，作圆弧R14；利用竖直尺寸10及与φ24圆弧相切，作圆弧R25。

（3）画连接线段，如图1-36（c）所示。利用尺寸R24及与R29圆弧相切的条件，以确定圆心O_3，从而作圆弧R24；同理作圆弧R36。利用与圆弧R14和圆弧R25相切作圆弧R2。

（4）校核作图过程，擦去多余的作图线，按线型要求加深图线，完成全图，如图1-36（d）所示。

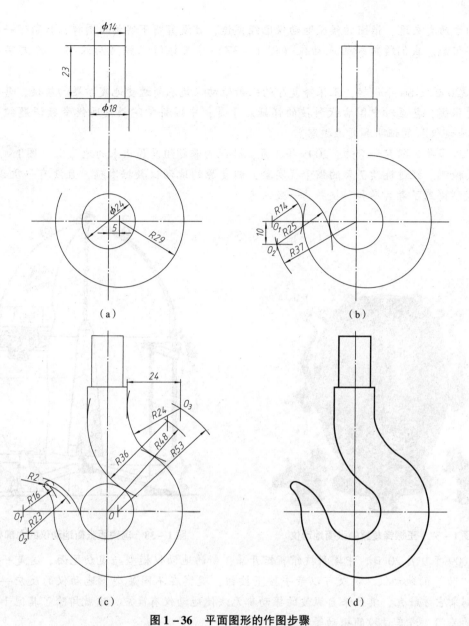

图1-36 平面图形的作图步骤

（a）画基准和已知线段；（b）画中间线段；（c）画连接线段；（d）完成全图

文化阅读

张衡地动仪真伪

公元132年，东汉时期的张衡发明了候风地动仪，这是世界上第一台能测量感知地震的仪器。当时利用这台仪器成功测报了一次地震，这比西方国家利用仪器记录地震的历史早1 700多年。

由于历史久远，张衡的候风地动仪已经失传，且没有留下实物与图样，只留下一些简略的文字记载。我们所熟知的地动仪（图1-37）是王振铎根据《后汉书》的文字记载复原的。

从20世纪60年代起，王振铎复原的张衡地动仪就不断遭受地震学界的质疑，甚至扩散到了对张衡，甚至对中国古代科技的怀疑。于是，中国科学院教授冯锐带领课题组开启了"张衡地动仪"的证明和复原之路。

经过多年的研究和努力，2005年3月，冯锐的课题组复原出来的地动仪（图1-38）接受全面检测。经过连续7天的强干扰实验，新复原的地动仪数据准确，且没有一次误触发。这个模型得到了考古界和科技界的一致认可。

图1-37　王振铎复原的张衡地动仪

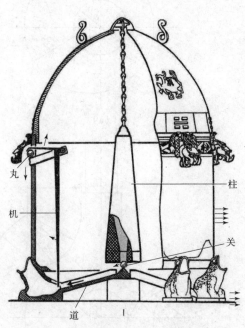

图1-38　冯锐版张衡地动仪的内部构造

2009年9月20日，中国科技馆新馆开幕，新的地动仪模型与观众见面。这是一个真正可以"动"的地动仪。观众可以亲手按下按钮，观察在不同波型下地动仪的反应——只有横波到来它才吐丸，其他来自纵波的振动都无法使地动仪有反应。这就排除了其他干扰，如很重的关门、汽车过境的振动等。

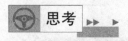

思考　▶▶▶　▶

图样作为人类文化知识的载体，是信息传播的重要工具。设想一下，如果张衡地动仪能以图样的形式留存，后人的复原之路是否会更加平顺？

第2章
投影基础

投影法是画法几何的基础，它源于光线照射空间形体后在平面上留下阴影这一物理现象。工程上利用投影法可以实现空间三维形体和平面上的二维图形的相互映射。本章主要介绍点、直线、平面的投影规律，为以后学习工程制图奠定基础。

2.1 投影法的基本知识

2.1.1 概述

在日常生活中，人们经常可以看到，物体在光线的照射下会在地面或墙面上留下影子。人们对自然界的这一物理现象经过科学的抽象，逐步归纳概括，就形成了投影法。投影法是在平面上表达空间物体的基本方法，是绘制工程图样的基础。我们称光线为投射线（投射方向），地面或墙面为投影面，影子为物体在投影面上的投影，如图2-1所示。

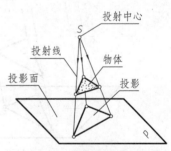

图2-1 投影的产生

需要注意的是，生活中的影子和工程制图中的投影是有区别的，影子只能表达物体的整体轮廓，并且内部为一个整体，而投影必须将物体各个组成部分的轮廓全部表示，如图2-2所示。

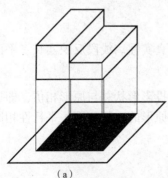
（a）

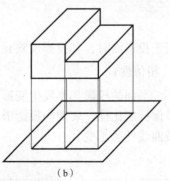
（b）

图2-2 影子与投影的区别
（a）影子；（b）投影

2.1.2 投影法的分类

投影法可以分为两类——中心投影法和平行投影法。

1. 中心投影法

如图2-1所示，在有限距离内，投射线都从投影中心 S 出发，在投影面上作出物体图形的方法叫作中心投影法。采用中心投影法得到的物体投影立体感强，投影会随物体与投影面、投射中心之间的距离改变而改变，不能反映物体的真实形状和大小，不适合绘制机械图样，常用于外观图、美术图、照相等。工程上常用中心投影法绘制建筑物的透视图。

2. 平行投影法

若将投射中心 S 移到离投影面无穷远处，则所有投射线都相互平行，这种投影法称为平行投影法，所得的投影称为平行投影。根据投射线与投影面的位置关系，平行投影法可以划分为以下两种：

1）斜投影法

投射线与投影面相倾斜的平行投影法，如图2-3（a）所示。

2）正投影法

投射线与投影面相垂直的平行投影法，如图2-3（b）所示。

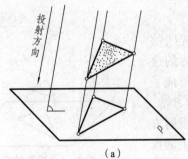

（a）　　　　　　　　　　（b）

图2-3　平行投影法

（a）斜投影法；（b）正投影法

2.1.3 平行投影的普遍性质

1. 真实性

当元素平行于投影面时，其投影反映元素的真实性。线段反映实长；平面反映实形。

2. 类似性（相仿性）

一般情况下，平面的投影都要发生变形，但投影形状总与原形相仿，即平面投影后，与原形的对应线段保持定比性，表现为投影形状与原形的边数相同、平行性相同、凸凹性相同以及边的直线或曲线性质不变。

3. 积聚性

当直线平行于投射方向时，直线的投影为点；当平面平行于投射方向时，其投影为直线。

4. 从属性

若点在直线上，则该点的投影一定在该直线的相应投影上。

5. 定比性

若一条直线上任意三个点 A、B、C 的简单比为定值，即 $AC/BC = k_1$，则投影的简单比不变，$ac/bc = k_1$；两直线 $AB /\!/ CD$，且简单比为定值 $AB/CD = k_2$，则两直线投影的简单比也不变，$ab/cd = k_2$。

6. 平行性

两平行直线的投影一般仍平行（投影重合为其特例）。

7. 同素性

点的投影是点，直线的投影一般仍是直线。

2.1.4　工程中常用的四种投影图

工程上的投影法有很多，如图 2-4 所示。为满足不同的需要，工程中常用的投影图有正投影图、轴测投影图、标高投影图、透视投影图等。

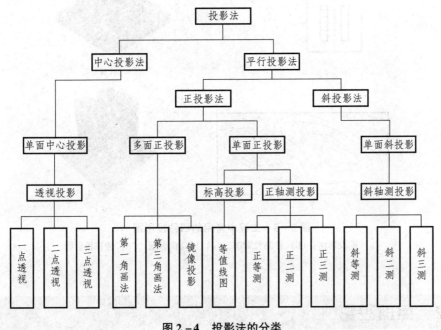

图 2-4　投影法的分类

1. 正投影图

采用正投影法，将物体投射到几个相互垂直的投影面上，再按一定投影规律把各投影面展开到同一个平面上，即得到正投影图，如图 2-5（a）所示。这种投影图虽然立体感差，但能完整地表达物体各个方位的形状，度量性好，便于指导加工，因此在工程中应用很广，它也是本课程研究的重点。在本教材的后续章节中，若无特殊说明，则投影均指正投影法。

2. 轴测投影图

轴测投影图是利用平行投影法将物体向一个投影面投射所得到的图形，如图2-5（b）所示。轴测投影图有一定的立体感，但度量性较差、作图麻烦，在工程中常作为辅助图样。

3. 标高投影图

标高投影图是用正投影法作出的单面投影，如图2-5（c）所示。这是一种将物体投射到水平投影面，用数字标出高度尺寸（标高）的投影。标高投影主要应用于地形图等不规则曲面、土建工程设计。

4. 透视投影图

透视投影图是用中心投影法绘制的，如图2-5（d）所示。这种投影图符合人眼的视觉习惯，具有立体感和真实感，但作图复杂、度量性差。透视图主要用于建筑工程和大型设备外观效果的设计及计算机仿真等方面。

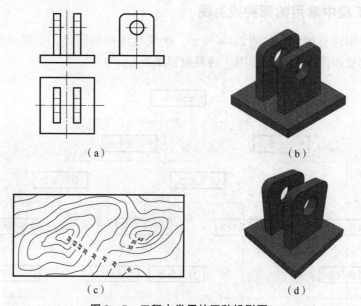

（a） （b）

（c） （d）

图2-5 工程中常用的四种投影图

（a）正投影图；（b）轴测投影图；（c）标高投影图；（d）透视投影图

2.2 点的投影

2.2.1 点在两面投影体系中的投影

1. 点的两个投影能唯一确定该点的空间位置

空间的一个点在一个投影面上的投影是唯一确定的，但仅知该点在一个投影面的投影，却不能唯一确定该点的空间位置。两面投影体系能够很好地解决这一问题。

空间两个互相垂直的投影面，即构成如图2-6所示的两面投影体系。两面投影体系中有一空间点A，它向投影平面H投射后得投影a，向投影平面V投射后得投影a'，投射线Aa

及 Aa' 是一对相交线，故处于同一平面内，如图 2-6（a）所示。从图 2-6（a）可知，由点 A 的两个投影 a、a' 就能确定该点的空间位置。

另外，由于两个投影平面是相互垂直的，我们可以在其上建立笛卡儿坐标体系，如图 2-6（b）所示。已知投影 a，即已知空间点 A 的 X、Y 坐标；已知投影 a'，即已知空间点 A 的 X、Z 坐标。因此，已知空间点 A 的两个投影 a 及 a'，即确定了点 A 的 X、Y 及 Z 坐标，也就唯一确定了该点的空间位置。

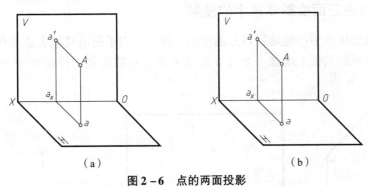

图 2-6 点的两面投影

（a）点的两面投影；（b）两个投影确定唯一空间点

2. 术语及规定

1）术语

在两面投影体系中，水平放置的投影面称为水平投影面，用 H 表示；与水平投影面垂直的投影面称为正立投影面，用 V 表示。两个投影面的交线称为投影轴，用 OX 表示。本课程规定用大写字母（如 A）表示空间点、小写字母表示投影点，并规定水平投影用相应的小写字母表示（如 a），正面投影用相应的小写字母上加一撇表示（如 a'）。

2）规定

图 2-7（a）所示为两面投影的直观图。为使两个投影 a 和 a' 画在同一平面（图纸）上，规定保持 V 面不动，将 H 面按图示箭头方向绕 OX 轴旋转 $90°$，展开后与 V 面重合，这样就得到如图 2-7（b）所示的点 A 的两面投影图。我们可以认为投影面是无限大的，通常在投影图上不画出它们的范围，如图 2-7（c）所示。投影图上的细实线 aa' 称为投影连线。

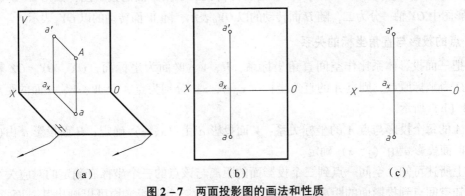

图 2-7 两面投影图的画法和性质

（a）直观图；（b）投影面展开后；（c）投影图

3. 两面投影图的性质

两面投影图的投影特性有以下两点：

（1）点的正面投影和水平投影连线垂直于 OX 轴，即 $a'a \perp OX$。

（2）点的正面投影到 OX 轴的距离反映该点到 H 面的距离，点的水平投影到 OX 轴的距离反映该点到 V 面的距离，即 $a'a_X = Aa$，$aa_X = Aa'$。

2.2.2 点在三面投影体系中的投影

点在两面投影体系中已能确定该点的空间位置。但为了更清楚地表达某些形体，有时需要在两面投影体系的基础上增加一个与 H 面及 V 面垂直的侧立的投影面 W 面，形成三面投影体系，如图 2-8 所示。

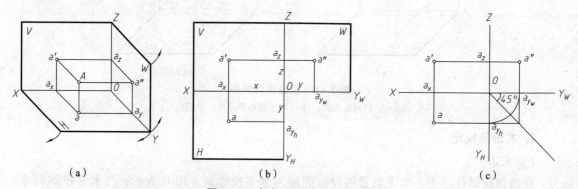

图 2-8　点在三面体系中的投影

(a) 直观图；(b) 投影面展开后；(c) 投影图

由于三面投影面体系是在两面投影面体系基础上发展而成的，因此，两面投影面体系中的术语及规定、投影图的性质，在三面投影体系中仍适用。此外，三面投影体系还有一些本身的术语及规定、投影图的性质等。

1. 术语及规定

与正立投影面及水平投影面同时垂直的投影面称为侧立投影面，用 W 表示，如图 2-8 (a) 所示。在侧立投影面上的投影称侧面投影，用小写字母加两撇（如 a''）表示。规定 W 面按图示箭头方向绕 OZ 轴旋转 90°，展开后与 V 重合，即得到三个投影面的投影图，如图 2-8 (b) 所示。投影图中 OY 轴一分为二，随 H 面转动的以 OY_H 表示，随 W 面转动的以 OY_W 表示。

2. 点的投影与直角坐标的关系

若把三面投影体系比作空间直角坐标系，H、V、W 面为坐标面，OX、OY、OZ 轴为坐标轴，O 为坐标原点，则点 A 的直角坐标 (x, y, z) 分别为点 A 至 W、V、H 面的距离，如图 2-8 (b) 所示。

点 A 的每个投影与点 A 的坐标关系：V 面投影 a' 由 (x, z) 确定；H 面投影 a 由 (x, y) 确定；W 面投影 a'' 由 (y, z) 确定。

由上所述可知，空间一点到三个投影面的距离与该点的三个坐标有确定的对应关系。不论是已知空间点到投影面的距离，还是已知空间点的三个坐标，均可以画出其三面投影图。反之，已知点的三面投影或两面投影，就可以完全确定点的空间位置。

3. 三面投影图的性质

三面投影图的投影特性有以下两点：

（1）$a'a \perp OX$，$a'a'' \perp OZ$，$aa_{y_H} \perp OY_H$，$a''a_{y_W} \perp OY_W$。

（2）$a''a_{y_W} = a'a_x = Aa = z$，$a''a_z = aa_x = Aa' = y$，$aa_{y_H} = a'a_z = Aa'' = x$。

为实现 $a''a_z = aa_x = Aa' = y$ 这个相等关系，可以采用45°辅助线的作图方法或辅助圆弧法，如图2-8（c）所示。

2.2.3 两点间的相对位置

1. 两点相对位置的确定

空间点的相对位置是指在三面投影体系中，一个点位于另一个点的上、下、左、右、前、后的方位。两点相对位置可用坐标的大小来判断：Z坐标大者在上，反之在下；Y坐标大者在前，反之在后；X坐标大者在左，反之在右。

在图2-9中：$z_B > z_A$，点B在点A上方；$y_B > y_A$，点B在点A的前方；$x_B > x_A$，点B在点A的左方。所以，点B在点A的左前上方。

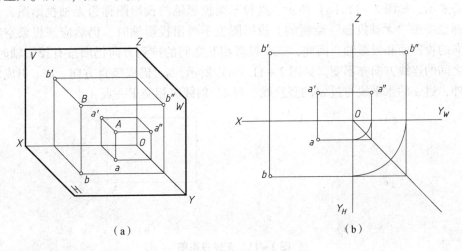

图2-9 两点间的相对位置

（a）直观图；（b）投影图

2. 重影点

位于同一条投射线上的各点具有两个相同的坐标，它们在与该投射线对应的投影面上的投影必然重合，这些点称为对该投影面的重影点。如图2-10所示，点A和点B的X、Y坐标相等，点A在点B正上方，两点的H面投影重合，点A和点B称为对H面投影的重影点。同理，若一点在另一点的正前方或正后方，则两点是对V面投影的重影点；若一点在另一点的正左方或正右方，则两点是对W面投影的重影点。

当两个点的某面投影重合时，则对该投影面的投影坐标值大者为可见，小者为不可见。根据正投影特性，可见性的区分应是前遮后、上遮下、左遮右，即出现重影点时，靠近原点O的投影不可见。图2-10中的重影点应是点A的H面投影可见，点B的H面投影不可见。不可见点的投影应加括号表示。

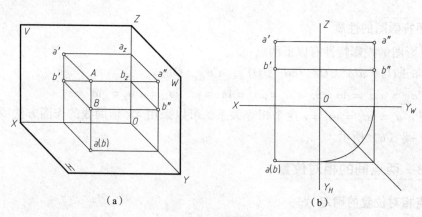

图 2 - 10　重影点
（a）直观图；（b）投影图

3. 无轴投影图

如果只研究空间两点之间的相对位置和相对距离，不管各点到投影面的距离，则投影轴可以不必表示，如图 2 - 11（a）所示，这种不画投影轴的投影图称为无轴投影图，工程图样基本都是按照"无轴投影"绘制的。投影图上不画出投影轴时，仍然应该想象空间存在各种方向的投影面和投影轴。因此，三个投影相互之间的排列方向仍旧按有投影轴时一样，即它们之间的连线方向亦不变。如图 2 - 11（b）所示，aa' 仍成竖直方向，$a'a''$ 仍成水平方向；此外，过 a 的水平线与过 a'' 的竖直线，与 45° 斜线应相交于一点 A_0。

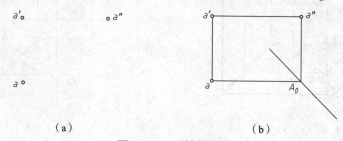

（a）　　　　　　　　　　　　（b）

图 2 - 11　无轴投影图
（a）题目；（b）解答

【例 2 - 1】 已知点 A 两个投影 a' 和 a''，如图 2 - 12（a）所示，求第三投影 a。

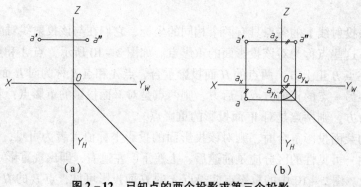

（a）　　　　　　　　　　　　（b）

图 2 - 12　已知点的两个投影求第三个投影
（a）题目；（b）解答

分析：

由点的投影规律：$aa' \perp OX$ 和 $a''a_z = Aa' = aa_x$，可以求得 a。

作图步骤：

如图 2 – 12（b）所示，过 a' 作 OX 轴的垂线与 OX 轴交于 a_x，在此直线上自 a_x 向下量取 $a_x a = a''a_z$，则可求得 a；也可通过 45°辅助线或辅助圆弧求得。

【**例 2 – 2**】 已知点 A（20，15，10），作出该点的三面投影。

分析：

已知空间点 A 的三个坐标，可以画出其三面投影图。

作图步骤：

如图 2 – 13 所示，在 OX 轴上量取 $Oa_x = 20$；过 a_x 作 $aa' \perp OX$ 轴，并使 $aa_x = 15$，$a'a_x = 10$；过 a' 作 $aa'' \perp OZ$ 轴，并使 $a''a_z = aa_x$，a、a'、a'' 即点 A 的三面投影。

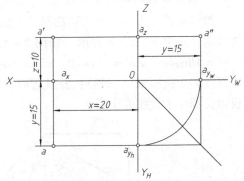

图 2 – 13　已知点的坐标作出其三面投影

2.3　直线的投影

2.3.1　直线的投影特性

空间内的两点确定一条直线，直线的投影就是直线上两个点在同一投影面上投影的连线。直线的投影特性是由直线对投影面的相对位置决定的。直线对投影面的相对位置有 3 种情况。

1）倾斜于投影面

如图 2 – 14 所示，直线 AB 对投影面 H 的倾角为 α，它在该投影面上的投影为直线 ab。投影 ab 小于直线 AB 的实长，$ab = AB\cos\alpha$。

2）平行于投影面

如图 2 – 14 所示，如果直线 EF 对投影面 H 平行，则 $\alpha = 0$，直线 EF 在该投影面上的投影 ef 反映实长，$ef = EF$，即投影长度等于空间直线长度。

3）垂直于投影面

如图 2 – 14 所示，直线 CD 对投影面 H 垂直，它在该投影面上的投影 cd 积聚为一点，即点 C 和点 D 重影。

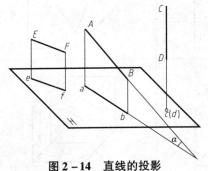

图 2 – 14　直线的投影

2.3.2 各种位置直线的投影特性

根据直线与三个投影面相对位置的不同，可以将直线分为 3 类：一般位置直线、投影面平行线、投影面垂直线。后两类位置直线又称为特殊位置直线。

1. 一般位置直线的投影特性

一般位置直线为与三个投影面都处于倾斜位置的直线。一般位置直线对 H 面、V 面、W 面的倾角分别用 α、β、γ 表示。如图 2 - 15 所示，直线 AB 的三面投影长度与倾角的关系为：$ab = AB\cos\alpha$，$a'b' = AB\cos\beta$，$a''b'' = AB\cos\gamma$。一般位置直线的投影特性为：直线的三面投影都倾斜于投影轴（三斜），并且它们与投影轴的夹角都不反映直线对投影面的倾角，三面投影长都小于直线的实长。

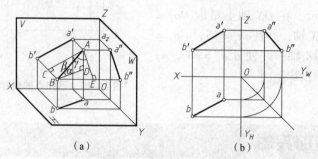

图 2 - 15　一般位置直线的投影

（a）直观图；（b）投影图

2. 投影面平行线的投影特性

投影面平行线为平行于一个投影面、倾斜于另外两个投影面的直线。其投影特性如表 2 - 1 所示。

表 2 - 1　投影面平行线的投影特性

名称	水平线	正平线	侧平线
定义	平行于水平投影面，但倾斜于正立投影面和侧立投影面的直线	平行于正立投影面，但倾斜于水平投影面和侧立投影面的直线	平行于侧立投影面，但倾斜于水平投影面和正立投影面的直线
立体图			
直观图			

续表

名称	水平线	正平线	侧平线
投影图	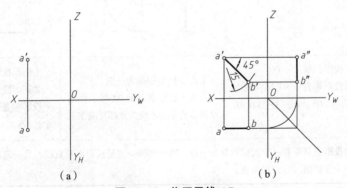		
投影特性	①水平投影反映实长，与OX轴的夹角为β，与OY_H轴的夹角为γ。 ②正面投影平行于OX轴。 ③侧面投影平行于OY_W轴	①正面投影反映实长，与OX轴的夹角为α，与OZ轴的夹角为γ。 ②水平投影平行于OX轴。 ③侧面投影平行于OZ轴	①侧面投影反映实长，与OY_W轴的夹角为α，与OZ轴的夹角为β。 ②正面投影平行于OZ轴。 ③水平投影平行于OY_H轴
辨别方式	当直线的投影有两个平行于投影轴，且第三投影与投影轴倾斜时，则该直线一定是投影面平行线，且一定平行于其投影为倾斜线的那个投影面（一斜两平行）		

【例 2 – 3】 如图 2 – 16（a）所示，已知点 A 的两个投影 a 和 a'，求作正平线 AB 的三面投影，使 $AB=15$ mm，$\alpha=45°$（点 A 在点 B 的左上方）。

图 2 – 16 作正平线 AB

（a）题目；（b）解答

分析：

已知点 A 的两面投影，可求其第三面投影 a''；根据正平线的投影特性可解。

作图步骤：

（1）利用例 2 – 1 的方法，求出 a''。

（2）过 a' 作直线 $a'b'$ 与 $a'a''$ 夹角为 45°，沿 $a'b'$ 量取 15 mm，求出 b'，进而求得 b 和 b''。

（3）连接 ab、$a'b'$、$a''b''$。

3. 投影面垂直线的投影特性

投影面垂直线是垂直于一个投影面的直线，其投影特性如表 2 – 2 所示。

表 2 – 2　投影面垂直线的投影特性

名称	铅垂线	正垂线	侧垂线
定义	垂直于水平投影面的直线	垂直于正立投影面的直线	垂直于侧立投影面的直线
立体图			
直观图			
投影图			
投影特性	①水平投影积聚为一点。 ②正面投影垂直于 OX 轴，侧面投影垂直于 OY_W 轴，并都反映实长	①正面投影积聚为一点。 ②水平投影垂直于 OX 轴，侧面投影垂直于 OZ 轴，并都反映实长	①侧面投影积聚为一点。 ②正面投影垂直于 OZ 轴，水平投影垂直于 OY_H 轴，并都反映实长
辨别方式	直线的投影中只要有一个投影积聚为一点，则该直线一定是投影面垂直线，且一定垂直于其投影积聚为一点的那个投影面（一点两垂直）		

2.3.3　一般位置直线的实长及其对投影面的倾角

一般位置直线的投影不能反映其实长及其对投影面的倾角，求其实长及其对投影面的倾角有两种方法：一是利用直角三角形法，二是利用换面法（换面法将在 2.5 节讲解）。

如图 2 – 17（a）所示，AB 为一般位置直线，过端点 B 作直线平行其水平投影 ab 并交 Aa 于点 C，得直角三角形 ABC。在直角三角形 ABC 中，斜边 AB 就是线段本身，底边 BC 等于线段 AB 的水平投影 ab，对边 AC 等于线段 AB 的两端点到 H 面的距离差（z 坐标差），也即等于 $a'b'$ 两端点到投影轴 OX 的距离差，而 AB 与底边 BC 的夹角即线段 AB 对 H 面的倾角 α。

将图 2 – 17（a）中 $\triangle ABC$、$\triangle ABD$、$\triangle ABE$ 分别取出，可以得到如图 2 – 17（b）所示的三个直角三角形。只考虑直角三角形的组成关系，经分析可以得出：直角三角形的斜边为直线的实长，一直角边为直线在某投影面（水平投影面、正立投影面或侧立投影面）的投影，另一直角边为与该投影面垂直轴（Z、Y 或 X）方向的坐标差；实长与某一投影面上的投影的夹角即为直线对该投影面的倾角。

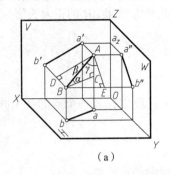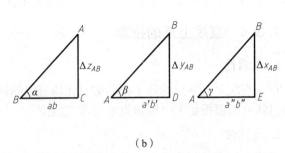

图 2 – 17　直角三角形法

（a）直观图；（b）三个直角三角形

利用直角三角形法，只要知道 4 个要素（斜边、投影长、坐标差、倾角）中的两个要素，即可求出其他两个未知要素。

【例 2 – 4】　如图 2 – 18（a）所示，已知直线段 AB 的水平投影 ab、AB 的实长 $L = 15$ mm，试求直线 AB 的正面投影及其与 H 面的倾角 α、与 V 面的倾角 β。

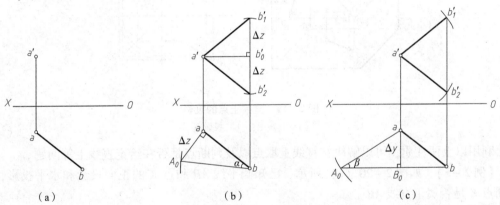

图 2 – 18　直角三角形法应用

分析：

此题已知直角三角形法四个要素中的两要素——投影长（ab）、实长（L），根据直角三角形法及投影特性可解。

作图步骤：

（1）求坐标差（Δz）和夹角 α。如图 2 – 18（b）所示。

过点 a 作 $aA_0 \perp ab$，并以点 b 为圆心、L 为半径，作圆弧与 aA_0 相交于点 A_0，则直线 aA_0 即直线 AB 在 Z 方向的坐标差 Δz，$\angle abA_0$ 即倾角 α。

（2）求点 b'。如图 2 – 18（b）所示。

过点 b 向 OX 轴作垂线 bb_0'，过点 a' 作 OX 轴的平行线 $a'b_0'$，直线 bb_0'、ab_0' 相交于点 b_0'；以点 b_0' 为圆心、aA_0 为半径，作圆弧分别与 bb_0' 及其延长线相交于点 b_2' 和点 b_1'，当点 b_2' 位于 OX 轴的下方时，将此解舍去。

（3）作直线 AB 的正面投影。如图 2 – 18（b）所示。

连接 $a'b_1'$ 和 $a'b_2'$。

（4）求倾角 β。如图 2－18（c）所示。

过点 b 作 $bB_0 \perp a'a$，并与其延长线交于点 B_0 点（aB_0 为 Δy）；以点 a 为圆心、L 为半径，作圆弧交 bB_0 的延长线于点 A_0，则 $\angle aA_0B_0$ 为夹角 β。也可用此种方法求 AB 的正面投影。

2.3.4 直线上点的投影

1. 从属性

点在直线上，则点的各个投影必定在该直线的同面投影上；反之，若一个点的各个投影都在直线的同面投影上，则该点必定在直线上。

2. 定比性

直线上的点分割线段之比等于其投影之比，这称为直线投影的定比性。

在图 2－19 中，点 C 在线段 AB 上，它把线段 AB 分成 AC 和 CB 两段。根据直线投影的定比性，$AC : CB = ac : cb = a'c' : c'b' = a''c'' : c''b''$。

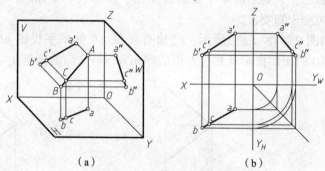

图 2－19 直线上点的投影

（a）直观图；（b）投影图

利用以上两性质，可以解决在直线上取点以及判断点是否在给定直线上等问题。

【例 2－5】 如图 2－20（a）所示，已知侧平线 AB 和点 K 的正面投影和水平投影，试判断点 K 是否属于直线 AB。

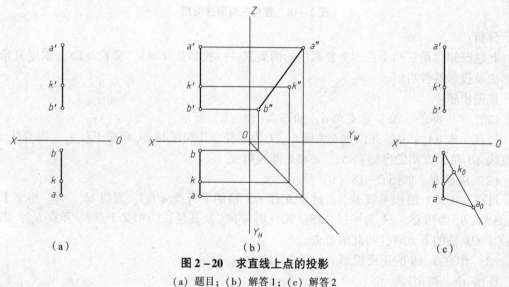

图 2－20 求直线上点的投影

（a）题目；（b）解答 1；（c）解答 2

分析：

点 K 的两个投影分别在直线 AB 的同面投影上，但直线 AB 是侧平线，它的正面投影、水平投影都垂直于 OX 轴，无法直接确定点 K 是否属于直线 AB。

方法一：求出第三面投影，利用从属性判断。

作图步骤：

(1) 分别求出直线 AB 和点 K 的侧面投影，如图 2-20（b）所示。

(2) 因 k'' 不在 $a''b''$ 上，根据从属性可知，点 K 不在直线 AB 上。

方法二：利用定比性判断。

作图步骤：

(1) 过 b 作任意辅助线，在辅助线上量取 $bk_0 = b'k'$，$k_0a_0 = k'a'$，如图 2-20（c）所示。

(2) 连接 a_0 和 a、k_0 和 k，因 a_0a 与 k_0k 不平行，根据定比性可知，点 K 不在直线 AB 上。

2.3.5 两直线的相对位置关系

空间两直线的相对位置关系有三种情况：平行、相交、交叉。两直线平行或相交可构成一个平面，称为共面直线；两直线交叉不能构成一个平面，故也称为异面直线。

1. 两直线平行

若空间两直线平行，则它们的各同面投影必定互相平行。如图 2-21 所示，由于 $AB \parallel CD$，则必定 $ab \parallel cd$、$a'b' \parallel c'd'$、$a''b'' \parallel c''d''$。反之，若两直线的各同面投影互相平行，则此两直线在空间也必定互相平行。

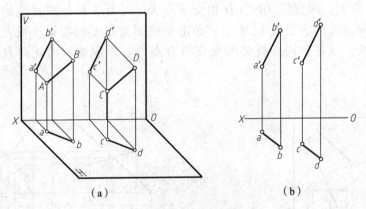

图 2-21　两直线平行

（a）直观图；（b）投影图

【例 2-6】　直线 EF、GH 的正面投影和水平投影如图 2-22（a）所示，判断直线 EF、GH 是否平行。

分析：

如果两直线处于一般位置，则只需两直线中的任何两组同面投影互相平行，即可判定空间两直线平行。如果两直线平行于某一投影面，则需两直线在所平行的那个投影面上的投影互相平行，才能确定空间两直线平行。

方法一：作出直线 EF、GH 的侧面投影，从而断定直线 EF、GH 不平行，如图 2-22（b）所示。

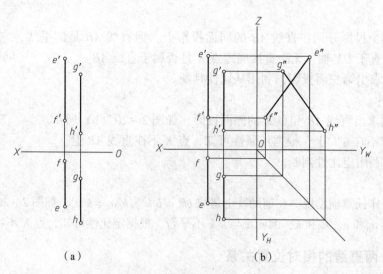

图 2 - 22　判断两直线是否平行

(a) 题目；(b) 解答

方法二：直接观察。从两直线两面投影字母的标注顺序分析，可知直线 EF、GH 的空间倾斜方向不一致，故可断定直线 EF、GH 不平行，为交叉两直线。

2. 两直线相交

若空间两直线相交，则它们的各同面投影必定相交，且交点符合点的投影规律。如图 2 - 23（a）所示，两直线 AB、CD 相交于点 K，因为点 K 是两直线的共有点，则此两直线的各组同面投影的交点 k、k'、k'' 必定是空间交点 K 的投影。反之，若两直线的各同面投影相交，且各组同面投影的交点符合点的投影规律，则此两直线在空间也必定相交。

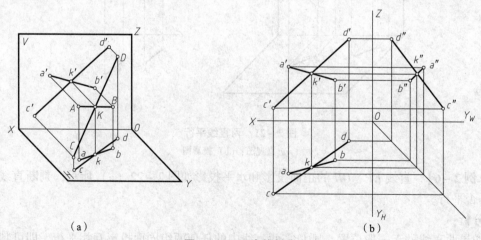

图 2 - 23　两直线相交

(a) 直观图；(b) 投影图

【例 2 - 7】　直线 AB、CD 的正面投影和水平投影如图 2 - 24（a）所示，判断直线 AB、CD 是否相交。

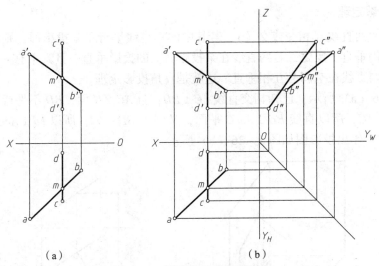

（a）　　　　　　　　　　　　　（b）

图 2 - 24　判断两直线是否相交

（a）题目；（b）解答

分析：

如果两直线均为一般位置直线，则只需两直线中的任何两组同面投影交点符合点的投影规律即可判定空间两直线相交。当两直线中有一条直线为投影面平行线时，则需两直线在该投影面上的投影交点符合点的投影规律才能确定空间两直线相交。

方法一：作出直线 AB、CD 的侧面投影，从而断定直线 AB、CD 不相交，如图 2 - 24（b）所示。

方法二：直接观察。可以看出 $c'm' : m'd' \neq cm : md$，故可断定直线 AB、CD 不相交。

3. 两直线交叉

如果空间两直线既不平行又不相交，称为两直线交叉。

若空间两直线交叉，则它们的各组同面投影必不同时平行，或者它们的各同面投影虽然相交，但其交点不符合点的投影规律，如图 2 - 25（a）所示。

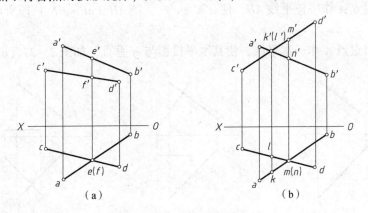

（a）　　　　　　　　　　　　　（b）

图 2 - 25　两直线交叉

空间交叉两直线投影的交点，实际上是空间两点的投影重合点，如图 2 - 25（b）所示。利用重影点和可见性，可以很方便地判别两直线在空间的相对位置。

4. 直角投影定理

空间垂直的两直线（相交或交叉），若其中的一直线平行于某投影面，则两直线在该投影面上的投影仍垂直。反之，若两直线在某投影面上的投影垂直，且其中有一直线平行于该投影面，则该两直线在空间必互相垂直。这就是直角投影定理。

如图 2−26（a）所示，已知相交直线 $AC \perp BD$，且 $AC /\!/ H$ 面，BD 不平行于 H 面。因为 $BD \perp Cc$，$BD \perp AC$，所以直线 $BD \perp AacC$ 平面，又因为 $BD /\!/ bd$，所以 $bd \perp AacC$ 平面，所以 ac 必垂直于 bd。作出投影图如图 2−26（b）所示。

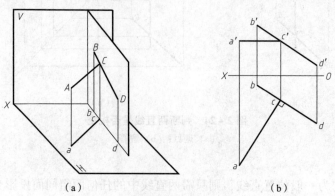

（a）　　　　　　　　　（b）

图 2−26　垂直相交两直线的投影

（a）题目；（b）解答

应用直角投影定理可以对空间直线成直角的情况进行投影。例如，求距离、直角三角形、等腰三角形、长方形、正方形、菱形等的投影作图问题。

【例 2−8】　点 A、直线 EF 的正面投影和水平投影如图 2−27（a）所示，试过定点 A 作直线 AH 垂直于已知直线 EF。

分析：

根据直角投影定理，空间垂直的两直线在同一投影面上的投影垂直，且有一条直线平行于该投影面，则两直线的夹角必是直角。

方法一：过点 A 作一正平线 AH，使 $a'h' \perp e'f'$，则 AH（ah，$a'h'$）即所求，如图 2−27（b）所示。

方法二：可过点 A 作一水平线，使其水平投影与 ef 垂直，如图 2−27（c）所示。

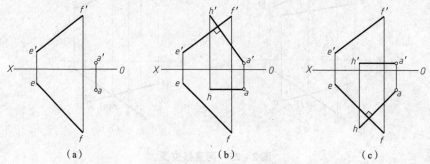

（a）　　　　　　　　　（b）　　　　　　　　　（c）

图 2−27　过点 A 作已知直线 EF 的垂线 AH

（a）题目；（b）解答 1；（c）解答 2

2.4 平面的投影

2.4.1 平面的表示法

在投影图中，平面的表示方法有两种：几何元素表示法和迹线表示法。

1. 几何元素表示法

从几何学可知，不在同一条直线上的三点确定一平面。这一基本情况可转化为：一直线和直线外一点；两直线相交；两直线平行；任意的平面图形。平面的投影也可以用这些几何元素的投影来表示，如图 2-28 所示。

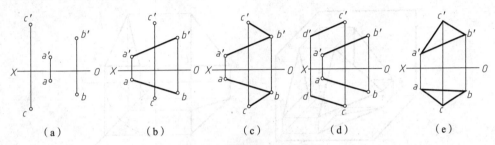

图 2-28 平面的几何表示法

（a）不在同一直线上的三点；（b）直线和直线外一点；（c）两直线相交；
（d）两直线平行；（e）任意的平面图形

一般来说，平面的投影只用来表达平面的空间位置，并不限制平面的空间范围。因此，在没有特别说明时，平面是无限延伸的。

2. 迹线表示法

平面与投影面的交线称为平面的迹线。若平面用 P 表示，则平面 P 与 V 面的交线称为正面迹线（P_V）；P 与 H 面交线称为水平迹线（P_H）；P 与 W 面的交线称为侧面迹线（P_W）。水平迹线有积聚性，可以只作出有积聚性的水平迹线 P_H，而 P_V 和 P_W 均无须作出，并只用如图 2-29（c）所示的两段短的粗实线（约 5 mm）表示积聚性的迹线位置，中间以细实线相连，并在粗实线附近标记该平面有积聚性的迹线的名称。

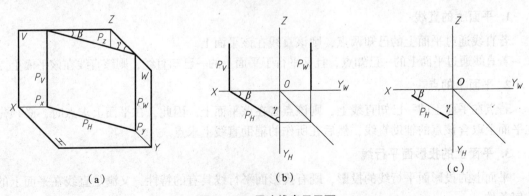

图 2-29 用迹线表示平面

2.4.2　各种位置平面的投影特性

根据平面与三个投影面相对位置的不同，可以将平面划分为三类：一般位置平面、投影面平行面、投影面垂直面。后两类位置平面又称为特殊位置平面，平面与 H、V、W 面的倾角分别为 α、β、γ。

1. 一般位置平面的投影特性

与三个投影面都处于倾斜位置的平面称为一般位置平面。如图 2 – 30 所示，平面与 H、V、W 面都处于倾斜位置。一般位置平面的投影特征可归纳为：一般位置平面的三面投影，既不反映实形也无积聚性，而都为类似形（三个封闭线框）。类似形是指图形的边数、平行性、凸凹性不变，边长、角度的大小改变。

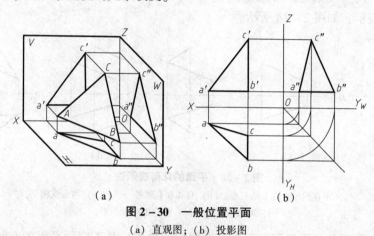

（a）　　　　　　　　　　（b）

图 2 – 30　一般位置平面

（a）直观图；（b）投影图

2. 投影面平行面的投影特性

平行于某一投影面的平面称为投影面平行面，其投影特性如表 2 – 3 所示。

3. 投影面垂直面的投影特性

垂直于一个投影面，倾斜于另外两个投影面的平面称为投影面垂直面，其投影特性如表 2 – 4 所示。

2.4.3　平面上的直线和点

1. 平面上的直线

若直线通过平面上的已知两点，则该直线在该平面上。

若直线通过平面上的一已知点，且又平行于平面上的一已知直线，则该直线在该平面上。

2. 平面上的点

若点在平面上的一已知直线上，则该点必在该平面上。因此，在平面上求点时，必须先在平面上取含该点的辅助直线，然后在所作的辅助直线上求点。

3. 平面上的投影面平行线

平面上的投影面平行线的投影，既有投影面平行线具有的特性，又满足直线在平面上的几何条件。

表2-3 投影面平行面的投影特性

名称	水平面	正平面	侧平面
定义	平行于水平投影面的平面称为水平面	平行于正立投影面的平面称为正平面	平行于侧立投影面的平面称为侧平面
立体图	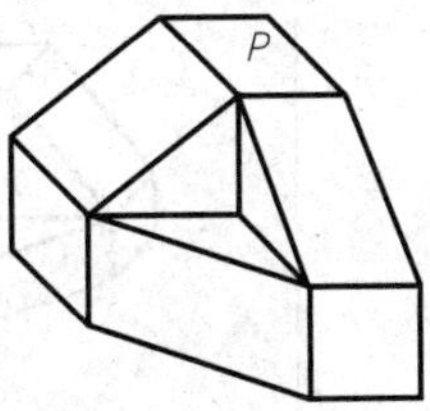	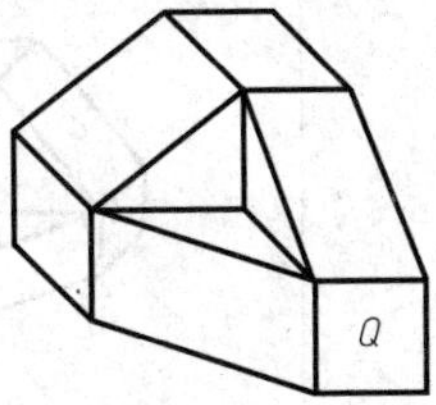	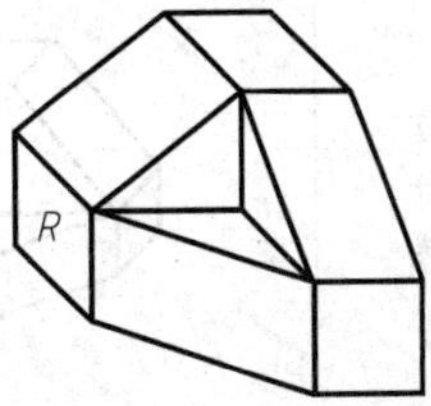
直观图	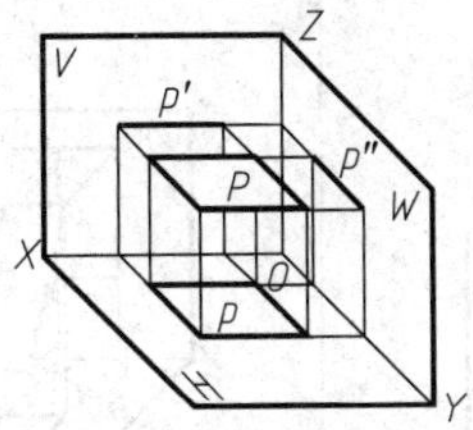	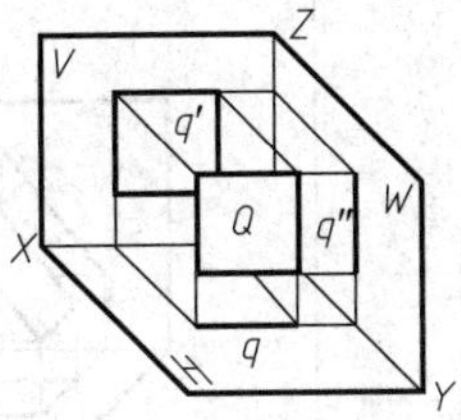	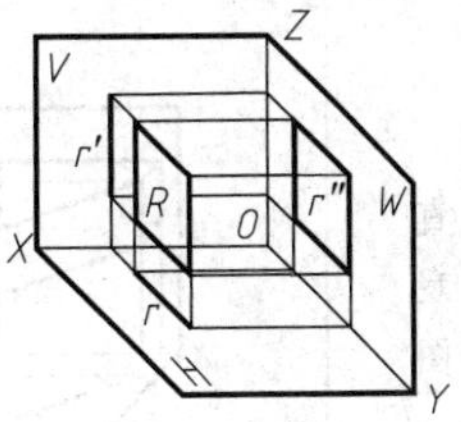
投影图	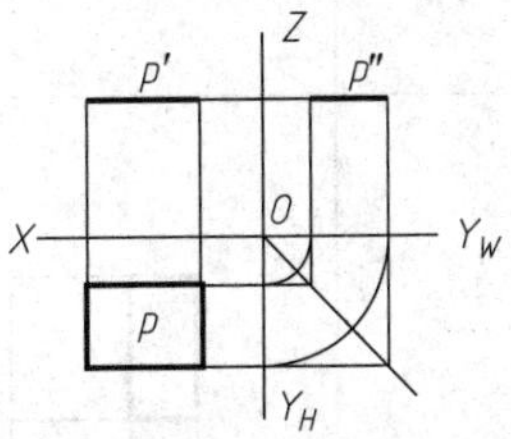	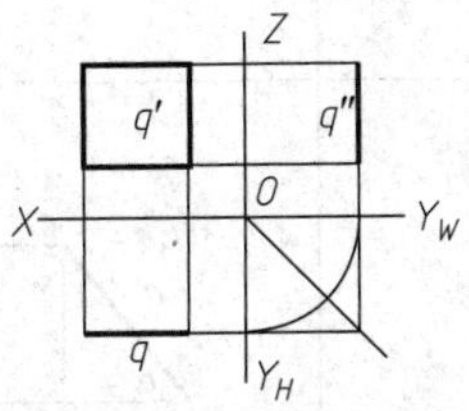	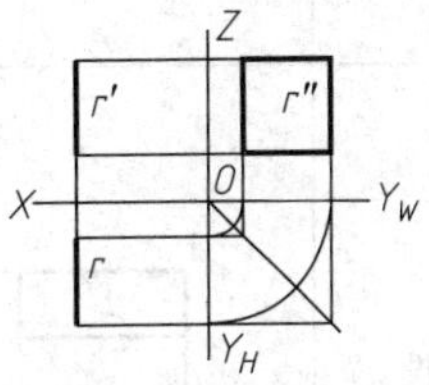
投影特性	①水平投影反映实形。②正面投影积聚成平行于 OX 轴的直线。③侧面投影积聚成平行于 OY_W 轴的直线	①正面投影反映实形。②水平投影积聚成平行于 OX 轴的直线。③侧面投影积聚成平行于 OZ 轴的直线	①侧面投影反映实形。②正面投影积聚成平行于 OZ 轴的直线。③水平投影积聚成平行于 OY_H 轴的直线
辨别方式	若平面的投影有两个平行于投影轴，则该平面一定是投影面平行面，且一定平行于其投影不平行于投影轴的那个投影面（一框两平行）		

【例2-9】 已知△ABC、点 K 和点 M 的平面投影，如图2-31（a）所示，试判断点 K 和点 M 是否属于△ABC 所确定的平面。

分析：

利用"若点在平面上，则点必在该平面内的一条直线上"求解。

作图步骤：

（1）如图2-31（b）所示，作辅助线 AD，使 AD 的正面投影 a'd' 过点 K 的正面投影 k'。观察发现：点 K 的水平投影 k 不在 AD 的水平投影 ad 上，所以点 K 不属于△ABC 所确定的平面。

表 2-4　投影面垂直面的投影特性

名称	铅垂面	正垂面	侧垂面
定义	只垂直于水平投影面的平面	只垂直于正立投影面的平面	只垂直于侧立投影面的平面
立体图			
直观图			
投影图			
投影特性	①水平投影积聚成直线，与 OX 轴的夹角为 β，与 OY_H 轴的夹角为 γ。②正面投影和侧面投影是类似形	①正面投影积聚成直线，与 OX 轴的夹角为 α，与 OZ 轴的夹角为 γ。②水平投影和侧面投影是类似形	①侧面投影积聚成直线，与 OY_W 轴的夹角为 α，与 OZ 轴的夹角为 β。②正面投影和水平投影是类似形
辨别方式	如果空间平面在某一投影面上的投影积聚为一条与投影轴倾斜的直线，则此平面垂直于该投影面（一斜两框）		

（2）如图 2-31（c）所示，作辅助线 CE，使 CE 的正面投影 $c'e'$ 过点 M 的正面投影 m'。观察发现：点 M 的水平投影 m 在 CE 的水平投影 ce 的延长线上，所以点 M 属于 $\triangle ABC$ 所确定的平面。

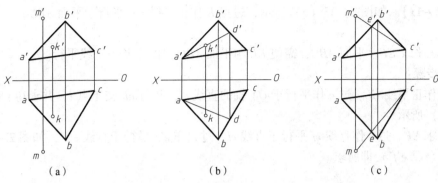

（a） （b） （c）

图 2-31 判断点是否属于平面

（a）题目；（b）解法一；（c）解法二

【例 2-10】 如图 2-32（a）所示，已知 △ABC 的两面投影，在 △ABC 平面上取一点 K，使点 K 在点 A 之上 15 mm，在点 A 之前 10 mm，试求点 K 的两面投影。

分析：

利用平面上的投影面平行线作正平线和水平线求解。

作图步骤：

（1）作水平线 MN。从 a' 向上量取 15 mm，作一平行于 OX 轴的直线，与 a'b' 交于 m'，与 b'c' 交于 n'，求其水平投影 m、n。

（2）作正平线 GH。从 a 向前量取 10 mm，作一平行于 OX 轴的直线，与 ab 交于 g，与 bc 交于 h，求其正面投影 g'、h'。

（3）求点 K 的两面投影。gh 与 mn 交于 k，g'h' 与 m'n' 交于 k'。k 和 k' 即点 K 的两面投影。

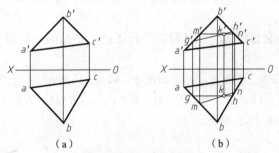

（a） （b）

图 2-32 平面上取点

（a）题目；（b）解答

2.4.4 直线、平面的相对位置

在空间中，直线与平面、平面与平面之间的相对位置有平行、垂直和相交三种情况，其中垂直是相交的特例。下面只研究特殊位置直线（平面）的平行和相交问题。

1. 平行问题

1）直线与平面平行

如果直线的投影与平面内任意一直线的同面投影平行，则该直线与平面平行。据此，我们可以在投影图上判断直线与平面是否平行，并解决直线与平面平行的作图问题。

【例2-11】 如图2-33（a）所示，过点 E 作正平线 EF 平行于平面 ABC。

分析：

为使正平线 EF∥平面 ABC，需使 EF 与平面 ABC 内的一条正平线平行。

作图步骤：

（1）作正平线 CL。过 c 作平行于 OX 轴的直线 cl，并与 ab 交于点 l，并求得 $c'l'$，如图 2-33（b）所示。

（2）求 EF。过 e 作直线 ef 平行于直线 cl，过 e' 作 $e'f'$ 平行于直线 $c'l'$，如图 2-33（b）所示。EF（ef、$e'f'$）即所求。

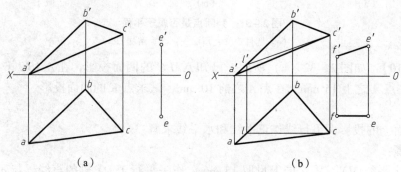

图2-33 求作正平线 EF

（a）题目；（b）解答

2）平面与平面平行

如果一个平面内任意两条相交直线的投影分别与另一个平面内两条相交直线的同面投影对应平行，则这两个平面平行。

【例2-12】 如图2-34（a）所示，过点 K 作平面平行于已知平面△ABC。

分析：

只要过点 K 作两相交直线 KL、KH 对应平行于已知平面的一对相交直线即可。

作图步骤：

（1）过 k' 作 $k'l'$∥$a'b'$，$k'h'$∥$a'c'$。如图 2-34（b）所示。

（2）过 k 作 kl∥ab，kh∥ac，由 KL（kl，$k'l'$）与 KH（kh，$k'h'$）所确定的平面平行于△ABC 平面。如图 2-34（b）所示。

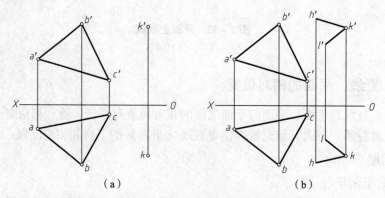

图2-34 过点 K 作平面平行于已知平面△ABC

（a）题目；（b）解答

2. 相交问题

1) 直线与平面相交

直线与平面相交，只有一个交点，这个交点既在直线上又在平面上，因而交点是直线与平面的共有点，也是可见与不可见的分界点。当平面或直线的投影有积聚性时，根据交点的公有性就可直接确定一个投影，而另一个投影可用在直线或平面上取点的方法求出。

【例 2-13】 如图 2-35（a）所示，EF 是一般位置直线，$\triangle ABC$ 是铅垂面，求 EF 与 $\triangle ABC$ 的交点 K，并判别可见性。

分析：

由于交点是直线和平面的共有点，它的投影既在直线上又在平面上。因为平面 $\triangle ABC$ 的水平投影 abc 为直线，即交点 K 的 H 面投影 k 必在 $\triangle ABC$ 的 H 面投影 abc 上，又必在直线 EF 的 H 面投影 ef 上，因此交点 K 的 H 面投影 k 就是 abc 与 ef 的交点，再由 k 可求出 $e'f'$ 上的 k'。

作图步骤如图 2-35（b）所示。

请读者自己求出交点。对可见性的判别分析如下：

图中正面投影 $e'f'$ 和 $\triangle a'b'c'$ 相重合部分才产生可见性问题，并且交点 K 是可见与不可见的分界点。利用重影点来判别，如 $e'f'$ 和 $a'c'$ 重影于点 $1'(2')$，在 ac 和 ef 上分别求出点 1 和点 2，由 H 面投影可知平面上点 I 的 y 坐标大于直线上点 II 的 y 坐标值，所以平面在直线之前，该点至 k' 的一段是不可见，而 k' 另一侧的直线是可见，将可见部分加深，将不可见部分画出虚线。

对于特殊位置的平面，可利用平面有积聚性的投影判别可见性。从水平投影可以看出 fk 在铅垂面的前方，故正面投影 $f'k'$ 为可见，而 ke 段在铅垂面的后方，故 $k'e'$ 被 $\triangle a'b'c'$ 遮住部分为不可见。

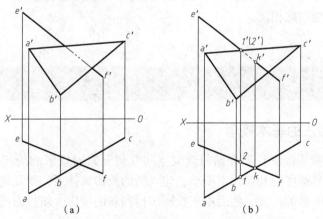

图 2-35 一般位置直线与特殊位置平面相交

（a）题目；（b）解答

2) 平面与平面相交

两平面相交的交线是两平面的共有直线，只要确定交线上的两个共有点，即可求出交线。当两平面之一的投影有积聚性时，交线的两个投影有一个可直接确定，另一个投影可用在平面上作直线的方法求出。

【例 2-14】 如图 2-36（a）所示，平面 $\triangle ABC$ 为投影面平行面，与一般位置平面 $\triangle DEF$ 相交，求 $\triangle ABC$ 与 $\triangle DEF$ 的交线，并判别可见性。

分析：

因为△ABC的正面投影有积聚性，则交线的正面投影必在$a'b'c'$上；且交线在△$d'e'f'$上，因此可得交线MN。

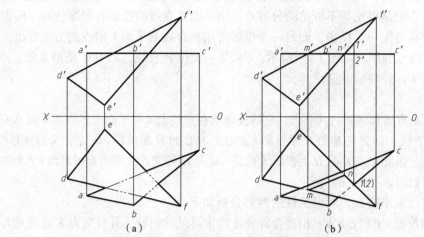

图2－36　一般位置平面与特殊位置平面相交

(a) 题目；(b) 解答

作图步骤如图2－36（b）所示。

请读者自己求出交线。对可见性的判别分析如下：

在水平投影中取重影点I和II，求出其正面投影，并判别可见性。假设点I在EF上，点II在△ABC上，可以看出，点I在点II的正上方，由于平面的连续性，在交线的前方，△DEF在上，△ABC在下。所以，属于△ABC的边不可见，画成虚线，属于△DEF的边画成实线；交线的左侧与此相反。

2.5　换面法

2.5.1　换面法的基本概念

换面法（变换投影面法）研究如何改变空间几何元素对投影面的相对位置，以达到简化解题的目的。它是指保持几何元素不动，建立新的投影面体系，使几何元素在新的投影面体系中处于有利于解题的位置，然后用正投影法得到新的投影。新投影面的选择必须符合以下两个基本条件：

（1）新投影面必须垂直于原投影面体系中的一个不变的投影面。

（2）新投影面必须使空间几何元素处于有利于解题的位置。

2.5.2　点的投影变换

点是最基本的几何元素，研究点的投影规律是学习换面法的基础。

1. 点的一次换面

如图2－37（a）所示，在投影体系V/H中，点A的水平投影为a，正面投影为a'。现在，V 面保持不变，用一个垂直于 V 面的新投影面 H_1 代替 H 面，形成新的投影体系 V/H_1。根据点的投影特性，则有：

（1）点的新投影 a_1 与不变投影 a' 的连线垂直于新的投影轴 O_1X_1。

（2）点 A 到 V 面的距离在新、旧投影体系中是相同的，即 $a_1a_{x_1} = aa_x = Aa'$。

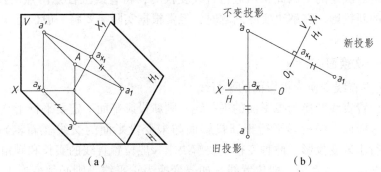

图 2-37　点的投影变换—变换 H 面
（a）直观图；（b）投影图

如图 2-38（a）所示，以 V_1 面代替 V 面，得新投影体系 V_1/H，其投影图同样有如下特性：

（1）点的新投影 b_1' 与不变投影 b 的连线垂直于新的投影轴 O_1X_1。

（2）点 B 到 H 面的距离在新、旧投影体系中是相同的，即 $b_1'b_{x_1} = b'b_x = Bb$。

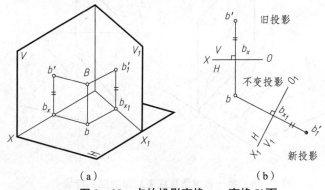

图 2-38　点的投影变换——变换 V 面
（a）直观图；（b）投影图

根据以上分析，得出点的投影变换规律：

（1）点的新投影与不变投影的连线垂直于新投影轴。

（2）点的新投影到新投影轴的距离等于点的旧投影到旧投影轴的距离。

2. 点的二次换面

在解决实际问题时，有时更换一次投影面仍不能解决问题，必须连续变换两次（及以上）投影面。点的二次换面是在一次换面的基础上再作一次换面，如图 2-39 所示。

在进行点的二次换面时，要遵守以下两条规则：

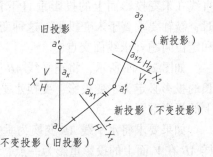

图 2-39　点的二次换面

（1）为了保证投影特性不变，新增投影面必须与不变投影面垂直。

（2）在连续多次变换投影面时，每次只能替换一个投影面，但可以交替更换。

2.5.3　直线的投影变换

直线是由两点决定的。因此，当进行直线变换时，将直线上任意两点的投影加以变换，即可求得直线的新投影。在解决实际问题时，经常根据实际需要将一般位置线变换至平行或垂直于新投影面的位置。

1. 直线的一次换面

1）一般位置直线变换为投影面的平行线

要把一般位置直线变换为投影面的平行线，则新投影平面一定要平行于空间直线，即空间直线在未变投影面上的投影平行于新投影面与未变投影面的交线（新轴）。所以在作图时，新轴要平行于未变投影。此种变换主要解决求一般位置直线的实长和倾角的问题。

如图 2-40 所示，AB 为一般位置线，如要变换为正平线，则必须变换 V 面，使新投影面 V_1 面平行 AB，这样 AB 在 V_1 面上的投影 $a'_1 b'_1$ 将反映 AB 的实长，$a'_1 b'_1$ 与 X_1 轴的夹角反映直线对 H 面的倾角 α。

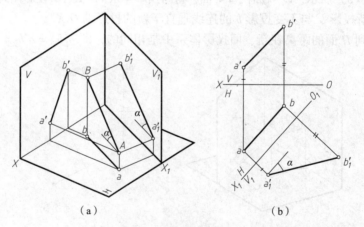

图 2-40　将一般位置直线变成投影面平行线

（a）直观图；（b）投影图

2）投影面平行线变换为投影面垂直线

要把投影面平行线变换为投影面垂直线，则新投影平面一定要垂直于空间直线，即空间直线在未变投影面上的投影垂直于新投影面与未变投影面的交线（新轴）。所以，在作图时，新轴要垂直于未变投影。这种变换主要解决于直线有关的度量问题（两直线间的距离）和定位问题（求线面交点）。

如图 2-41 所示，将正平线 AB 变换为垂直线。根据投影面垂直线的投影特性，反映实长的投影必定为不变投影，变换水平投影面，即作新投影面 H_1 面垂直 AB，这样 AB 在 H_1 面上的投影重影为一点。

如果要求将水平线 AB 变换为垂直线，变换正投影面，即作新投影面 V_1 面垂直 AB，这样 AB 在 V_1 面上的投影重影为一点，如图 2-42 所示。

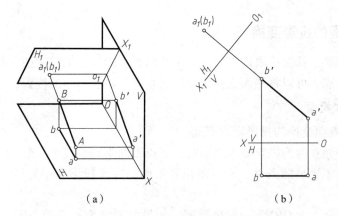

（a）　　　　　　　　　　（b）

图2-41　正平线变换为投影面垂直线

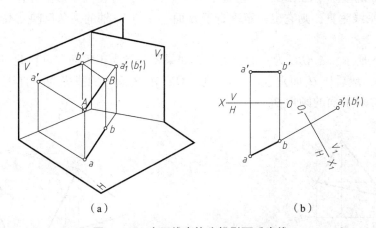

（a）　　　　　　　　　　（b）

图2-42　水平线变换为投影面垂直线

2. 直线的二次换面

一般位置直线变换为投影面垂直线，必须更换两次投影面，如图2-43所示。首先将该直线（AB）变换为投影面平行线，然后把投影面平行线换面变换为投影面垂直线。

第一次换面，新轴平行于不变投影；第二次换面，新轴垂直于不变投影。

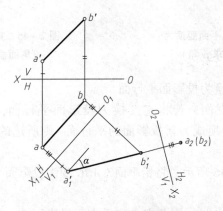

图2-43　直线的二次换面

2.5.4　平面的投影变换

平面的投影变换，就是将决定平面的一组几何要素的投影加以变换，从而求得平面的新投影。根据具体要求，可以将平面变换成平行或垂直于新投影面的位置。

1. 平面的一次换面

1）将一般位置面变换为投影面垂直面

将一般位置平面变换为投影面垂直面时，新投影面既要垂直于一般位置平面，又要垂直于基本投影面。为了满足此条件，把一般位置平面内一条投影面平行线变成投影面垂直线即可。

如图 2-44 所示，$\triangle ABC$ 为一般位置面，如果要变换为正垂面，则必须取新投影面 V_1 代替 V 面。V_1 面既垂直于 $\triangle ABC$，又垂直于 H 面。因此，可在三角形上先作一水平线，然后作 V_1 面与该水平线垂直，则它也一定垂直于 H 面，它与 X_1 轴的夹角反映 $\triangle ABC$ 对 H 面的倾角 α。

如图 2-45 所示，$\triangle ABC$ 为一般位置面，如果要变换为正垂面，可在此三角形平面上先作一正平线 AD，然后作 H_1 面垂直于 AD，则 $\triangle ABC$ 在 H_1 面上的投影为一直线，它与 X_1 轴的夹角反映 $\triangle ABC$ 对 V 面的倾角 β。

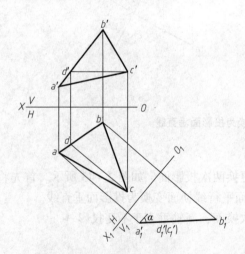

图 2-44　一般位置平面变换为
投影面垂直面（求 α 角）

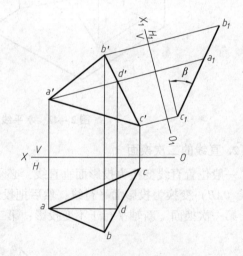

图 2-45　把一般位置平面变成
投影面垂直面（求 β 角）

2）将投影面垂直面变换为投影面平行面

如果平面是投影面垂直面，若将它变换为投影面平行面，则只需一次换面。例如，$\triangle ABC$ 为正垂面，若将它变换成为新投影面的平行面，则所选的投影面一定平行于 $\triangle ABC$，并垂直于 V 面。

【例 2-15】　如图 2-46 所示，将铅垂面 $\triangle ABC$ 变为投影面平行面。

分析：

由于新投影面平行于 $\triangle ABC$，因此它必定垂直于投影面 H，并与 H 面组成 V_1/H 新投影体系。$\triangle ABC$ 在新投影体系中是正平面。

作图步骤：

（1）在适当位置作 $O_1X_1 // abc$。

（2）求出点 A、B、C 在 V_1 面的投影 a_1'、b_1'、c_1'，则 $\triangle a_1'b_1'c_1'$ 反映 $\triangle ABC$ 的真实形状。

2. 平面的二次换面

如果需要将一般位置平面变换为投影面平行面，则必须变换两次投影面。首先将一般位置平面变换为投影面垂直面，然后将投影面垂直面变换为投影面平行面。

图 2－47 表示一般位置平面变换为投影面平行面的作图过程。先变换 H 面，将 $\triangle ABC$ 变换为投影面的垂直面，得到了 $\triangle ABC$ 具有积聚性的投影；再变换 V 面，取 O_2X_2 轴平行于 $\triangle ABC$ 具有积聚性的投影，求出点 A、B、C 的新投影 a_2'、b_2'、c_2'，则 $\triangle a_2'b_2'c_2'$ 反映 $\triangle ABC$ 的真实形状。

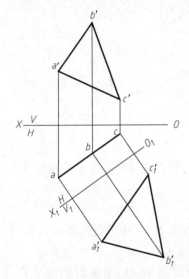

图 2－46　将投影面的垂直
面变换为投影面平行面

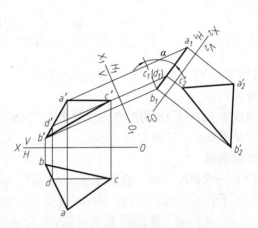

图 2－47　把一般位置平面变换为投影面平行面

2.5.5　投影变换应用举例

应用换面法解题时，首先分析已知条件和待求问题之间的相互关系，然后分析空间几何元素与投影面处于何种相对位置，进而确定换面次数及换面顺序。

【例 2－16】　平面 ABC 和平面 ABD 如图 2－48（a）所示，求平面 ABC 和平面 ABD 的夹角。

分析：

两平面的夹角以其二面角度量，而二面角所在平面与该两平面垂直，亦即与该两平面的交线垂直。为求出该二面角，需将两平面变换成投影面垂直面，即把两平面的交线变换成投影面垂直线。

作图步骤：

（1）把两平面的交线 AB 经两次变换成 V_1/H_2 体系中的垂直线，求得 $a_2'(b_2')$，随之求得 c_2'、d_2'。如图 2－48（b）所示。

（2）求夹角 θ。$\angle\theta = \angle c_2'a_2'(b_2')d_2'$。

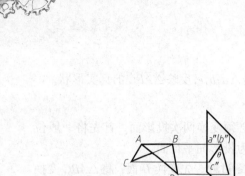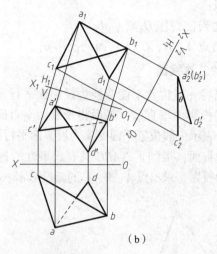

（a） （b）

图 2 - 48　求两平面的夹角

（a）直观图；（b）投影图

【例 2 - 17】 求点 C 到直线 AB 的距离。

分析：

求点 C 到直线 AB 的距离，就是求垂线 CK 的实长，当直线 AB 垂直于某投影面时，CK 平行于某投影面，反映实长。

作图步骤：

（1）一次换面，将一般位置直线 AB 变换为新投影体系 H_1/V 中的投影面平行面。

（2）利用直角投影定理，作 CK 垂直 AB 并交 AB 于点 K。

（3）二次换面，将投影面平行线 AB 变换为新投影体系 H_1/V_2 中的投影面垂直线，则 $c_2'k_2'$ 即所求。

作图过程如图 2 - 49（b）所示。

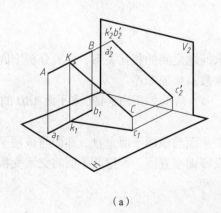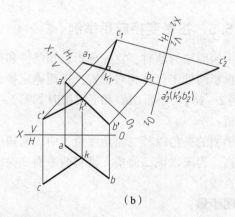

（a） （b）

图 2 - 49　求点 C 到直线 AB 的距离

（a）直观图；（b）投影图

图与形——世界文字的起源

文字是人类文明的载体之一，世界文字经历了漫长的历史过程，文字的起源是多因素的、复杂的，文字的发展是渐进的。世界古文明中心（即最古老的文化发源地）共有5处，这5个世界古文明中心的文字均起源于图。

1. 古汉字象形文字

汉字最早的刻画符号出现在河南舞阳贾湖遗址，距今已有8 000多年的历史。汉代学者把汉字的构成和使用方式归纳成六种类型，总称"六书"。六书之首的象形文字是利用图形来做文字使用的，是最早用笔画线条勾绘的、表达物体形状特征的字，如图2-50所示，彰显了图与形对中华文明进展的基础作用和助推功能。

2. 古埃及象形文字

古埃及象形文字（图2-51）自公元前3500年起逐渐形成，一直使用到公元2世纪。古埃及象形文字由30个单音字、80个双音字和50个三音字组成。古埃及象形文字是表形、表意和表音相结合的文字，不仅其表形来源于象形的图形，而且其意符和声符都来源于象形的图形。古埃及文字又演化成英语字母，古埃及文明同样起源于图与形。

图2-50　古汉字象形文字

图2-51　古埃及象形文字

3. 中美洲玛雅文字

中美洲玛雅文字（图2-52）大致形成于公元前最后几个世纪，是象形文字和声音的联合体，玛雅文字类似汉字，块体近似圆形或椭圆形。字符的线条也随图形起伏变化，圆润流畅。字体有几何体和头字体两种，还将人、动物、神的图案结合组成全身体。玛雅符号的外形很像小小的图画，显示了中美洲玛雅文字起源于图，并逐步进化、发展成现在的玛雅文字。

图2-52 中美洲玛雅文字

4. 古印度印章文字

古代印度河流域的文字起源于公元前2 000多年，多数刻制在象牙、铜、石头或陶土的印章上，称为印章文字，如图2-53所示。到目前为止，共发掘这种文物2 500多枚，文字符号500余个，归纳出来的基本符号有22个，基本符号都是象形的，符号一般用直线条组成，字体清晰。因为存在表音节和重音节符号，所以被认为是向字母文字过渡的演化文字。这说明古代印度河流域文字也是起源于图、并以图或形为基础发展起来的。

图2-53 古印度印章文字

5. 苏美尔楔形文字

苏美尔的楔形文字（cuneiform），来源于拉丁语，是 cuneus（楔子）和 forma（形状）两个单词构成的复合词。楔形文字也叫"钉头文字"或"箭头字"。苏美尔人的楔形文字，采用削成三角形尖头的木棒、骨棒或芦苇棒当笔，在潮湿的、黏土制作的泥板上刻画符号和写象形文字，因字体笔画自然形成楔形，而称为楔形文字，如图 2-54 所示。苏美尔楔形文字起源于图与形。

图 2-54　苏美尔楔形文字

延伸 ▶▶▶ ▶

发展至今，中国汉字常用字体有宋体、燕书、楷书、草书、隶属、行书、黑体、仿宋等。其中，宋体是为适应印刷术而出现的一种汉字字体，其笔画有粗细变化，通常横细竖粗，末端有装饰部分（即"字脚"或"衬线"），点、撇、捺、钩等笔画有尖端，属于衬线字体，常用于图书、杂志、报纸印刷的正文排版。

第 3 章
立体的投影

由表面围成并占有一定空间的物体，均可以称为立体或几何体。基本几何体是指构成表面要素比较单一的立体，如棱柱、棱锥、圆柱、圆锥、圆球等，如图 3 - 1 所示。在日常生活和实际工作中，许多物体或机件都可以看成是由基本几何体演变而来的，如被平面切割而形成的切割体、由两个（或多个）立体相互贯穿在一起而形成的相贯体等，如图 3 - 2 所示。本章主要介绍基本几何体的投影特性以及在表面上求点的作图方法、立体表面截交线与相贯线的作图方法和步骤。

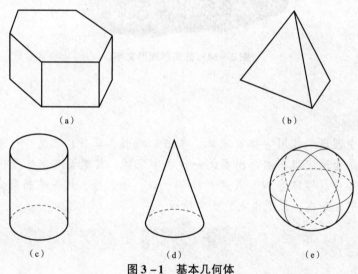

图 3 - 1　基本几何体

（a）棱柱；（b）棱锥；（c）圆柱；（d）圆锥；（e）圆球

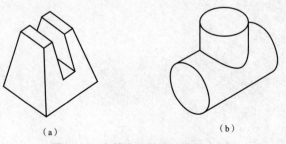

图 3 - 2　由基本几何体演变的立体

（a）切割体；（b）相贯体

3.1 基本几何体的投影

3.1.1 平面立体的投影

平面立体的表面是由一些平面图形围成的，如长方形、三角形、六边形、梯形等。这些平面图形称为棱面或底面，棱面与棱面（或底面）的交线称为棱线（或底边）。因此，求平面立体的投影其实质就是作各棱面（或底面）和棱线（或底边）的投影。

为了正确作出平面立体的投影，就必须确定平面立体的摆放位置。首先，应使平面立体的表面尽可能多地成为特殊位置平面；其次，选定主视图的投影方向，使主视图表现出更多的结构特征。本节介绍两种常见的平面立体：棱柱和棱锥。

1. 棱柱

棱柱由上、下两个多边形底面和相应的棱面围成。根据底面多边形边数不同，棱柱可分为三棱柱、四棱柱、六棱柱等。若棱柱的棱面都同时垂直于底面，则称为正棱柱；若棱柱的棱面倾斜于底面，则称为斜棱柱。

1）投影分析

图3-3（a）所示为一个正五棱柱的投影，五棱柱由上、下两个正五边形底面和五个长方形棱面围成。上、下两个底面均为水平面，其水平投影重合并反映实形，正面及侧面投影分别积聚为两条相互平行的直线。五个棱面中的最后棱面为正平面，其正面投影反映实形，水平投影及侧面投影分别积聚为一条直线。其余四个棱面均为铅垂面，其水平投影均积聚为直线，正面投影和侧面投影均为棱面的类似形。

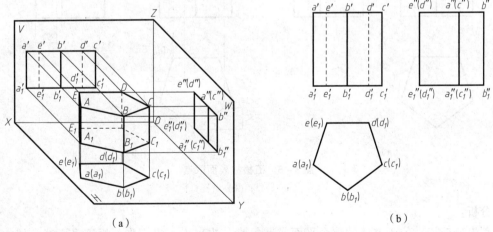

图3-3 正五棱柱的投影
（a）直观图；（b）投影图

另外，也可以从直线投影的角度分析五棱柱的投影特性，请读者自行分析。

2）投影画法与作图步骤

（1）用细点画线画出正五棱柱水平投影的对称中心线，用细实线画出正面投影和侧面投影中下底面的基准线，用细实线画出反映上下底面五边形的水平投影，如图 3 - 4（a）所示。

（2）根据投影规律，用细实线将上下底面对应顶点的同面投影连线，即各棱线的投影，从而画出其正面投影和侧面投影，如图 3 - 4（b）所示。

（3）判别各面投影中棱线的可见性，检查无误后擦去作图线，最后用粗实线加深三面投影，如图 3 - 4（c）所示。

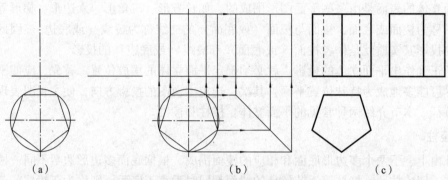

（a）　　　　　　　　　　（b）　　　　　　　　　（c）

图 3 - 4　正五棱柱投影图的作图步骤

【例 3 - 1】　如图 3 - 5（a）所示，已知棱柱表面上点 M 和点 N 的正面投影 m' 和 n'，点 K 的水平投影 k，求作点 M、N、K 的另外两面投影。

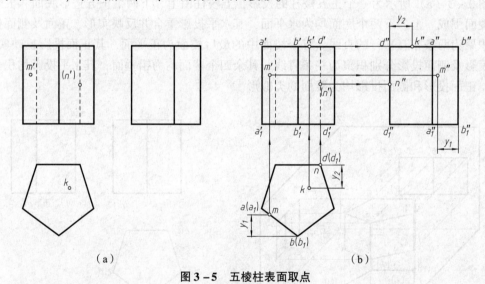

（a）　　　　　　　　　　　　　　（b）

图 3 - 5　五棱柱表面取点

（a）题目；（b）解答

分析：

首先分析该点位于立体的哪个平面或哪条棱（边）上，进一步分析该平面或该棱（边）的投影特性，最后根据点的投影规律求得。

作图步骤：

（1）因为点 M 的正面投影 m' 可见，所以点 M 位于棱柱左前棱面 ABB_1A_1 上。而此棱面是铅垂面，其水平投影积聚为一直线，故点 M 的水平投影 m 必在此直线上，再根据投影规律，由 m、m' 可求出 m''。由于左前棱面的侧面投影为可见，故 m'' 也为可见。

（2）由点 N 的正面投影 n' 不可见，可确定点 N 位于棱柱最后棱面的右边棱线 DD_1 上。此棱线是铅垂线，其水平投影积聚为一点，故点 N 的水平投影 n 必在此点上，再根据投影规律，可在侧面投影的对应棱线上直接确定 n''。

（3）因为点 K 的水平投影 k 可见，所以点 K 位于上底面上。而上底面是水平面，其正面投影和侧面分别积聚为一直线，故点 K 的正面投影 k' 和 k'' 必在此直线上，再根据投影规律，可确定 k' 和 k''。

作图过程如图 3 - 5（b）所示。

2. 棱锥

棱锥由一个多边形底面和汇交于锥顶的多个棱面围成。根据底面多边形边数不同，棱锥可分为三棱锥、四棱锥、六棱锥等。若棱锥的底面为正多边形，且锥顶在底面上的投影与底面的形心重合，则称为正棱锥；若锥顶在底面上的投影与底面的形心不重合，则称为斜棱锥。

1）投影分析

图 3 - 6（a）所示为一正三棱锥的投影。正三棱锥由一个正三角形底面和三个等腰三角形棱面围成。底面 $\triangle ABC$ 为水平面，其水平投影反映实形，正面及侧面投影分别积聚为两条直线 $a'b'c'$ 和 $a''(c'')b''$。棱面 $\triangle SAC$ 为侧垂面，其侧面投影积聚为一直线 $s''a''(c'')$，正面投影和水平投影均为类似形 $\triangle s'a'c'$ 和 $\triangle sac$。另外两个棱面 $\triangle SAB$ 和 $\triangle SBC$ 均为一般位置平面，其三面投影均为棱面的类似形，如图 3 - 6（b）所示。

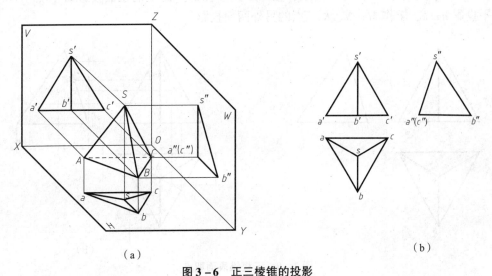

（a）

（b）

图 3 - 6 正三棱锥的投影

（a）直观图；（b）投影图

另外，也可以从直线投影的角度分析三棱锥的投影特性。底边 AB、BC 为水平线，其水平投影 ab 和 bc 反映实长，正面投影 $a'b'$、$b'c'$ 和侧面投影 $a''b''$、$b''c''$ 均小于直线的实长，并分别平行于 X 轴和 Y 轴；底边 AC 为侧垂线，其侧面投影 $a''c''$ 积聚为一点，正面投影 $a'c'$ 和水平投影 ac 反映实长，并分别垂直 Z 轴和 Y 轴；棱线 SB 为侧平线，其侧面投影 $s''b''$ 反映实长，正面投影 $s'b'$ 和水平投影 sb 均小于直线的实长，并分别平行于 Z 轴和 Y 轴；棱线 SA、SC 为一般位置直线，其三面投影均小于直线的实长。

2）投影画法与作图步骤

（1）用细点画线画出正三棱锥在水平投影和正面投影的左右对称中心线，用细实线画出反映底面正三角形实形的水平投影，用细实线画出正面投影和侧面投影中下底面的基准线，如图3－7（a）所示。

（2）根据投影规律，画出顶点的三面投影，再用细实线将对应顶点的同面投影连线即为各棱线的投影，从而画出正面投影和侧面投影，如图3－7（b）所示。

（3）判别各面投影中棱线的可见性，检查无误后擦去作图线，最后用粗实线加深三面投影，如图3－7（c）所示。

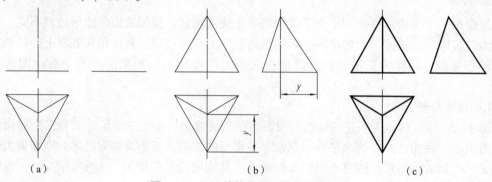

（a）　　　　　　　　　（b）　　　　　　　　（c）

图3－7　正三棱锥投影图的作图步骤

【例3－2】　如图3－8（a）所示，已知三棱锥表面上点 M 的正面投影 m'，点 N 和点 K 的水平投影 n、k，求作 M、N、K 三点的另外两面投影。

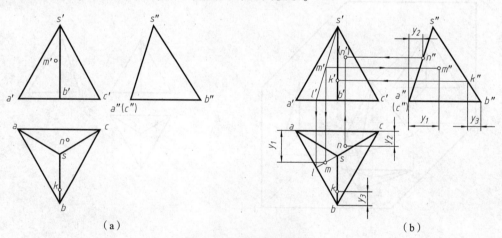

（a）　　　　　　　　　　　　　　（b）

图3－8　三棱锥表面取点

（a）题目；（b）解答

分析：

首先分析该点位于立体的哪个平面或哪条棱（边）上，然后分析该平面或该棱（边）的投影特性。若该平面为特殊位置平面，则可以利用投影的积聚性直接求得点的投影；若该平面为一般位置平面，则可以作辅助线。最后根据点的投影规律求得。

作图步骤：

（1）因为点 M 的正面投影 m' 可见，所以点 M 位于棱柱左前棱面 △SAB 上。此棱面是一般位置平面，故采用辅助线法，过点 M 和锥顶点 S 作一条直线 SL，与底边 AB 交于点 L，即

过 m' 作 $s'l'$，再作出其水平投影 sl。由于点 M 属于直线 SL，根据点从属于直线的性质可知 m 必在 sl 上，求出水平投影 m，再根据投影规律，由 m、m' 可求出 m''，判别可见性。

（2）由点 N 的水平投影 n 可见，可以确定点 N 位于棱锥的后棱面 $\triangle SAC$ 上。此棱面是侧垂面，其侧面投影积聚为一直线，故点 N 的侧面投影 n'' 必在此直线上，再根据投影规律，可在侧面投影和正面投影上直接确定 n'' 和 n，判别可见性。

（3）由点 K 的水平投影 k' 可见，可以确定点 K 位于棱线 SB 上，根据点从属于直线的性质和投影规律，先在侧面投影 $s''b''$ 上确定 k''，最后在正面投影 sb 上确定 k，判别可见性。

作图过程如图 3-8（b）所示。

3.1.2　曲面立体的投影

曲面立体由曲面与曲面或曲面与平面围成。最常见的曲面立体是回转体，回转体可以看成由一条母线（直线或曲线）绕定轴回转而形成，如圆柱、圆锥、圆球、圆环等。

1. 圆柱

圆柱由圆柱面和上下底面所围成，圆柱面可以看成是一条直线 AA_1 绕与它平行的固定轴线 OO_1 回转而形成的曲面。直线 OO_1 称为回转轴线，直线 AA_1 称为母线，直线 AA_1 回转到任何一个位置称为素线，如图 3-9（a）所示。

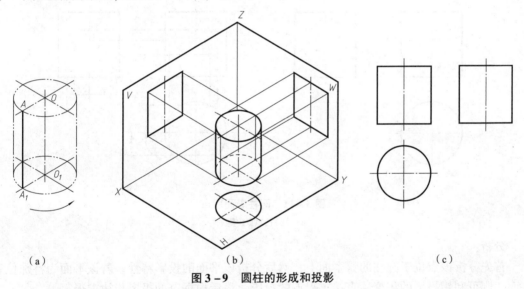

（a）　　　　　　　　　　　（b）　　　　　　　　　　　（c）

图 3-9　圆柱的形成和投影

1）投影分析

由于圆柱的轴线是铅垂线，所以圆柱面的水平投影积聚为一个圆，其正面和侧面投影分别为两个相同的矩形。正面投影矩形的左右两直线是圆柱的最左和最右两条轮廓线（素线）的投影；侧面投影矩形的左右两直线是圆柱的最前和最后两条轮廓线（素线）的投影。由于圆柱的上、下底面为水平面，其水平投影是反映实形的圆，正面和侧面投影分别积聚成一条直线。如图 3-9（b）和图 3-9（c）所示。

2）投影画法与作图步骤

（1）用细点画线作出圆柱在水平投影的中心线以及正面投影和侧面投影的轴线，用细实线画出正面投影和侧面投影中下底面的基准线，如图 3-10（a）所示。

（2）用细实线作出水平投影反映上、下底面实形的圆，根据投影规律作出正面投影和侧面投影的两个相同的矩形，如图 3-10（b）所示。

（3）检查无误后擦去作图线，最后用粗实线加深三面投影，如图 3-10（c）所示。

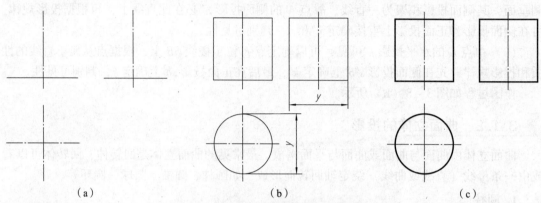

（a）　　　　　　　　　　（b）　　　　　　　　　　（c）

图 3-10　圆柱投影图的作图步骤

【**例 3-3**】　如图 3-11（a）所示，已知圆柱表面上点 M 的正面投影 m′ 及点 N 和点 K 的侧面投影 n″ 和 k″，求作点 M、N 和 K 的另外两面投影。

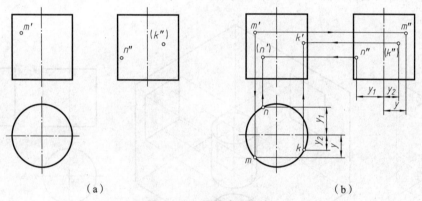

（a）　　　　　　　　　　　　　　　　　（b）

图 3-11　圆柱表面取点

（a）题目；（b）解答

分析：

首先分析该点位于圆柱的哪个面上，然后分析该平面的投影特性。若该平面为特殊位置平面，则可利用投影的积聚性直接求得点的投影。最后根据点的投影规律求得。

作图步骤：

（1）因为点 M 的正面投影 m′ 可见，所以点 M 位于圆柱的前半侧圆柱面上，此圆柱面的水平投影积聚为一圆，故点 M 的水平投影 m 必在此圆上，再根据投影规律，由 m、m′ 即可求出 m″，判别可见性。

（2）因为点 N 的侧面投影 n″ 可见，所以点 N 位于圆柱的左半侧圆柱面上，其水平投影积聚为一圆，故点 N 的水平投影 n 必在此圆上。再根据投影规律，由 n、n″ 即可求出 n′，判别可见性。

（3）因为点 K 的侧面投影 k″ 不可见，所以点 K 位于圆柱的右半侧圆柱面上，此圆柱面的水平投影积聚为一圆，故点 K 的水平投影 k 必在此圆上，再根据投影规律，由 k、k″ 即可求出 k′，判别可见性。

作图过程如图 3 – 11（b）所示。

2. 圆锥

圆锥由圆锥面和底面围成，圆锥面可以看成是由一条直线 SA 绕与它相交的固定轴线 OO_1 回转而形成的曲面。直线 OO_1 称为回转轴线，直线 SA 称为母线，直线 SA 回转到任何一个位置称为素线，如图 3 – 12（a）所示。

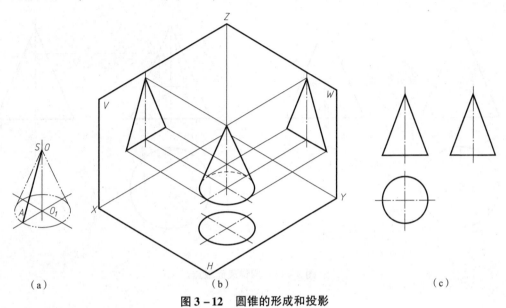

（a）　　　　　　　　　　　（b）　　　　　　　　　　　（c）

图 3 – 12　圆锥的形成和投影

1）投影分析

由于圆锥的轴线是铅垂线，底面圆为水平圆，所以水平投影反映实形，其正面和侧面投影分别积聚为一条水平直线。而圆锥面的三面投影均不具有积聚性，水平投影为圆内部分，正面和侧面投影分别为两个相同的等腰三角形，其底边与底面圆的直径相等，顶点即为锥顶的投影。正面投影上的三角形的两腰分别为圆锥的最左和最右两条素线的投影，侧面投影上三角形的两腰分别为圆锥的最前和最后两条素线的投影。如图 3 – 12（b）和图 3 – 12（c）所示。

2）投影画法与作图步骤

（1）用细点画线作出圆锥在水平投影的中心线以及正面投影和侧面投影的轴线，用细实线作出正面投影和侧面投影中底面的基准线，如图 3 – 13（a）所示。

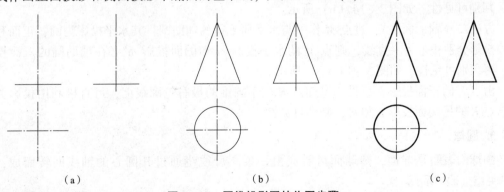

（a）　　　　　　　　　　　（b）　　　　　　　　　　　（c）

图 3 – 13　圆锥投影图的作图步骤

（2）用细实线作出水平投影反映底面实形的圆，根据投影规律，作出正面投影和侧面投影的两个相同的等腰三角形，如图3-13（b）所示。

（3）检查无误后擦去作图线，最后用粗实线加深三面投影，如图3-13（c）所示。

【例3-4】 如图3-14（a）所示，已知圆锥表面上点 M 和点 K 的正面投影 m' 和 k'，求作点 M 和点 K 的另外两面投影。

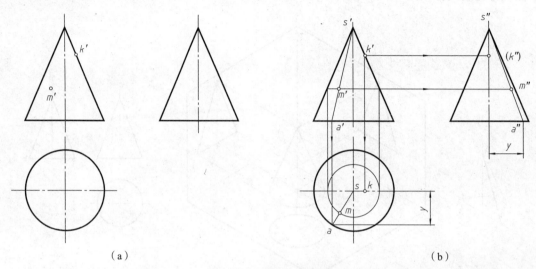

图3-14　圆锥表面取点

（a）题目；（b）解答

分析：

首先分析该点位于圆锥的哪个平面（或曲面）上，然后分析该平面（或曲面）的投影特性。若该平面为特殊位置的平面（或曲面），则可以利用投影的积聚性直接求得点的投影；若该平面为一般位置的平面（或曲面），则可以用辅助线法或辅助面法求得点的投影。

作图步骤：

因为点 M 的正面投影 m' 可见，所以点 M 位于圆锥的前半侧圆锥面上，由于圆锥面投影不具有积聚性，因此可利用辅助线或辅助面法求得该点的投影。

方法一（辅助线法）：过点 M 及锥顶 S 作圆锥面上的素线 SA，即先过 m' 作 $s'a'$，由 a' 求出 a，连接 sa，根据点 M 在直线 SA 上，求出 m，再根据投影规律，由 m、m' 即可求出 m''，判别可见性。如图3-14（b）所示。

方法二（辅助面法）：过点 M 作一与水平面平行的辅助圆，其水平投影为圆，正面和侧面的投影分别积聚为一直线，则点 M 的水平投影 m 和侧面投影 m'' 必在辅助圆的三面投影上，再判别可见性。如图3-14（b）所示。

由点 K 的正面投影 k' 可见，可知点 K 位于圆锥的最右轮廓线上，可直接利用投影关系求出点 K 的另两面投影 k 和 k''，判别可见性。

3. 圆球

圆球的表面是球面，圆球面可看成由一条圆母线绕通过其圆心的轴线回转而成，如图3-15（a）所示。

1）投影分析

圆球在三个投影面上的投影分别为三个直径相同的圆，如图 3 - 15（b）和图 3 - 15（c）所示，这三个圆分别表示三个不同方向的圆球面轮廓素线的投影。正面投影的圆是平行于 V 面的圆素线 A 的投影，是前面可见半球与后面不可见半球的分界线；水平投影的圆是平行于 H 面的圆素线 B 的投影，是上面可见半球与下面不可见半球的分界线；侧面投影的圆是平行于 W 面的圆素线 C 的投影，是左面可见半球与右面不可见半球的分界线。这三条圆素线的另外两面投影，都与相应圆的中心线重合，不应画出。

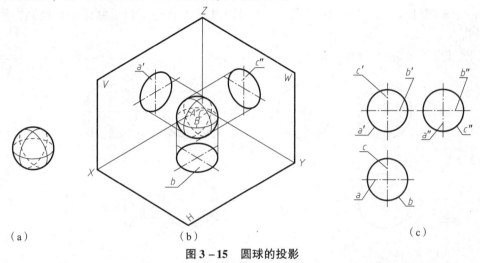

图 3 - 15　圆球的投影

2）投影画法与作图步骤

（1）用细点画线画出圆球在三面投影的中心线，如图 3 - 16（a）所示。

（2）用细实线画出三面投影反映圆球实形的圆，如图 3 - 16（b）所示。

（3）检查无误后，最后用粗实线加深三面投影，如图 3 - 16（c）所示。

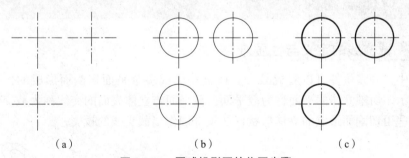

图 3 - 16　圆球投影图的作图步骤

【例 3 - 5】　如图 3 - 17（a）所示，已知圆球表面上点 M 的水平投影 m、点 N 的正面投影 n′，求作点 M 和点 N 的另外两面投影。

分析：

由于圆球面的投影没有积聚性，因此求其表面上点的投影必须采用辅助面法，即过该点在球面上作一个与投影面平行的辅助圆。

作图步骤：

因为点 M 的水平投影 m 可见，所以点 M 位于圆球的上半侧圆球面上，过点 M 作一平行于正立投影面的辅助圆，它的水平投影为过 m 的直线 ab，正面投影为直径等于 ab 长度的圆。自 m 向上引垂线，在正面投影上与辅助圆相交于上半侧球面的点即 m'；再根据投影规律，由 m、m' 即可求出 m''，判别可见性。（也可以过点 M 作一平行于侧面的辅助圆，请读者自行分析。）

因为点 N 的正面投影 n' 可见，所以点 N 位于圆球的前半侧圆球面上，过点 N 作一平行于水平投影面的辅助圆，它的正面投影为过 n' 的直线 $c'd'$，水平投影为直径等于 $c'd'$ 长度的圆。自 n' 向下引垂线，在水平投影上与辅助圆相交于前半侧球面的点即 n；再根据投影规律，由 n、n' 即可求出 n''，判别可见性。（也可以过点 N 作一平行于侧面的辅助圆，请读者自行分析。）

作图过程如图 3 – 17（b）所示。

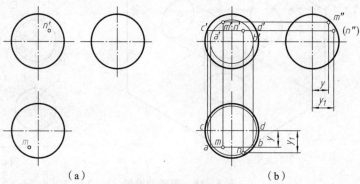

（a）　　　　　　　　　　　　（b）

图 3 – 17　圆球表面取点
（a）题目；（b）解答

3.2　立体表面的截交线

3.2.1　截交线的定义与性质

在工程中，许多机件可以看成某个立体被一个或多个平面切割而形成的，如图3 – 18、图 3 – 19 所示。切割立体的平面称为截平面，截平面与立体表面的交线称为截交线。为了清楚地表达这些由切割而形成的立体形状，必须准确作出截交线的投影。

图 3 – 18　机床顶尖

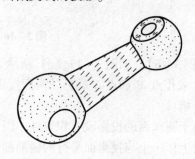

图 3 – 19　拉杆头

由截交线的定义可知，截交线为截平面与立体表面的共有线，是由那些既在截平面上、又在立体表面上的共有点集合而成，而且截交线的形状是封闭的多边形。因此，求截交线的实质是求截平面与立体表面一系列共有点的作图问题。如图 3－20 所示。

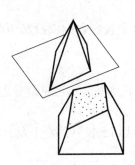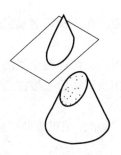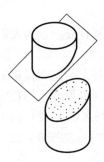

图 3－20　平面与立体截切

3.2.2　平面与平面立体的截交线

平面与平面立体的截交线为封闭的多边形，多边形的顶点一般为截平面与平面立体的棱线的交点，多边形的边一般为截平面与立体表面的交线。因此，求截交线的方法是分别求出截平面与平面立体棱线的交点和截平面与平面立体表面的交线。常见情况为特殊位置平面与平面立体相交，由于特殊位置平面投影具有积聚性，所以可以利用截平面投影的积聚性直接求出截交线。

【例 3－6】　如图 3－21（a）所示，用截平面 P 截切三棱锥，求作截切三棱锥的三面投影。

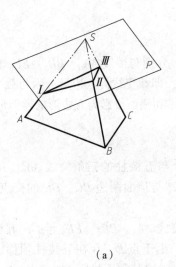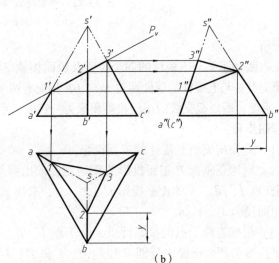

（a）　　　　　　　　　　　　　　　　　　（b）

图 3－21　平面与三棱锥截交
（a）题目；（b）解答

分析：

截平面 P 与三棱锥的三个侧面都相交，所以截交线为三边形，其三个顶点为截平面 P 与三棱锥的三条棱线的交点。由于截平面 P 为正垂面，所以截交线的正面投影积聚为一条斜直线，再根据投影规律，由正面投影可求出水平投影和侧面投影。

作图步骤：

（1）先用细实线作出完整三棱锥的三面投影。

（2）利用正垂面 P 正面投影的积聚性，求出截平面 P 与三棱锥三条棱线的交点的正面投影 $1'$、$2'$、$3'$。

（3）根据直线上点的投影性质，在三棱锥各棱线的水平投影和侧面投影中分别求出 1、2、3 和 $1''$、$2''$、$3''$。

（4）将各点的同面投影依次连接，即得截交线的投影。

（5）判别可见性，用粗实线作出截切后三棱锥的可见轮廓线，不可见部分用虚线画出。

作图过程如图 3-21（b）所示。

【例 3-7】 如图 3-22（a）所示，用正垂截平面 P 截切五棱柱的左上角，求作截交线的三面投影。

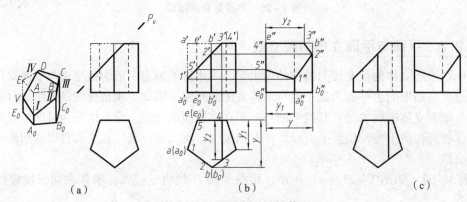

（a）　　　　　　　　　（b）　　　　　　　　　（c）

图 3-22　平面与五棱柱截交

（a）题目；（b）作图过程；（c）结果

分析：

正垂截平面 P 与五棱柱的四个棱面及顶面相截交，其中分别与棱线 AA_0、BB_0、EE_0 相交有三个交点，与五棱柱的顶面两边 BC、DE 相交有两个交点，即截交线为五边形。因为截平面 P 为正垂面，所以截交线的正面投影积聚为一直线，水平投影和侧面投影为五边形的类似形。

作图步骤：

（1）先作出完整五棱柱的三面投影。

（2）利用正垂面 P 正面投影的积聚性，求出截平面 P 与五棱柱的三条棱线 AA_0、BB_0、EE_0 的交点 I、II、V 的正面投影 $1'$、$2'$、$5'$，求出截平面 P 与顶面两边 BC、DE 的交点 III、IV 的正面投影 $3'$、$4'$。

（3）根据直线上点的投影性质，由于点 I、II、V 在棱线 AA_0、BB_0、EE_0 上，在五棱柱的水平投影和侧面投影中分别求出 1、2、5 和 $1''$、$2''$、$5''$；由于点 III、IV 在五棱柱顶面 BC、DE 边上，由正面投影作其水平投影 3、4，并根据宽相等，求出其侧面投影 $3''$、$4''$。

（4）将各点的同面投影依次连接，即得截交线的投影。

（5）判别可见性，棱线 CC_0 的侧面投影在 $1''$ 以上部分不可见，画成虚线，用粗实线作出截切后五棱柱的可见轮廓线，不可见部分用虚线画出。

作图过程如图 3-22（b）所示，结果如图 3-22（c）所示。

3.2.3　平面与曲面立体的截交线

平面与回转体的截交线一般为封闭的平面曲线，特殊情况下为直线。截交线的形状取决于回转体的形状和截平面与回转体轴线之间的相对位置两个因素。

1. 平面与圆柱的截交线

平面与圆柱的截交线如表 3 – 1 所示。

表 3 – 1　平面与圆柱的截交线

截平面位置	截平面垂直于轴线	截平面平行于轴线	截平面倾斜于轴线
截交线	圆	矩形	椭圆
立体图			
投影图			

【例 3 – 8】　如图 3 – 23（a）所示，用正垂截平面 P 截切圆柱的左上角，求作截交线的三面投影。

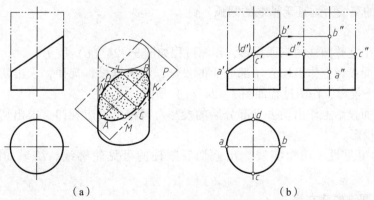

（a）　　　　　　　　　（b）

图 3 – 23　正垂面与圆柱截交

（a）题目；（b）求特殊点

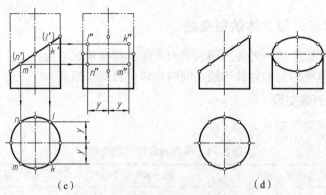

（c）　　　　　　　　　　　　　　（d）

图 3 – 23　正垂面与圆柱截交（续）

（c）求一般点；（d）结果

分析：

截平面 P 是与圆柱轴线相交的正垂面，则由表 3 – 1 可知，截交线为椭圆。其水平投影积聚在圆柱的水平投影上，侧面投影为椭圆。

作图步骤：

（1）求作特殊点。点 A、B、C、D 分别位于圆柱的最左、最右、最前和最后的素线上，是椭圆长短轴的端点，属于特殊点，同时也是截交线上的最低、最高、最前及最后点，作图过程如图 3 – 23（b）所示。

（2）求作一般点。如图 3 – 23（a）所示，在 4 个特殊点之间的适当位置取点 M、N 和点 K、L 为前后对称的 4 个点，即在正面投影上四个特殊点之间的适当位置取 m'、n'、k'、l'，作侧面投影 m''、n''、k''、l''，作图过程如图 3 – 23（c）所示。

（3）将各点的同面投影依次连接，即得截交线的投影。

（4）判别可见性，用粗实线作出截切后圆柱的可见轮廓线。结果如图 3 – 23（d）所示。

【例 3 – 9】　如图 3 – 24（a）所示，圆柱被切去 Ⅰ、Ⅱ 部分，完成截切后圆柱的三面投影。

分析：

圆柱左端和右端分别被一个与其轴线平行的水平面和一个垂直于轴线的侧平面截切。平行于轴线的水平截平面与圆柱表面的交线为两条平行于轴线的直线，垂直于轴线的侧面截平面与圆柱表面的交线为垂直于轴线的圆弧。

作图步骤：

（1）先作出完整圆柱的三面投影，作图过程如图 3 – 24（b）所示。

（2）在正面投影上作出切去 Ⅰ 部分后的投影，再根据投影规律，求出切去 Ⅰ 部分后的侧面投影和水平投影，作图过程如图 3 – 24（c）所示。

（3）在正面投影上作出切去 Ⅱ 部分后的投影，再根据投影规律，求出切去 Ⅱ 部分的侧面投影和水平投影。

（4）判别可见性，用粗实线作出截切后圆柱的可见轮廓线。结果如图 3 – 24（d）所示。

2. 平面与圆锥的截交线

平面与圆锥的截交线如表 3 – 2 所示。

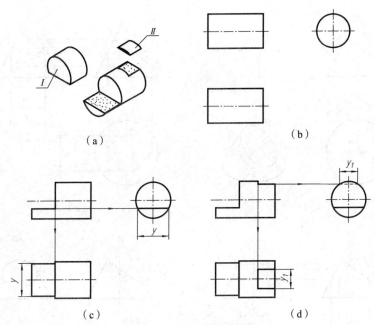

图 3 - 24　截切圆柱的投影

（a）题目；（b）完整圆柱的三面投影；（c）切去 I 部分后的侧面投影和水平投影；（d）结果

表 3 - 2　平面与圆锥的截交线

截平面位置	与轴线垂直 $\theta = 90°$	过锥顶	与轴线平行 $\theta = 0$（或 $\theta < \alpha$）	与轴线倾斜 $\theta > \alpha$	与一条素线平行 $\theta = \alpha$
截交线	圆	等腰三角形	双曲线和直线	椭圆或椭圆和直线	抛物线和直线
立体图					
投影图					

注：θ 为截平面与圆锥轴线的夹角，α 为 1/2 圆锥顶角。

【例 3 - 10】　如图 3 - 25（a）所示，圆锥被正垂面 P 所截，求作正垂面 P 与圆锥的截交线。

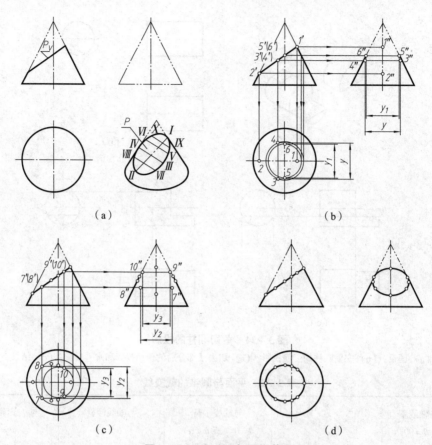

图 3 – 25　正垂面与圆锥截交

(a) 题目；(b) 求特殊点；(c) 求一般点；(d) 结果

分析：

由于截平面 P 与圆锥轴线斜交，由表 3 – 2 可知，截交线为椭圆。又因为 P 是正垂面，故截交线的正面投影积聚为一直线，其水平投影和侧面投影分别为一椭圆。

作图步骤：

（1）求作特殊点。点 I、II 分别位于圆锥的最右、最左的素线上，是椭圆长轴的端点，同时也分别是截交线上的最高点、最低点，椭圆短轴与长轴互相等分，短轴上的端点为 III、IV，V、VI 分别位于圆锥最前、最后的素线上，同时也分别是截交线上的最前点、最后点，这 6 个点属于椭圆上的特殊点。其中点 I、II、V、VI 的正面投影、侧面投影和水平投影可直接求出。椭圆短轴的端点 III、IV 的正面影形 $3'(4')$ 在长轴正面投影 $1'2'$ 的中点处，用辅助纬圆法可求出 3、4 和 $3''$、$4''$，作图过程如图 3 – 25（b）所示。

（2）求作一般点。如图 3 – 25（a）所示，在 6 个特殊点之间的适当位置取若干一般点，如 VII、VIII、IX、X 为前后对称的 4 个点，即在正面投影上 6 个特殊点之间的适当位置取 $7'$、$8'$、$9'$、$10'$，利用辅助纬圆法作出椭圆上的 7、8、9、10 及 $7''$、$8''$、$9''$、$10''$，作图过程如图 3 – 25（c）所示。

（3）将各点的同面投影依次光滑连接，即得截交线的投影。

（4）用粗实线补全截切后圆锥的可见轮廓线。结果如图 3 – 25（d）所示。

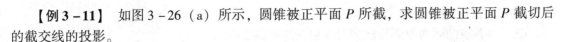

【例3-11】 如图3-26（a）所示，圆锥被正平面P所截，求圆锥被正平面P截切后的截交线的投影。

分析：

截平面P是与圆锥轴线平行的正平面，则由表3-2可知，截交线为双曲线。其水平投影和侧面投影均积聚在截平面P的相应的积聚性投影上。截平面P与圆锥底面相交为一条侧垂线段，该线段的两个端点在底圆上。

作图步骤：

（1）求作特殊点。点I位于圆锥的最前素线上，同时也是双曲线上的最高点；点II、III是截平面P与圆锥底面相交为一条侧垂线段的两个端点，这两点位于底圆上，同时是双曲线上的最低点，也分别是最左、最右点。作图过程如图3-26（b）所示。

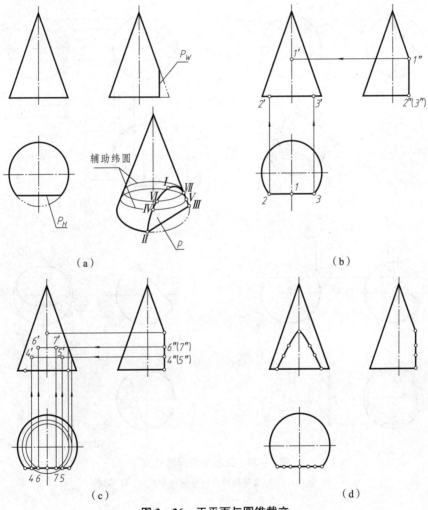

图3-26 正平面与圆锥截交

（a）题目；（b）求特殊点；（c）求一般点；（d）结果

（2）求作一般点。如图3-23（a）所示，在三个特殊点之间的适当位置取若干一般点，如IV、V、VI、VII为左右对称的4个点，即在水平投影上三个特殊点之间的适当位置取4、5、6、7，利用辅助水平圆法作出双曲线上的4′、5′、6′、7′及4″、5″、6″、7″。作图过程如

图 3 - 26（c）所示。

（3）将各点的同面投影依次光滑连接，即得截交线的投影。

（4）用粗实线补全截切后圆锥的可见轮廓线。结果如图 3 - 26（d）所示。

3. 平面与圆球的截交线

平面与圆球表面相交，其截交线一定是圆。当截平面与投影面平行时，截交线在该投影面上的投影为反映实形的圆；当截平面与投影面倾斜时，截交线在该投影面上的投影为椭圆。

【例 3 - 12】 如图 3 - 27（a）所示，圆球被正平面 P 所截，求圆球被正平面 P 截切后的截交线的投影。

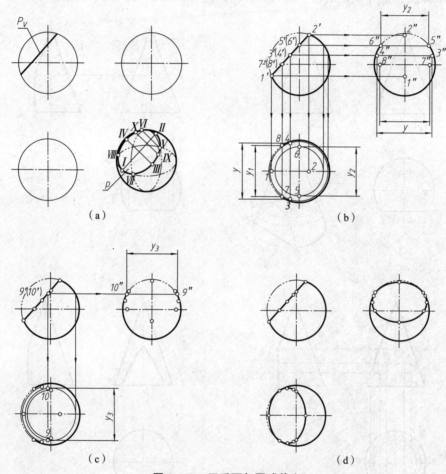

图 3 - 27　正垂面与圆球截交

（a）题目；（b）求特殊点；（c）求一般点；（d）结果

分析：

截平面 P 为正垂面，则截交线（圆）的正面投影积聚为一直线段，其水平投影和侧面投影均为椭圆。

作图步骤：

（1）求作特殊点。I - II 直线段为截交线圆的正平直径，也分别是截交线上的最低、最高点和最左点、最右点，其水平投影 *1 - 2* 和侧面投影 *1′ - 2′* 分别为截交线水平投影椭圆和侧面投影椭圆的短轴。*Ⅲ - Ⅳ* 直线段为截交线圆的正垂直径，也分别是截交线上的最前点、最后点，其水平投影 *3 - 4* 和侧面投影 *3′ - 4′* 分别为截交线水平投影椭圆和侧面投影椭圆的长轴。*Ⅴ*、*Ⅵ* 两点是球的侧平轮廓圆与截平面 *P* 的交点，*Ⅶ*、*Ⅷ* 两点是球的水平轮廓圆与截平面 *P* 的交点，这 4 个点的三面投影可根据投影规律直接求得。作图过程如图 3 - 27 (b) 所示。

(2) 求作一般点。如图 3 - 27 (a) 所示，在 8 个特殊点之间的适当位置取若干一般点。例如，*Ⅸ*、*Ⅹ* 为前后对称的两个点，即在正面投影上 8 个特殊点之间的适当位置取 *9′*、*10′*，利用辅助纬圆法作出截交线上的 *9*、*10* 及 *9″*、*10″*。作图过程如图 3 - 27 (c) 所示。

(3) 将各点的同面投影依次光滑连接，即得截交线的投影。

(4) 用粗实线补全截切后圆球的可见轮廓线。结果如图 3 - 27 (d) 所示。

【例 3 - 13】 如图 3 - 28 (a) 所示，半圆球被两个侧平面 *P* 和一个水平面 *Q* 所截，求完成截切后半圆球的水平投影及侧面投影。

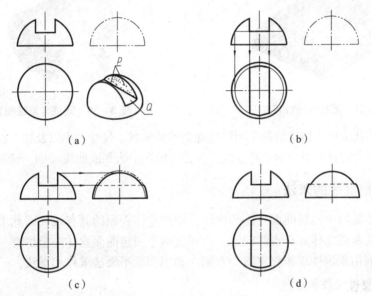

图 3 - 28　圆球的截切
(a) 题目；(b) 求水平投影；(c) 求侧面投影；(d) 结果

分析：

半圆球的槽是被水平面 *Q* 及两个侧平面 *P* 对称切割而形成的。水平面 *Q* 与半球面的截交线为水平圆的一部分，水平投影中，平面 *Q* 的投影为反映实形的圆，其圆半径由开槽深度决定。侧平面 *P* 与半球面的截交线为侧平圆的一部分，侧面投影中，平面 *P* 的投影为反映实形的圆，其圆半径由槽宽决定。

作图步骤：

(1) 求作水平投影。由 *Q* 平面正面投影位置（槽深）得到其水平投影反映实形的圆的中间部分；平面 *P* 为侧平面，其水平投影积聚为一直线段。如图 3 - 28 (b) 所示。

(2) 求作侧面投影。由 *P* 平面正面投影位置（槽宽）得到侧平投影反映实形的圆的偏上部分；平面 *Q* 的侧面投影积聚为一直线段。如图 3 - 28 (c) 所示。

（3）判别可见性。侧面投影中槽底中间大部分为不可见，故平面 Q 积聚为大部分是虚线的直线段。用粗实线补全截切后半圆球的可见轮廓线。结果如图 3 – 28（d）所示。

3.3 相贯线

3.3.1 相贯线的定义与分类

两个立体表面相交也称为相贯，所产生的立体表面交线称为相贯线。如图 3 – 29 和图 3 – 30 所示的圆柱与圆柱、圆柱与圆锥相交所产生的表面相贯线。本节重点介绍工程中常见的两个回转曲面立体相交时相贯线的特性和作图方法。

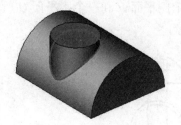

图 3 – 29　圆柱与圆柱相交

图 3 – 30　圆柱与圆锥相交

相贯线的形状取决于相交的两个回转曲面立体的形状、尺寸大小以及相对位置。相贯线在通常情况下为闭合的或不闭合的空间曲线，在特殊情况下为平面曲线（圆、椭圆或直线）。

3.3.2 相贯线的求法

由于相贯线是两个回转曲面立体的交线，即两立体表面的共有线，因此求相贯线的实质就是求两个回转曲面立体共有点的问题。当相交两个回转曲面立体中至少有一个投影具有积聚性时，可以利用积聚性求作相贯线；否则，利用辅助平面法求作相贯线。

1. 利用积聚性求作相贯线

【例 3 – 14】　如图 3 – 31（a）所示，已知轴线正交的两个圆柱，求作其相贯线的投影。

分析：

由图 3 – 31（a）可知，小圆柱的轴线呈铅垂，大圆柱的轴线呈侧垂，而相贯线为两圆柱表面交线，必同时属于两圆柱表面，所以相贯线的水平投影必积聚在小圆柱反映实形圆的水平投影上，其侧面投影必积聚在大圆柱反映实形圆的侧面投影上。因此，只有正面投影待求。由于两圆柱轴线正交，两个轴线所在的平面为正平面，因此相贯线前、后部分关于此正平面对称，正面投影重合。

作图步骤：

（1）求作特殊点。 I 、 II 分别为小圆柱的最左、最右轮廓素线上的点，也是大圆柱前、后回转轮廓素线上的两点，这两个点还分别是相贯线上的最高点和最左点、最右点。 III 、 IV 分别为小圆柱的最前点、最后轮廓素线上的点，这两个点也分别是相贯线上的最前、最后点，还是相贯线上的最低点，这 4 个特殊点的三面投影可根据投影规律直接求得。作图过程如图 3 – 31 （b）所示。

（2）求作一般点。在 4 个特殊点之间的适当位置取若干一般点，如 V、VI、VII、VIII为前后左右对称的 4 个点，即在水平投影 4 个特殊点之间的适当位置取 5、6、7、8，根据投影规律求出另两面投影 $5''$、$6''$、$7''$、$8''$以及 $5'$、$6'$、$7'$、$8'$。作图过程如图 3 – 31 （c）所示。

（3）将各点的正面投影依次光滑连接，即得相贯线的正面投影。结果如图 3 – 31 （d）所示。

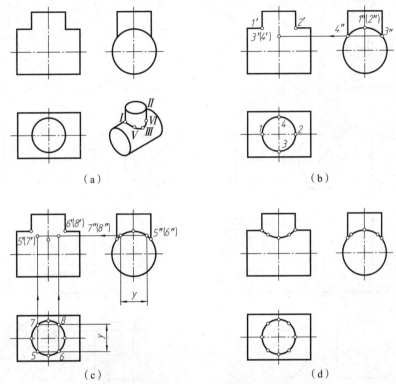

图 3 – 31　轴线正交两圆柱表面的相贯线
（a）题目；（b）求特殊点；（c）求一般点；（d）结果

轴线正交两圆柱的相贯线的投影，可以采用简化画法，即以相贯两个圆柱体中较大圆柱的半径作圆弧近似画出，如表 3 – 3 所示。

【例 3 –15】　如图 3 – 32 （a）所示，已知轴线垂直交叉的两圆柱，求作其相贯线的投影。

分析：

与例 3 – 14 相比较，本例中两圆柱轴线的相对位置发生了变化。由图 3 – 32 （a）可知，两圆柱轴线垂直交叉、前后偏交，相贯线前后不对称，但是左右对称，其正面投影为封闭曲线。其他投影分析与例 3 – 14 相同。

作图步骤：

（1）求作特殊点。点 I、II分别为小圆柱的最左、最右轮廓素线上的点，也是相贯线上的最左点、最右点。点III、IV分别为小圆柱的最前、最后轮廓素线上的点，也是相贯线上的最前点、最后点，还分别是相贯线上前面和后面的最低点。V、VI为大圆柱前后回转轮廓素线上的两点，也是整个相贯线上的两个最高点，这 6 个特殊点的三面投影可根据投影规律直接求得。作图过程如图 3 – 32 （b）所示。

表 3-3　轴线正交两圆柱相贯的三种形式

相交位置	两外表面相交	内外表面相交	两内表面相交
立体图			
投影图			

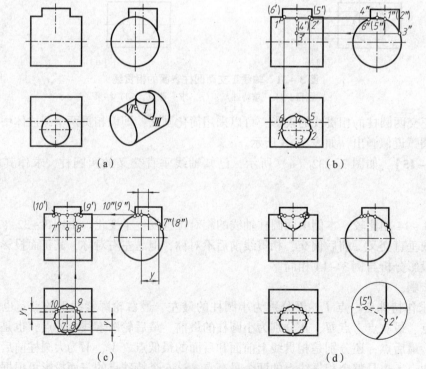

图 3-32　轴线垂直交叉两圆柱的相贯线

（a）题目；（b）求特殊点；（c）求一般点；（d）结果

（2）求作一般点。在 6 个特殊点之间的适当位置取若干一般点，如 Ⅶ、Ⅷ、Ⅸ、Ⅹ 为前后左右对称的 4 个点，即在水平投影四个特殊点之间的适当位置取 7、8、9、10；根据投影规律求出另两面投影 7″、8″、9″、10″ 以及 7′、8′、9′、10′。作图过程如图 3 − 32（c）所示。

（3）判断可见性。在正面投影中，1′、2′ 分别为相贯线上正面投影中可见与不可见的最左和最右分界点，将各点的正面投影依次光滑连接，即得相贯线的正面投影。注意：在正面投影中，大圆柱前后回转轮廓素线被小圆柱遮挡的部分为不可见，应画成虚线。局部放大图及结果如图 3 − 32（d）所示。

2. 利用辅助平面法求作相贯线

当相交两个回转曲面立体投影都不具有积聚性时，如图 3 − 33 所示，圆锥与半球体相交，由于圆锥与半圆球体的投影均无积聚性，无法直接求得相贯线上的点，须利用辅助平面法求作相贯线。辅助平面法作图的原理是用假想辅助水平面 Q 截切圆锥与半圆球体，截平面 Q 与圆锥和半圆球体表面的截交线均为圆，两圆相交于 Ⅰ、Ⅱ 两点，该两点即辅助平面和圆锥表面及半圆球体表面的共有点，也必是相贯线上的两点。

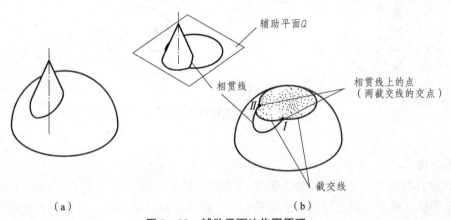

图 3 − 33　辅助平面法作图原理

利用辅助平面法求共有点的作图步骤：
（1）选择适当的辅助平面。
（2）求出辅助平面与各回转体的截交线。
（3）求出截交线的交点。

为作图简便，辅助平面的选择应使截交线的投影具有特殊性。例如，截交线投影为反映实形的圆或积聚为一直线段。

无论相交的两回转体是否具有积聚性，都可以利用辅助平面法作图。因此，利用辅助平面法比利用积聚性作图具有更广泛的适用性。

【例 3 − 16】　求作如图 3 − 34（a）所示的圆锥与半圆球的相贯线投影。

分析：

由图 3 − 34（a）可知，圆锥与半圆球体左右偏交，但是前后对称，因此相贯线为前后对称的空间曲线，其正面投影前后重合为半圆球的一段曲线，另两个投影分别为非圆封闭曲线。

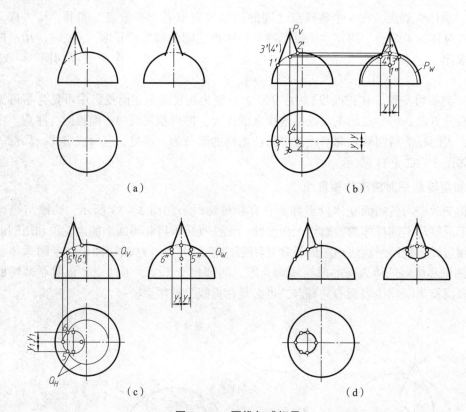

图 3 – 34　圆锥与球相贯

（a）题目；（b）求特殊点；（c）求一般点；（d）结果

作图步骤：

（1）求作特殊点。Ⅰ、Ⅱ分别为圆锥的最左、最右轮廓素线上的点，也是半圆球体前后回转轮廓线上的点，还是相贯线上的最左点、最右点以及最低点、最高点，这两个特殊点的三面投影可根据投影规律直接求得。选取过圆锥轴线的侧平面 P 为辅助平面，P 平面与圆锥的截交线为圆锥的最前、最后轮廓素线，与半圆球体的截交线为侧平半圆。在侧面投影中，两截交线的交点 3″和 4″分别为相贯线上的最前点Ⅲ和最后点Ⅳ的侧面投影，根据投影规律求出另两面投影 3、4 以及 3′、4′。作图过程如图 3 – 34（b）所示。

（2）求作一般点。在四个特殊点之间的适当位置取若干一般点，如选取辅助水平面 Q，平面 Q 与圆锥和半圆球体的截交线均为水平纬圆。在水平投影中，两截交线（两纬圆）的交点 5、6 分别为相贯线上 Ⅴ、Ⅵ 两点的水平投影，根据投影规律求出另两面投影 5′、6′以及 5″、6″。同理可求得其他一般点。作图过程如图 3 – 34（c）所示。

（3）判断可见性。在正面投影中，相贯线前后重合；在水平投影中，相贯线全部可见；在侧面投影中，3″和 4″为相贯线上可见与不可见的分界点。将各点的同面投影依次光滑连接，即得相贯线的三面投影。注意：在侧面投影中，圆锥的轮廓线应画至 3″、4″，圆球顶部的不可见轮廓线应画成虚线。结果如图 3 – 34（d）所示。

3.3.3 相贯线的变化趋势与特殊情况

1. 相贯线的变化趋势

相贯线的形状取决于相交两回转曲面立体的形状、大小以及其相对位置。以轴线正交两圆柱为例，相贯线的形状随着两圆柱相对大小的变化而变化，其变化趋势如图3－35所示。

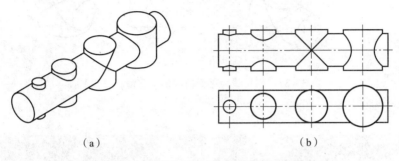

（a） （b）

图3－35 轴线正交两圆柱相贯线的变化趋势

2. 相贯线的变化趋势与特殊情况

当轴线互相平行的两个圆柱相交时，其相贯线为两条平行的直线，如图3－36所示。

当共轴的两个回转曲面立体相交时，其相贯线为垂直于两立体轴线的公共纬圆，如图3－37（a）和图3－37（b）所示。当内切于一圆球面的两回转曲面立体相交时，其相贯线为平面曲线——椭圆，如图3－37（c）和图3－37（d）所示。

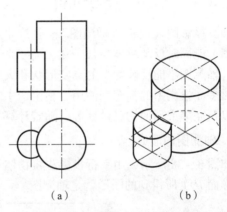

（a） （b）

图3－36 相贯线为两条平行直线

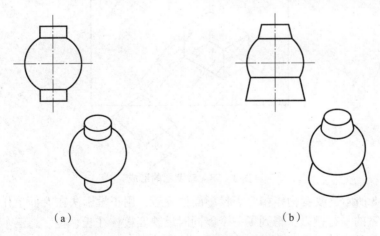

（a） （b）

图3－37 相贯线为平面曲线的特殊情况

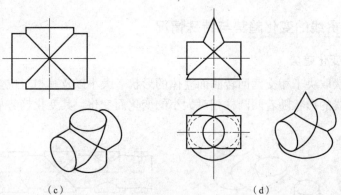

（c）　　　　　　　　　　　　　　　　（d）

图 3 - 37　相贯线为平面曲线的特殊情况（续）

3.4　轴测图

3.4.1　轴测图的基本知识

轴测投影图（简称"轴测图"）通常称为立体图，是物体在平行投影下形成的一种单面投影图，能同时反映物体在长、宽、高三个方向的尺度，立体感较强，具有较好的直观性。但是，轴测图不能反映物体的真实形状和大小，度量性差。在工程上，轴测图多作为辅助手段和对多面投影图的补充来使用，是生产中的一种辅助图样，常用来说明产品的结构、使用方法以及完成产品的构思设计等。随着计算机图形学的发展，轴测图的应用越来越广泛。

1. 轴测图的形成

如图 3 - 38 所示，用平行投影法将物体连同其参考直角坐标系沿轴测投影方向投射在单一投影面 P 上所得到的图形就是轴测图。

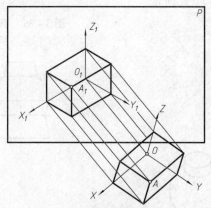

图 3 - 38　轴测图的形成

如图 3 - 38 所示，改变物体相对于投影面位置后，用正投影法在 P 面上作出四棱柱及其参考直角坐标系的平行投影，得到了一个能同时反映四棱柱在长、宽、高三个方向的富有立体感的轴测图。其中，平面 P 称为轴测投影面；坐标轴 OX、OY、OZ 在轴测投影面上的投影 O_1X_1、O_1Y_1、O_1Z_1 称为轴测投影轴（简称"轴测轴"）；每两根轴测轴之间的夹角

$\angle X_1O_1Y_1$、$\angle X_1O_1Z_1$、$\angle Y_1O_1Z_1$ 称为轴间角；空间点 A 在轴测投影面上的投影 A_1 称为轴测投影；直角坐标轴上单位长度的轴测投影长度与对应直角坐标轴上单位长度的比值，称为轴向伸缩系数，X、Y、Z 方向的轴向伸缩系数分别用 p、q、r 表示。

2. 轴测图的分类

轴测图的立体感随着单一投影面 P 和轴测投影方向的不同而有很大差别。根据投影方向的不同，轴测图可分为两种：一种是改变物体相对于投影面的位置，而投影方向仍垂直于投影面，所得轴测图称为正轴测投影图（简称"正轴测图"）；另一种是不改变物体对投影面的相对位置，而使投影方向倾斜于投影面，所得轴测图称为斜轴测投影图（简称"斜轴测图"）。

根据轴向伸缩系数不同，轴测图又可分为 3 种：三个轴向伸缩系数均相等的，称为等测轴测图；只有两个轴向伸缩系数相等的，称为二测轴测图；三个轴向伸缩系数均不相等的，称为三测轴测图。

由以上两种分类方法结合，可得到 6 种轴测图，分别简称为：正等测、正二测、正三测、斜等测、斜二测、斜三测。工程上使用较多的是正等测和斜二测。

3. 轴测图的投影特性

轴测图是通过平行投影得到的，因此具有平行投影的特性：

（1）物体上相互平行的线段，其轴测投影仍相互平行；物体上与空间坐标轴平行的线段，其轴测投影必与相应的轴测轴平行。

（2）物体上两平行的线段，其轴测投影比值不变；物体上与空间坐标轴平行的线段，其轴测投影的伸缩系数等于相应的坐标轴的伸缩系数。

由轴测图的投影特性可知，绘制轴测图时必须沿轴向测量尺寸，即轴测图中"轴测"一词的含义。

3.4.2　正等轴测图

1. 正等轴测图的概念

正等轴测图是在投影方向垂直于投影面，且三个轴向伸缩系数均相等的情况下得到的轴测图。正等轴测图的轴间角均为 $120°$，三个轴向伸缩系数均为：$p = q = r \approx 0.82$。

为了作图方便，在绘制正等轴测图时，一般将 O_1Z_1 轴取为铅垂位置，各轴向伸缩系数一般取简化系数 $p = q = r = 1$，如图 $3-39$（a）所示。这样，所作出的轴测图沿各轴向的长度均被放大了 $1/0.82 \approx 1.22$ 倍，轴测图也就比实际物体大，但对形状没有影响。图 $3-39$（b）给出了两种伸缩系数情况下的效果比较。

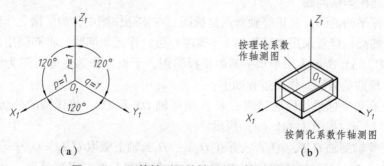

（a）　　　　　　　　　　　　　　（b）

图 $3-39$　正等轴测图的轴间角及轴向伸缩系数

2. 平面立体正等轴测图的画法

【例 3 – 17】 绘制如图 3 – 40（a）所示的正六棱柱的正等测图。

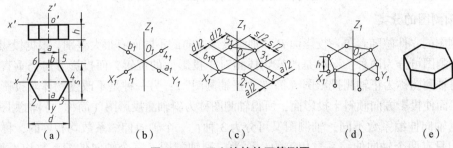

图 3 – 40 正六棱柱的正等测图

分析：

由图 3 – 40（a）所示的正六棱柱的两面投影图可知，正六棱柱共有 12 个顶点，顶面和底面为水平面，6 条棱线为铅垂线。因此，在正六棱柱上建立直角坐标系，再确定轴测轴，并采用坐标量取的方法，得到顶面各点的轴测投影，连接各顶点间的可见棱线（或边）即所求。

作图步骤：

（1）将直角坐标系的原点 O 放在顶面的中心位置，如图 3 – 40（a）所示。

（2）作出正等测图的轴测轴，并采用坐标量取的方法，得到顶面在坐标轴上各点的轴测投影，即 1_1、4_1、a_1、b_1，如图 3 – 40（b）所示。

（3）分别过 a_1、b_1 作 X_1 轴的平行线，采用坐标量取的方法得到顶面其余各点的轴测投影，即 2_1、3_1、5_1、6_1，并连接各顶点，如图 3 – 40（c）所示。

（4）从顶面 1_1、2_1、3_1、6_1 点沿 Z_1 轴向下量取 h 高度，得到底面上对应的可见顶点的轴测投影，并作相应连线，如图 3 – 40（d）所示。

（5）连接各点，擦去多余图线，用粗实线加深各可见轮廓线，擦去不可见部分，得到正六棱柱的轴测投影，如图 3 – 40（e）所示。

在轴测图中，为了使作出的轴测图立体感强，通常不画出物体的不可见轮廓线。在例 3 – 17 中，将坐标系原点放在正六棱柱顶面有利于沿 Z_1 轴方向从上向下量取棱柱高度 h，避免画出多余作图线，使作图简化。

3. 曲面立体正等轴测图的画法

常见的曲面立体有圆柱、圆锥、圆球和圆台等。要作曲面立体的正等轴测图，首先要解决圆的正等轴测图画法问题。

平行于坐标平面的圆，其正等轴测图是椭圆。在实际作图中，为了简化作图，一般不要求准确地画出椭圆，经常采用"菱形法"（即四心法）作近似椭圆，将椭圆用四段圆弧连接而成。图 3 – 41（a）所示为一个水平圆的正投影图，下面以作其正等测图为例，说明"菱形法"近似作椭圆的方法。作图过程如下：

（1）建立直角坐标系，即通过圆心 O 作坐标轴 OX 和 OY，再作圆的外切正方形 $abcd$，切点为 1、2、3、4，如图 3 – 41（a）所示。

（2）作正等轴测轴 O_1X_1、O_1Y_1，并在 O_1X_1、O_1Y_1 轴上截取 $O_11_1 = O_12_1 = O_13_1 = O_14_1 = d/2$，过 1_1、2_1、3_1、4_1 这 4 点分别作 O_1X_1、O_1Y_1 轴的平行线，得到菱形 $a_1b_1c_1d_1$，并作菱

形的对角线，如图 3 – 41（b）所示。

（3）连接 $a_1 3_1$、$c_1 1_1$，分别交菱形的长对角线 $b_1 d_1$ 于 O_3、O_2，则 a_1、c_1、O_2、O_3 这 4 个点就是代替椭圆的 4 段圆弧的圆心，如图 3 – 41（c）所示。

（4）分别以 O_2、O_3 为圆心，以 $O_2 1_1$、$O_3 3_1$ 为半径，分别在 1_1、4_1 之间，2_1、3_1 之间作圆弧；再分别以 a_1、c_1 为圆心，以 $a_1 3_1$、$c_1 1_1$ 为半径，分别在 3_1、4_1 之间，1_1、2_1 之间作圆弧，即得近似椭圆，如图 3 – 41（d）所示。

（5）擦去多余作图线，加深 4 段圆弧，完成椭圆全图，如图 3 – 41（e）所示。

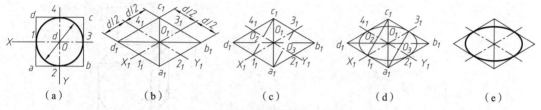

| （a） | （b） | （c） | （d） | （e） |

图 3 – 41　菱形法近似作椭圆

平行于其他两个坐标平面的圆，其正等轴测图的画法与此相同，只是菱形的方位（即椭圆的长短轴方向）不同。水平圆的椭圆长轴（即外切菱形的长对角线）垂直于 Z_1 轴，正平圆的椭圆长轴垂直于 Y_1 轴，侧平圆的椭圆长轴垂直于 X_1 轴，如图 3 – 42 所示。

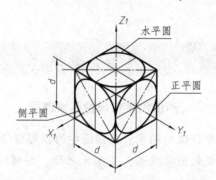

图 3 – 42　与坐标平面平行的圆的正等测图

3.4.3　斜二测轴测图

1. 斜二轴测图的概念

由于物体上的空间坐标轴与轴测投影面的相对位置可以不同，投影方向对轴测投影面的倾斜角度也可以不同，所以斜轴测投影可以有许多种。最常采用的斜轴测图是使物体上的 XOZ 坐标面平行于轴测投影面 P，将物体连同其坐标轴一起向 P 面投影。因此，物体上与该坐标面平行的平面，在 P 面上的投影反映实形。所以，轴测轴 X_1 和 Z_1 仍为水平方向和铅垂方向，OX_1、OZ_1 轴的轴向伸缩系数相等（$p = r = 1$）。轴间角 $\angle X_1 O_1 Z_1 = 90°$，$O_1 Y_1$ 轴的轴向伸缩系数和 $O_1 Y_1$ 与 $O_1 X_1$、$O_1 Z_1$ 轴所成的轴间角，都随着投影方向的不同而不同。

为了作图简便，也为了使斜二测图的立体感强，国家标准《机械制图》规定，选取轴间角 $\angle X_1 O_1 Y_1 = \angle Y_1 O_1 Z_1 = 135°$，选取 $q = 0.5$。按照上述这些规定绘制的轴测图称为斜二轴测图，如图 3 – 43 所示。

2. 与坐标平面平行的圆的斜二测图画法

物体上与 $X_1O_1Z_1$ 坐标平面平行的圆（设直径为 d），其斜二测投影还是圆，大小不变。与 $X_1O_1Y_1$ 和 $Z_1O_1Y_1$ 坐标平面平行的的圆，其斜二测投影都是椭圆，且形状相同。理论上可以证明，它们的长轴分别与轴测轴 O_1X_1、O_1Z_1 成近似为 7° 的夹角，椭圆长轴约为 $1.06d$，短轴约为 $0.33d$，如图 3-44 所示。由于此时椭圆作图较繁，所以当物体的这两个方向有圆时，一般不采用斜二测图，而采用正等测图。

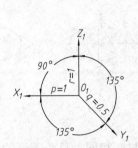

图 3-43　斜二轴测图的轴间角及轴向伸缩系数

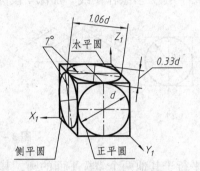

图 3-44　与坐标平面平行的圆的斜二测图

文化阅读

《画山水序》与投影原理图

我国是一个具有丰富图学传统的国家。我国图学的投影理论及其研究在先秦之前已有端倪，魏晋时期已提出焦点透视的图学理论，在宋元之际，图样绘制之精、投影画法的创新，使图学理论大具。

我国最早系统论述中心投影的文献见于南朝宋时宗炳（376—443年）的《画山水序》一文，其云："且夫昆仑之大，瞳子之小，迫目以寸，则其形莫睹，回以数里，则可围以寸眸，诚由去之稍阔，则其见弥小，今张绡素以远映，则昆阆之形，可围于方寸之间，竖画三尺，当千仞之高，横墨数尺，体百里之迥。"

这是一篇很有图学史价值的文献，也是一篇非常精彩的中心投影即透视理论的论述，还是迄今世界上最早的记载。宗炳认为：同一物体，距离太近，反而不见全貌，距离加远，倒可以看清全廓，这是近大远小的缘故，用一块展开的绡素，放在眼和物体之间，就可以反映出高大宽广的景物。其几何模型如图 3-45 所示。

"竖画三尺，当千仞之高，横墨数尺，体百里之迥"，说的是投影与被投影物体之间的数学关系、即与仿射几何的相似理论相近，如图 3-46 所示。宗炳《画山水序》的论述可以说是现代第三角画法的先导，从视点到"绡素"（即投影面），从"绡素"到"昆阆之形"（即被投影的物体），这种投影模型和第三角画法的理论是完全相同的，可以说是一幅直观明了的透视投影原理图。我国古代的建筑图学正是在这种理论背景下先后发展起来的。

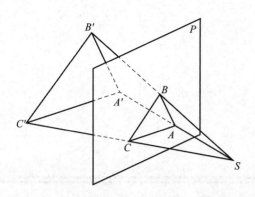

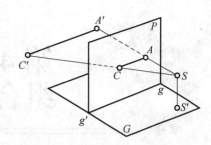

图3-45 宋炳《画山水序》焦点透视
理论的几何模型

图3-46 "横墨数尺,体百里之迥"
的示意图

宗炳在《画山水序》中论述画山水之"道"的同时,也提出了一个不同于欧洲透视学的空间表现理论。这个理论不仅申明了中国画空间表现的基本特质,还蕴含了中国画核心品质的理性开端,也反映了魏晋时期对山水画空间表现的深层体验与技法实验。

延伸 ▶▶ ▶ ▶

我国的标准规定:"技术图样应采用正投影绘制,并优先采用第一角画法"。英国、法国、德国、俄罗斯等多数国家都采用第一角画法,而美国、日本、加拿大、澳大利亚等国家采用第三角画法。

第4章
组合体

工程中的物体通常都可以看作由基本形状经过叠加、切割等方式形成的组合体。为了正确地表达它们，本章将介绍组合体的构成与表达的方法、步骤以及轴测图的画法。

4.1　三视图的形成与投影规律

4.1.1　三视图的形成

物体在三投影面体系中，分别向三个投影面进行正投影所得到物体的三面投影图，称为三视图。将物体的正面投影、水平投影和侧面投影分别称为主视图、俯视图和左视图。将如图4-1（a）所示的物体置于三投影面体系中，按正投影法分别向三个投影面投影，得到如图4-1（b）所示的投影图。将三面投影图展开，如图4-1（c）所示。由于视图在工程图上主要用来表达物体的形状，而没有必要表达物体与投影轴的距离，因此在绘制视图时不必画出投影轴，并且在同一张图纸内配置视图时，一律不注明视图的名称，如图4-1（d）所示。

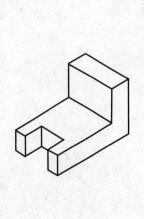

（a）　　　　　　　　　　　　　　　　　　　　（b）

图4-1　三视图的形成

（a）轴测图；（b）投影图

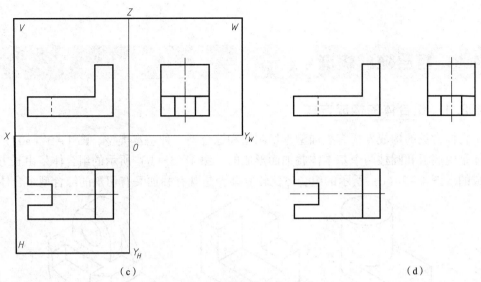

图 4 -1　三视图的形成（续）

（c）三面投影展开；（d）三视图

4.1.2　三视图的投影规律

如图 4 - 2（a）所示，物体有长、宽、高三个方向的尺寸。主视图反映长度和高度，俯视图反映长度和宽度，左视图反映高度和宽度。每个视图能反映物体在两个方向的尺寸，且每两个视图有一方向的尺寸应相等。在画三视图时，虽然不画投影轴和投影连线，但是三个视图之间要保持前面章节介绍的投影规律。由投影规律可得到三个视图之间的"三等关系"：主、俯视图长对正；主、左视图高平齐；俯、左视图宽相等。

"三等关系"是画图、看图的基本规律。在画图时，绘制的每一个图元都要考虑是否满足"三等关系"。在读图时，通过"三等关系"可以确定各个图元的投影关系，从而构造三维结构。

如图 4 - 2（b）所示，物体有上、下、左、右、前、后共 6 个方位，主视图反映物体的上下和左右，俯视图反映物体的前后和左右，左视图反映物体的前后和上下。这样，在俯视图、左视图中，靠近主视图的一侧表示物体的后面，远离主视图的一侧表示物体的前面。

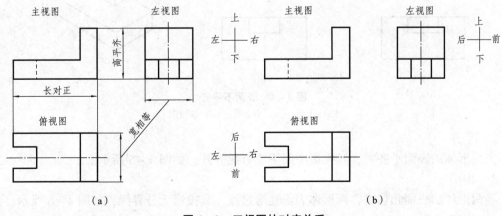

图 4 -2　三视图的对应关系

（a）尺寸关系；（b）方位关系

4.2 组合体的构成

4.2.1 组合体的构成方式

组合体常见的构成方式有叠加型、切割型和综合型三种基本类型。图4-3（a）所示的组合体是由底板和圆柱两个基本体叠加而形成的。图4-3（b）所示的组合体是由长方体切割形成的。图4-3（c）所示的组合体比较复杂，是既有叠加又有切割的综合型组合体。

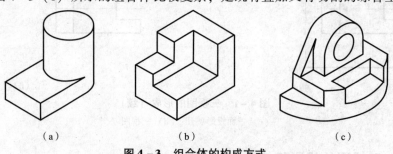

（a）　　　　　　　　　（b）　　　　　　　　　（c）

图4-3　组合体的构成方式

（a）叠加型；（b）切割型；（c）综合型

4.2.2 组合体的连接关系

无论哪种形式构成的组合体，都可以根据各基本形体之间的相对位置不同，将其表面的连接形式归纳为不平齐、平齐、相切和相交4种情况。

1）不平齐

当两形体的表面不平齐时，其投影中间应有线分开，如图4-4所示。

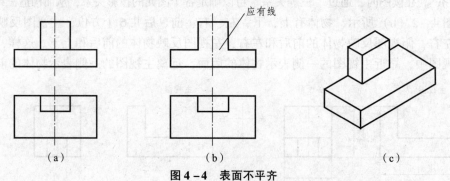

（a）　　　　　　　　　（b）　　　　　　　　　（c）

图4-4　表面不平齐

（a）正确；（b）不正确；（c）轴测图

2）平齐

当两形体的表面平齐时，其投影中间不应有线分开，如图4-5所示。

3）相切

当两形体的表面相切时，两形体表面光滑过渡，其投影无分界线，如图4-6所示。

4）相交

当两形体的表面相交时，其投影在相交处应画出表面交线，如图4-7所示。

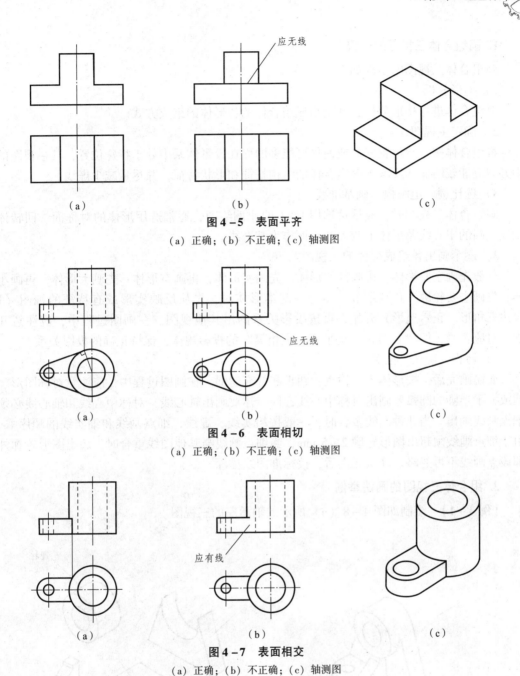

图 4 - 5　表面平齐

（a）正确；（b）不正确；（c）轴测图

图 4 - 6　表面相切

（a）正确；（b）不正确；（c）轴测图

图 4 - 7　表面相交

（a）正确；（b）不正确；（c）轴测图

4.3　组合体的视图表达

4.3.1　组合体的画法

　　在绘制组合体的三视图时，要首先确定各形体之间的相对位置关系及表面连接关系，从而对其整体形状和组成方式有比较完整的认识和掌握，然后按照有序的绘图步骤进行绘制。

1. 画组合体三视图的步骤

画组合体三视图的步骤如下：

1）构形分析

对组合体进行构形分析，确定组成组合体的各形体的组成方式。

2）确定主视图

将组合体按自然位置安放或使尽可能多的面在投影体系中处于特殊位置，其主视图的投影方向应能较明显地反映出该组合体的结构特征和形状特征，并尽量减少虚线。

3）选比例、定图幅、画基准线

画组合体三视图时，应尽量选用1：1的比例绘图，通常选用形体的对称面、回转体的轴线、圆的中心线及形体上较大的平面作为基准线。

4）逐个画出各组成形体的三视图

一般先画主要形体，再画其他形体；先画实形体，再画空形体；先画大形体，再画小形体；先画主要轮廓，再画细节。画每一基本形体时，先从反映实形或有特征的视图（圆、等边三角形、正六边形）开始，再按投影关系画出其他视图。在画图过程中，应注意几个视图对应着画，按"长对正、高平齐、宽相等"的投影规律，保持正确的投影关系。

5）检查、确认、描深

底稿画完后，按形体逐个检查，纠正和补充遗漏。在画图过程中，应注意对称图形、半圆或大于半圆的圆弧要画出对称中心线，回转体要画出轴心线，对称中心线和轴心线必须用细点画线画出。当几种图线重合时，一般按粗实线、虚线、细点画线和细实线的顺序取舍。由于细点画线须超出图形轮廓2~5 mm，当细点画线与其他图线重合时，超出图形轮廓外的那段点画线不可忽略。确认无误后，按标准图线描深。

2. 组合体三视图的画法举例

【例4-1】 绘制如图4-8（a）所示的轴承座的三视图。

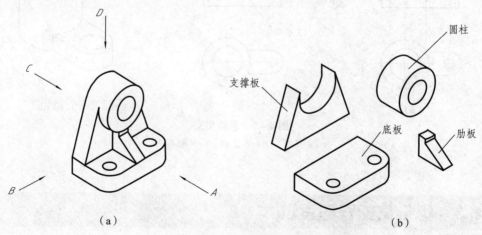

图4-8 轴承座

（a）题目；（b）构形分析

作图步骤：

（1）构形分析。由图4-8（b）可知，轴承座由底板、圆柱、支撑板以及肋板共4个基本形体组成。底板的原形是长方板，在前面两个角的位置分别挖出两个圆角和两个圆柱孔。圆柱中间挖一圆柱孔。肋板可看成是由一个四棱柱经多次切割而形成的。底板与支撑板的后端面共面，支撑板的斜面和圆柱相切，肋板与圆柱相交。

（2）确定主视图。在选取轴承座的自然安放位置后，可从 A、B、C、D 四个不同的方向来观察。经过分析比较，发现 A 方向更能反映轴承座底板、圆柱、支撑板和肋板的相对位置关系和形状特征，所以确定 A 方向作为主视图的投影方向。

（3）选比例、定图幅、画基准线。选用 1∶1 的比例和适合的图幅，作主视图和俯视图中的左右对称线，作主视图和左视图中圆柱的轴线，选取轴承座的底面为主视图和左视图中的高度基准面，选取轴承座的后端面为俯视图和左视图中的宽度基准面，作相应的基准线，如图 4-9（a）所示。

（4）逐个画出各组成形体的三视图。用细实线画底板、圆柱、支撑板、肋板、底板上的圆角及圆孔，过程如图 4-9（b）～图 4-9(f) 所示。

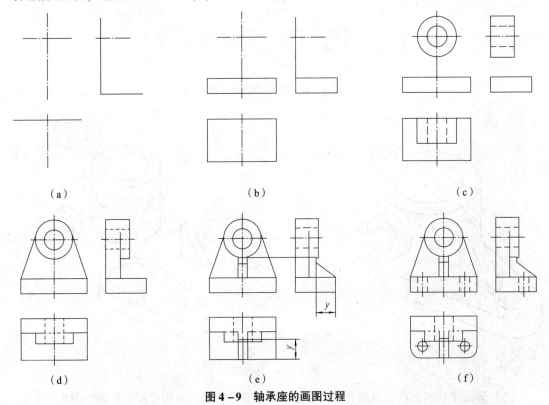

图 4-9 轴承座的画图过程

（a）画基准线；（b）画底板；（c）画圆柱；（d）画支撑板；（e）画肋板；（f）画底板上的圆角及圆孔

（5）检查、确认、描深。擦去作图线，确认无误后用粗实线加深，结果如图 4-10 所示。

【例 4-2】 绘制如图 4-11（a）所示组合体的三视图。

作图步骤：

（1）构形分析。由图 4-11（b）可知，该组合体由底板、圆柱、肋板、耳板和凸台共 5 个基本形体组成。底板的前、后两侧面分别与外圆柱表面相切，肋板与外圆柱相交，耳板与圆柱相交且两形体的上表面共面，凸台与外圆柱相贯，凸台内孔与空心圆柱的内圆柱孔也相贯。

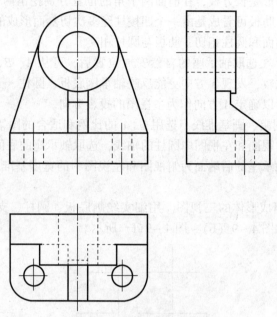

图 4 – 10　轴承座的三视图

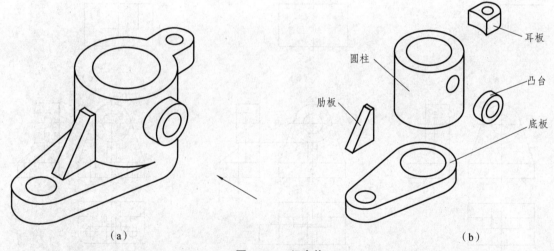

图 4 – 11　组合体

（2）确定主视图。在选取组合体的自然安放位置后，经过分析比较，发现以图 4 – 11（a）箭头所示的方向更能清楚地反映 5 个组成形体的相对位置关系和基本形状，所以确定此方向作为主视图的投影方向。

（3）选比例、定图幅、画基准线。作俯视图中的前后对称线、大小两个圆柱孔的中心线，作主视图和左视图中圆柱孔的轴线，选取组合体的底面为主视图和左视图中的高度基准面，作相应的基准线，如图 4 – 12（a）所示。

（4）逐个画出各组成形体的三视图。用细实线画底板、圆柱、肋板、耳板、凸台，过程如图 4 – 12（b）~图 4 – 12(f) 所示。

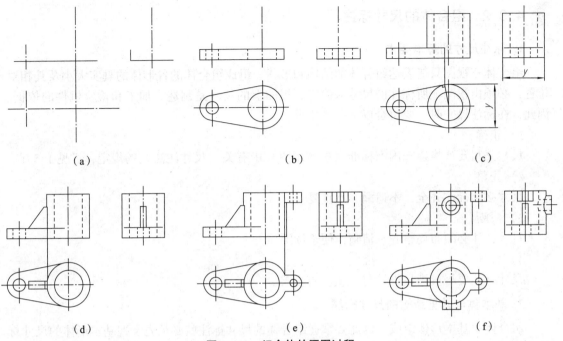

图4-12 组合体的画图过程

(a) 画基准线；(b) 画底板；(c) 画圆柱；(d) 画肋板；(e) 画耳板；(f) 画凸台

（5）检查、确认、描深。擦去作图线，确认无误后用粗实线加深，结果如图4-13所示。

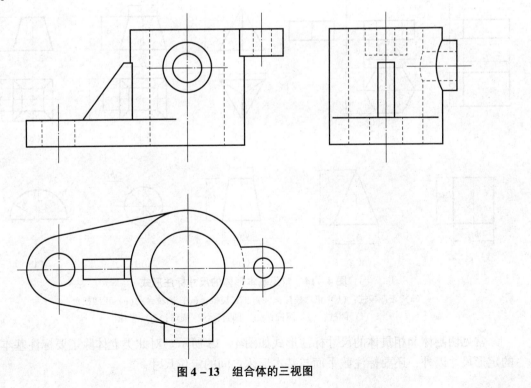

图4-13 组合体的三视图

4.3.2 组合体的尺寸标注

1. 标注尺寸的基本要求

组合体三视图只能表达组合体的结构和形状。组成组合体的各形体的真实大小及其相对位置，必须由视图上所标注的尺寸来确定。视图上的尺寸是制造、加工和检验机件的依据。因此，在标注尺寸时，要符合以下基本要求：

1）正确

尺寸书写要严格遵守国家标准《机械制图》中有关"尺寸注法"的规定，详见1.5节。

2）完整

尺寸必须标注齐全，不遗漏、不重复。

3）清晰

尺寸标注必须布局整齐、清晰，便于读图。

4）合理

尺寸标注要尽量满足设计与工艺上的要求。

2. 基本体与常见结构的尺寸标注

组合体由基本形体组成，因此要掌握组合体的尺寸标注就必须先掌握基本形体的尺寸标注方法。常见基本形体的尺寸标注形式如图4－14所示。正方形可简化标注，如图4－14（e）所示；回转体需要标注轴向及径向尺寸，直径尺寸需在数字前加注符号"ϕ"，半径尺寸需在数字前加注符号"R"，在标注球的尺寸时还需加注"S"。

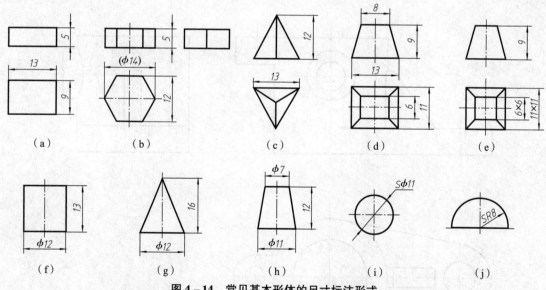

图 4－14　常见基本形体的尺寸标注形式

（a）正四棱柱；（b）正六棱柱；（c）正三棱锥；（d）四棱台；（e）正四棱台；
（f）圆柱；（g）圆锥；（h）圆台；（i）圆球；（j）半球

常见切割体和相贯体的尺寸标注形式如图4－15所示。对此类立体除了要标注基本形体的定形尺寸以外，还要标注截平面与基本形体之间的定位尺寸。

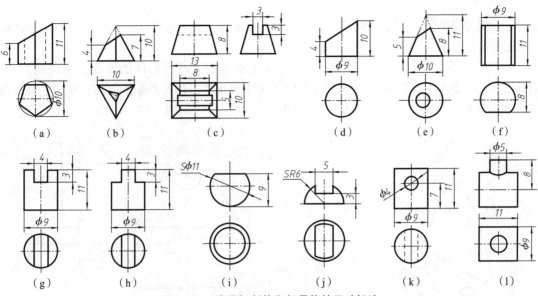

图 4 – 15　常见切割体和相贯体的尺寸标注

常见几种不同形状底板的尺寸标注形式如图 4 – 16 所示。

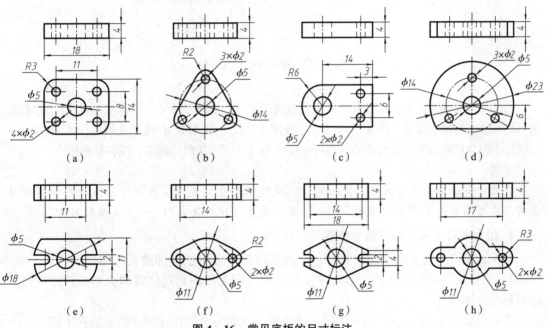

图 4 – 16　常见底板的尺寸标注

3. 组合体的尺寸分析

以如图 4 – 17（a）所示的组合体为例，对组合体进行尺寸分析。组合体的尺寸分为定形尺寸、定位尺寸及总体尺寸。

1）定形尺寸

定形尺寸是确定组合体中每个基本形体形状大小的尺寸。例如，图 4 – 17（b）主视图中的尺寸 φ7、R7、5、2、11，左视图中的尺寸 5，俯视图中的尺寸 R3、2 × φ3 等。

2）定位尺寸

定位尺寸是确定组成组合体中每个基本形体之间相对位置关系的尺寸。例如，图4－17（b）主视图中的尺寸19，俯视图中的尺寸12、24。

标注尺寸的起点称为尺寸基准。一般选择主要或较大基本形体的底面、端（侧）面、对称平面以及回转体的轴线等作为尺寸基准。由于组合体中的各基本形体需要在长、宽、高三个方向定位，因此组合体至少有三个方向的尺寸基准，如图4－17（b）所示。

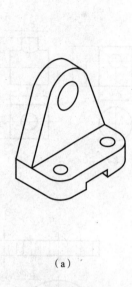

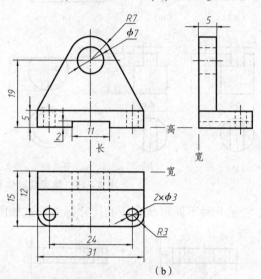

(a)   (b)

图4－17　组合体的尺寸分析

3）总体尺寸

总体尺寸是确定组合体的总长、总宽及总高的尺寸。总体尺寸不一定都直接标注，有时就是某一基本形体的定形尺寸。图4－17（b）俯视图中的尺寸31和尺寸15是底板的长度和宽度，也是组合体的总长和总宽。组合体的总高可由尺寸19和尺寸R7间接确定，没有单独标注。

说明：

将尺寸标注分为定形尺寸、定位尺寸以及总体尺寸只是为了在尺寸标注过程中有顺序，各种尺寸之间有时是相互联系的。例如，某一尺寸可能既是定形尺寸又是定位尺寸。

4. 组合体尺寸标注的方法和步骤

为保证组合体尺寸标注的完整性，一般采用形体分析法（即将组合体分解为若干基本形体），先标注各基本形体的定形尺寸，再根据它们之间的相对位置和关系标注定位尺寸，最后标注总体尺寸。

下面以如图4－18（a）所示的轴承座为例，说明组合体尺寸标注的方法和步骤。

1）形体分析选择基准

对轴承座进行形体分析，将其分解为几个简单的基本形体，即底板、圆柱、支撑板、肋板，如图4－18（b）所示。选择组合体在长度、宽度以及高度方向的基准，如图4－18（c）所示。

2）分别标注各基本形体的定形尺寸

如图4－18（b）所示，底板的定形尺寸为29、18、6，底板上两个圆柱孔的定形尺寸为$2\times\phi4$，底板上前面两个圆角的定形尺寸为R5；圆柱的定形尺寸为$\phi8$、$\phi17$和10；支撑板的定形尺寸为6；肋板的定形尺寸是4、6、3。

3）标注定位尺寸

如图4-18（c）所示，选择左右对称面为长度方向的尺寸基准，底板的底面为高度方向的尺寸基准，由于底板、支撑板以及圆柱的后端面共面，故选择轴承座的后端面为宽度方向的尺寸基准。底板上的两个圆柱孔和圆柱的中心需要定位，其定位尺寸分别为19、13和23，其他结构都位于基准上，因此不需要定位尺寸。

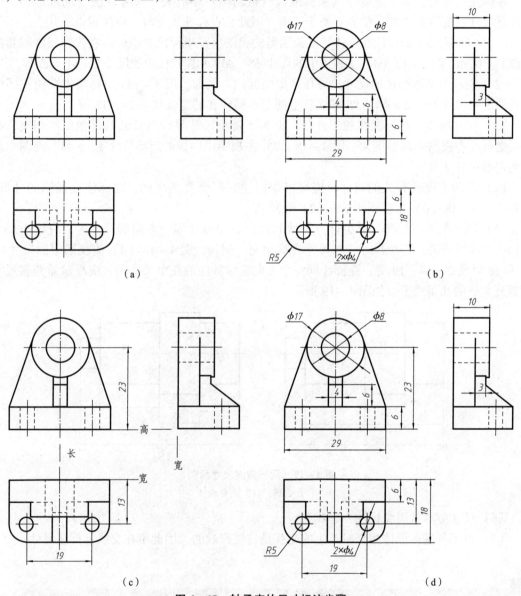

图4-18 轴承座的尺寸标注步骤

4）标注总体尺寸

标注轴承座的总体尺寸，分别为尺寸29、18和31.5(23 + φ17/2)。

5）检查、调整

由于轴承座的定形尺寸和定位尺寸已标注完整，如果再标注总体尺寸就会出现多余尺寸，因此在加注一个总体尺寸的同时，就应减少一个同方向的定形尺寸，以免尺寸标注成封闭式的尺寸链。尺寸 $\phi17$ 和 23 即确定轴承座的总高，因此不必另行标注总高尺寸；底板的长、宽尺寸 29、18 即确定轴承座的总长和总宽，因此不必另行标注总长尺寸和总宽尺寸。最终尺寸标注结果如图 4 – 18 （d） 所示。

5. 标注尺寸注意事项

在标注尺寸时，除了应遵守国家标准《机械制图》中有关 "尺寸注法" 的规定外，还应注意尺寸的配置要清晰、整齐和便于读图。因此，在标注尺寸时，应注意以下几点：

（1）尺寸应尽可能标注在形体特征最明显的视图上，半径尺寸应标注在投影反映圆弧的视图上。例如，图 4 – 18 （d） 主视图中的尺寸 $\phi8$、$\phi17$ 和俯视图中的尺寸 $2 \times \phi4$、R5 等。

（2）同一个基本形体的尺寸，应尽量集中标注。例如，图 4 – 18 （d） 集中在俯视图中底板的定形尺寸 18、$2 \times \phi4$、R5 和底板上两个小圆柱孔的定位尺寸 19、13 等。

（3）尺寸应尽可能标注在视图外部，但为了避免尺寸界线过长或与其他图线相交，必要时也可注在视图内部。例如，图 4 – 18 （d） 主视图中肋板的定形尺寸 4、6 和左视图中肋板的定形尺寸 3 等。

（4）与两个视图有关的尺寸，应尽可能标注在两个视图之间，并标注在视图的外部。例如，图 4 – 18 （d） 主视图中的 6、23 和 29 等。

（5）尺寸配置应整齐，避免过分分散和杂乱。在标注同一方向的尺寸时，应该小尺寸在内、大尺寸在外，以免尺寸线与尺寸界线相交。例如，图 4 – 18 （d） 俯视图中的尺寸 6、13 和 18 以及 $2 \times \phi4$、19 等。在标注同一个方向连续标注的几个尺寸时，应尽量做到将尺寸配置到少数的几条线上，如图 4 – 19 所示。

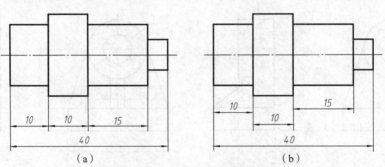

图 4 – 19　同一方向尺寸示例
(a) 合理；(b) 不合理

（6）尺寸应尽量避免标注在虚线上。

（7）由于各基本形体相交时产生的交线是自然形成的，因此不在交线上标注尺寸。

4.4　组合体的读图方法

4.4.1　读图应注意的问题

1. 从主视图入手，几个视图联系起来看

由于主视图比较多地反映组合体的形状特征和各组成形体之间的相对位置关系，因此读图时一般从主视图入手。通常情况下，一个视图或两个视图不能确定物体的形状，如图4-20、图4-21所示。要确定组合体的真实形状，必须将几个视图联系起来进行分析、构思，才能想象出物体的空间形状。

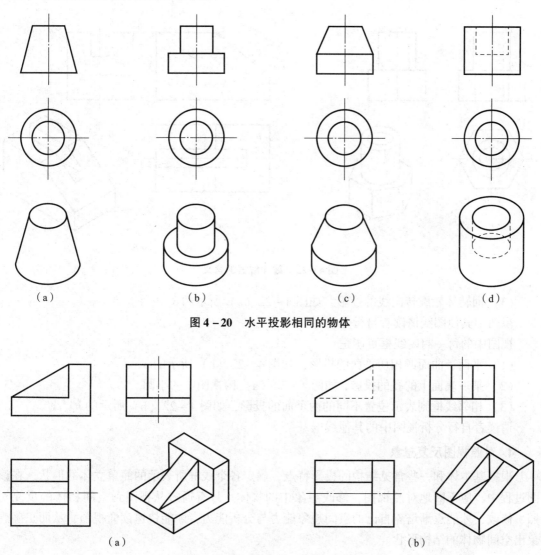

图4-20 水平投影相同的物体

图4-21 水平投影与侧面投影都相同的物体

2. 寻找特征视图

特征视图是指最能反映物体形状特征的那个视图，读图时要善于寻找特征视图，从而可以加快读图的速度。图4-20和图4-21的主视图是形体的特征视图，找到特征视图后，再结合其他视图就能快速准确地想象出形体的形状，从而达到事半功倍的效果。

3. 弄清线、线框含义

视图是由若干个线和线框组成的，要想读懂视图，就必须根据投影规律，逐个找出各个线与线框的投影，弄清视图中线和线框的含义。

视图中的每一条线可能是：

（1）两面交线的投影（如棱线、截交线、相贯线等），如图 4-22（a）所示的棱线 1'2'。

（2）具有积聚性平面的投影，如图 4-22（b）所示的 p'、q'、q"。

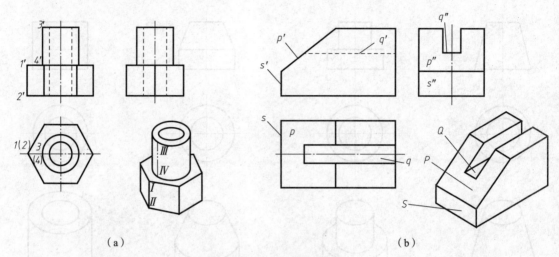

（a）　　　　　　　　　　　　　　　　（b）

图 4-22　线和线框的含义

（3）回转体轮廓转向线的投影，如图 4-22（a）所示的 3' 4'等。

视图中其他图线请读者自行分析。

视图中的每一封闭线框可能是：

（1）平面、曲面或相切平面的投影，如图 4-22（b）所示的 p、q。

（2）某一表面上的孔的投影，如图 4-22（a）俯视图中的小圆。

（3）相邻线框则表示位置不同的两个面的投影，如图 4-22（b）所示的 p"、s"。

请读者自行分析视图中的其他线框。

4. 对照视图反复想象

根据基本体和一些常见结构的投影特点，确定各个线框所表示的简单立体的形状。在读图过程中，应不断地对照视图，修改想象中的物体。只有通过从视图到空间物体的反复对照、修改，才能逐渐培养自己的空间想象能力与分析能力，才能快速读懂视图，从而正确想象出空间物体的结构形状。

4.4.2　读图的基本方法

读组合体视图的方法有形体分析法和线面分析法。形体分析法就是假想将组合体分解为若干个简单的基本形体，弄清楚它们的形状，确定它们的组合方式和相对位置关系。线面分析法就是按正投影的基本原理，对投影的细节部分作具体分析的思维方法。

形体分析法和线面分析法是画图和看图的基本方法，一般来说，首先对整体采用形体分析法进行分析，然后对局部较难的细节采用线面分析法。因此，学会综合运用形体分析法和线面分析法，才能有效地进行组合体的画图和读图。

一般组合体的读图步骤是：首先，运用形体分析法和线面分析法，根据所给的两个视图在脑海里初步构思组合体后；然后，用所构思的组合体进行投影，验证第三个面的投影是否与所构思组合体的投影一致。若二者不一致，就按照给定的第三个视图对所构思的组合体进行修改，直到所构思的组合体的各个投影视图与给定的投影视图一致为止。

下面结合实例介绍读组合体视图的方法和步骤。

1. 形体分析法

形体分析法是在画图和看图时经常要用到的重要方法，尤其适用于读以叠加为主的组合体视图。在读图时，需先以表达组合体形状特征较多的主视图为中心，在视图上将其分解为若干线框，再根据投影关系，找到其他视图上的对应线框，读懂每组线框所表示的基本形体，最后根据各组成基本形体的相对位置，综合想象出整个组合体的整体结构形状。

下面以如图 4－23 所示的组合体为例，说明以叠加为主的组合体视图的读图方法和步骤。

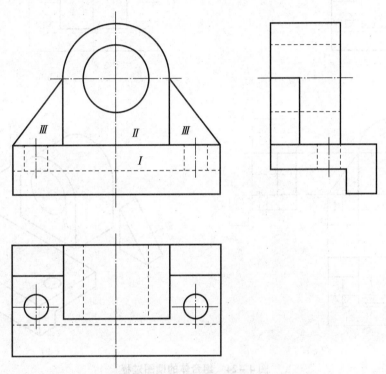

图 4－23　组合体三视图

1）分析视图，划分线框，确定构成组合体的各基本形体

从主视图入手，联系其他视图的特征部分进行分析，将反映物体形状特征的主视图按线框划分为几个部分。如图 4－23 所示，将该主视图划分成 I、II、III 三个不同的部分，这三个不同的部分即构成该组合体的三个基本形体。

2）分析投影，确定各基本形体的形状和位置

划分线框后，利用三视图的投影规律，找出每个基本形体在另外两个视图上的对应投影，并根据每个基本形体的特征视图，想象出它们的形状。在图 4－23 所示的组合体视图中，基本形体 I 的特征视图是左视图，由该图可以确定 I 是由一个长方体底板挖切两个圆柱孔、下底面靠后方挖切一部分长方体而形成，如图 4－24（a）和图 4－24（d）所示；基本形体 II 的特征视图是主视图，该图可以确定 II 是由一个顶部是半圆形的立板挖切一圆柱

孔而形成，如图 4 – 24 (b)和图 4 – 24 (d) 所示；基本形体 Ⅲ 的特征视图也是主视图，由
该图可以确定 Ⅲ 是两个形状相同的三棱柱肋板，如图 4 – 24 (c)和图 4 – 24 (d) 所示。

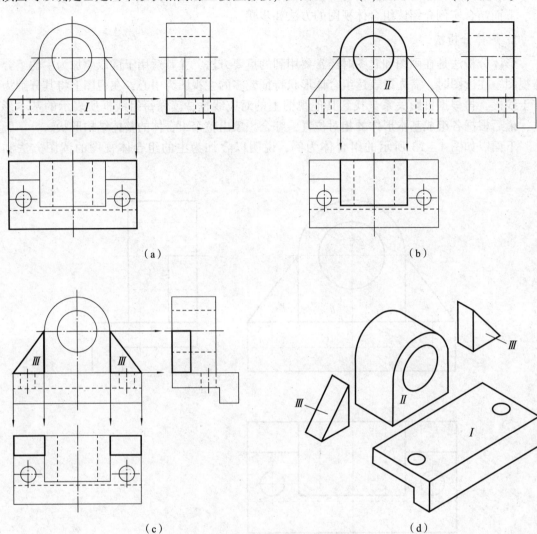

（a）　　　　　　　　　　　　　　　　　（b）

（c）　　　　　　　　　　　　　　　　　（d）

图 4 – 24　组合体的读图过程

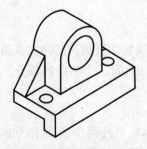

图 4 – 25　组合体的立体图

从主视图、俯视图可以清楚地看出各基本形体的相
对位置：Ⅱ 和 Ⅲ 位于 Ⅰ 的上面，三个基本形体的后侧平
面共面。如图 4 – 24 (d) 所示。

3）综合分析，确定组合体的整体形状

在读懂各基本形体的基础上，根据组合体三视图，
按照各基本形体的相对位置和连接关系，将各个基本形
体组合起来，最终想象出如图 4 – 25 所示的组合体的整
体形状。

在用形体分析法读图时，通常先看整体，后看细节；先
看主要部分，后看次要部分；先
看容易确定的部分，后看难以确定的部分。

2. 线面分析法

线面分析方法通常用于在形体分析的基础上研究组合体的局部和细节。线面分析法尤其适用于以切割为主的组合体视图的阅读。首先，通过对投影进行分析，确定基础形体；然后，分析基础形体被几个平面截切以及截切平面的性质，从而确定截交线投影；最后，综合想象该组合体的整体形状。下面以图4－26所示的组合体为例，说明该类组合体视图的读图方法和步骤。

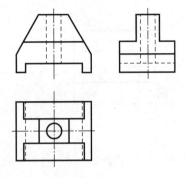

图4－26　组合体的三视图

1）形体分析

从组合体的三视图不难看出，该组合体的基本形体是一个长方体经过若干个平面切割后形成的。

从三视图可以看出，该长方体的中间被挖去了一个圆柱孔；主视图的长方形左上方、右上方对称地各缺一个角，说明在长方体的这两个位置各切去一个楔形块；左视图的长方形也缺两个角，说明在长方体的这两个位置也各切去了一个长方块；主视图的长方形正下方有一个缺口，再结合左视图中的虚线可以看出在长方体的正下方开了一个通槽。

2）线面分析

通过形体分析，物体的轮廓形状已初步形成。但是，这个物体被怎样的平面截切以及截切后成为怎样的形状，还需要进一步作线面分析。

（1）如图4－27（a）所示，从主视图中斜线 m' 和 n' 出发，在左视图中可以找到与它们"高平齐"的一个封闭图形（八边形线框）m'' 和 n''，在俯视图中可以找到与它们"长对正"的一个封闭图形（八边形线框）m 和 n，且斜线 m' 和 n' 在俯视图和左视图中的投影为相似形，可知 M 面和 N 面是正垂面，由此可以判断长方体的左右上角分别被正垂面 M 和 N 切割而形成。

（2）如图4－27（b）所示，由俯视图中前后对称的四边形框 p 和 q 出发，按投影关系在另外两个视图上找出与它们对应的投影，即直线 p'、q' 和直线 p''、q''，可知 P 面和 Q 面是水平面。由此可以判断，该长方体的前后位置分别被水平面 P 和 Q 切割而形成。

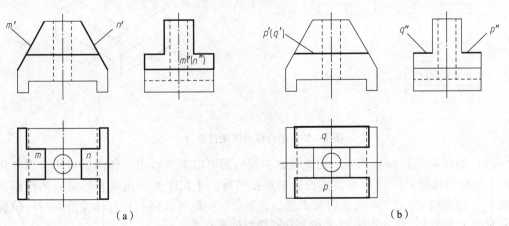

（a）　　　　　　　　　　　　　　　　（b）

图4－27　组合体的读图过程

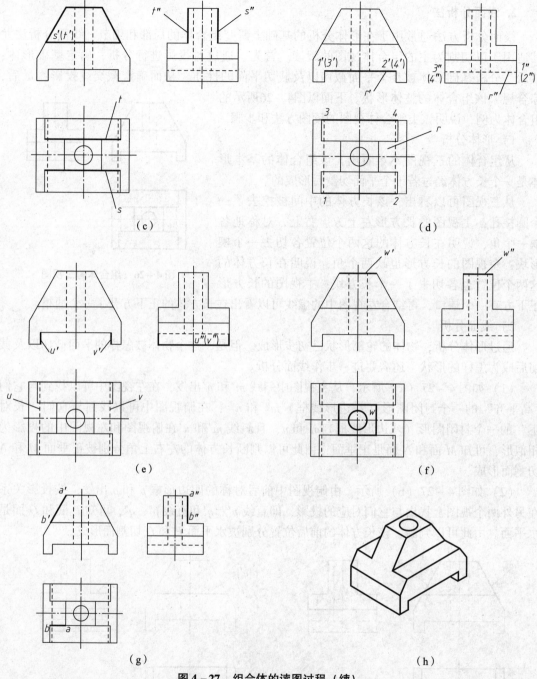

图 4 - 27　组合体的读图过程（续）

（3）如图 4 - 27（c）所示，由左视图和俯视图可以看出该组合体前后对称，因此从主视图上的梯形线框 $s'(t')$ 出发，按投影关系在另外两个视图上找出与它们对应的投影，即直线 s、t 和直线 s''、t''，可知 S 面和 T 面是正平面，由此可以判断长方体前后两对称位置就是分别被水平面 P、Q 和正平面 S 和 T 共同切割而形成的。

（4）如图 4 - 27（d）所示，从俯视图上的虚线线框 1234 出发，按投影关系在另外两个视图上找出与它们对应的投影，即直线 $1'(3')2'(4')$ 和直线 $3''(4'')1''(2'')$，可知 R 面是水平面。由此可以判断，该长方体的正下方被水平面 R 切割而形成。

（5）如图 4 - 27（e）所示，从主视图上的直线 u'、v' 出发，按投影关系在另外两个视图上找出与它们对应的投影，即虚线 u、v 和虚实线框 u''、v''，可知 U、V 面是侧平面。由此可以判断，该长方体的正下方就是被水平面 R 和两个侧平面 U、V 共同切割而形成的。

（6）如图 4 - 27（f）所示，从俯视图上的四边形线框 w 及其内的圆形线框出发，按投影关系在另两个视图上找出与它们对应的投影，即直线 w'、w'' 以及两个虚线线框，可知 W 面是正平面。由此可以判断，该长方体从表面向下被挖去了一个圆柱通孔。

（7）组合体中的很多棱线实质是面与面的交线，由图 4 - 27（g）中已标注出的直线 AB 的三面投影，由投影特性可以确定 AB 是正平线，直线 AB 是正垂面 M 与正平面 S 的交线。请读者自行分析该组合体中的其他棱线。

3）综合分析

通过形体分析和线面分析，我们弄清了整个组合体的三视图，从而就可以想象出该组合体的结构和形状，如图 4 - 27（h）所示。

3. 读图举例

在读图时，一般以形体分析法为主，以线面分析法为辅。线面分析法主要用于分析切割型的组合体。实际上，零件往往是既有叠加又有切割的综合型立体，在读图时应具体情况具体分析，灵活应用形体分析法和线面分析法。

由已知的两视图补画第三视图，是读图与画图的一种综合训练，是提高读图与画图能力和培养空间想象能力的一种重要手段，下面以例题形式说明作图的方法与步骤。

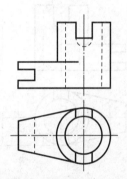

【例 4 - 3】 形体的两视图如图 4 - 28 所示，补画左视图。

分析：

通过对图 4 - 28 的两个视图进行形体分析，可以确定该组合体是综合型立体，其可以看成由空心的圆柱体 I 和底板 II 叠加形成，两者下底面共面，底板 II 的前后两个立平面（铅垂面）与圆柱体 I 的圆柱面相切，如图 4 - 29（a）所示。进一步对两个视图进行线面分析，可以确定在底板 II 的左端挖切了一个方

图 4 - 28 形体的两视图

形槽 III，在空心的圆柱体 I 的正前方挖切了一个方形槽 IV，在其正后方挖切了一个倒置的拱形槽 V，如图 4 - 29（b）所示。最后综合分析，想象出该组合体的整体结构和形状，如图 4 - 29（c）所示。

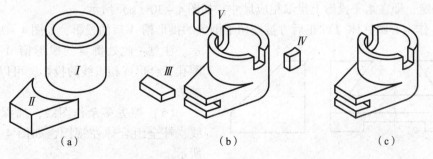

(a)　　　　　　　　(b)　　　　　　　　(c)

图 4 - 29 形体分析

作图步骤：

（1）按照投影规律，作空心圆柱体 *I* 和底板 *II* 两部分的侧面投影。运用线面分析法，找准切点的投影位置，注意底板 *II* 的上表面侧面投影的宽度应与水平投影上两切点之间的宽度相等，如图4-30（a）所示。

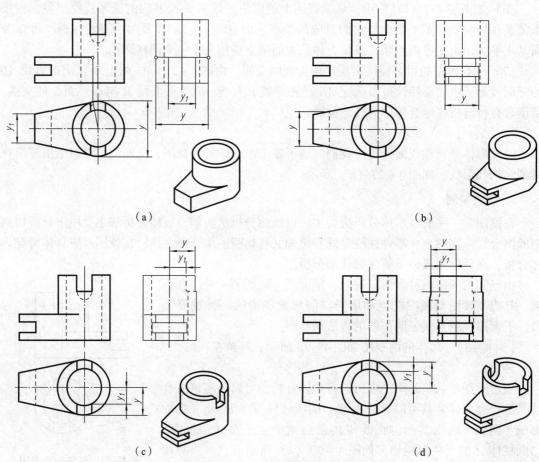

图4-30　补画左视图过程

（2）作底板 *II* 被挖切了方形槽 *III* 后的投影，注意其侧面投影的宽度应与水平投影上虚线长度相等，如图4-30（b）所示。

（3）作空心圆柱体 *I* 的正前方被挖切了方形槽 *IV* 后的投影。注意其截交线投影位置应由槽宽决定，即在水平投影上量取相应尺寸，如图4-30（c）所示。

（4）作空心圆柱体 *I* 的正后方被挖切了倒置的拱形槽 *V* 后的投影，如图4-30（d）所示。注意：此处倒置的拱形槽 *V* 下部为半圆孔，会形成相贯线的投影，可以采用简化画法。

（5）擦去多余作图线，加深可见轮廓线，补全组合体左视图，如图4-30（d）所示。

图4-31　组合体的两视图

【例4-4】　组合体的两视图如图4-31

所示，补画俯视图。

分析：

通过对图 4-31 所示的两个视图进行形体分析，可以确定该组合体是切割型立体，其基本形体是长方体，如图 4-32（a）所示，在此基础上用侧垂面 *P* 切去 I 部分，用水平面 *Q* 和两个对称的正垂面 *R*、*S* 共同切去 II 部分，又在其正下方切去一个长方槽 III，该组合体的形成过程如图 4-32（b）所示。

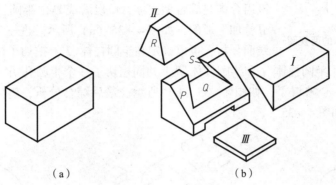

（a）　　　　　　　　　　　（b）

图 4-32　形体分析

作图步骤：

（1）作被侧垂面 *P* 切去 I 后的水平投影，如图 4-33（a）所示。

（2）作被水平面 *Q* 和两个对称的正垂面 *R*、*S* 共同切去 II 部分后的水平投影，如图 4-33（b）所示。注意：其水平投影虚线的宽度应与侧面投影上虚线宽度相等。

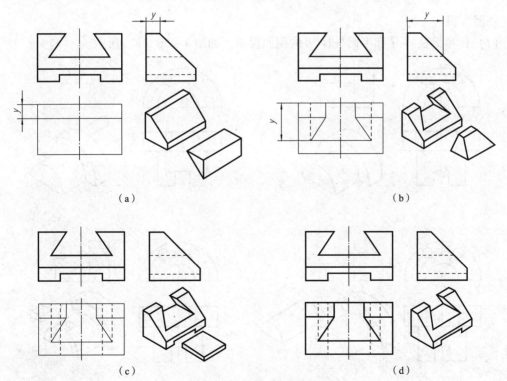

（a）　　　　　　　　　　　（b）

（c）　　　　　　　　　　　（d）

图 4-33　补画俯视图过程

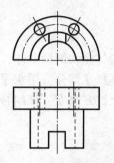

图 4 – 34　组合体的两视图

（3）作切去长方槽后的水平投影，如图 4 – 33（c）所示。

（4）擦去多余作图线，加深可见轮廓线，补全组合体俯视图，如图 4 – 33（d）所示。

【例 4 – 5】　组合体的两视图如图 4 – 34 所示，补画左视图。

分析：

通过对图 4 – 34 所示的两个视图进行形体分析，可以确定该组合体是综合型立体，可以看成是由半圆柱体 *I* 和半圆柱体 *II* 叠加形成的，如图 4 – 35（a）所示。进一步对两个视图进行线面分析，可以确定在半圆柱体 *I* 上挖切了两个大小相同且对称布置的圆孔 *III*，半圆柱体 *I* 和半圆柱体 *II* 上共同挖切了一个半圆孔 *IV*。此外，在半圆柱体 *II* 上又挖切了一个缺口 *V*，如图 4 – 35（b）所示。最后综合分析，想象出该组合体的整体结构和形状，如图 4 – 35（c）所示。

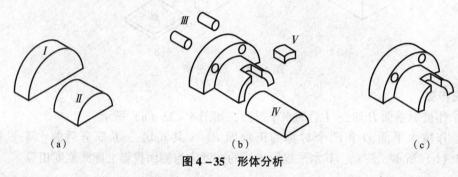

（a）　　　　　　　　　　（b）　　　　　　　　　（c）

图 4 – 35　形体分析

作图步骤：

（1）作半圆柱体 *I* 和半圆柱体 *II* 的侧面投影，如图 4 – 36（a）所示。

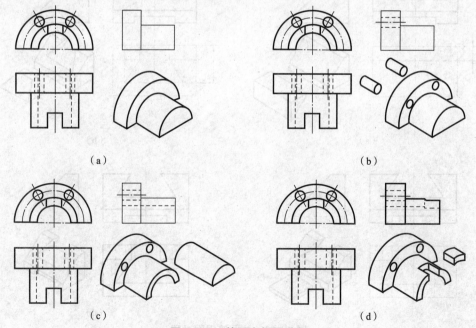

（a）　　　　　　　　　　　　　　　　　　（b）

（c）　　　　　　　　　　　　　　　　　　（d）

图 4 – 36　补画左视图过程

（2）作半圆柱体 I 被挖切了两个圆孔 III 后的侧面投影，如图4－36（b）所示。

（3）作两个半圆柱体被共同挖切了半圆孔后的侧面投影，如图4－36（c）所示。

（4）作半圆柱体 II 被挖切了缺口后的侧面投影，擦去多余作图线，加深可见轮廓线，补全组合体左视图，如图4－36（d）所示。

【例4－6】　组合体的三视图如图4－37所示，补画三视图上漏画的线。

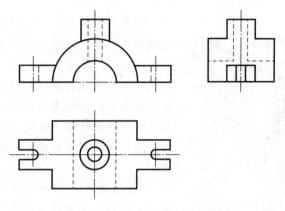

图4－37　组合体的三视图

分析：

通过对图4－37所示的三视图进行形体分析，可以确定该组合体是由四部分组成的综合型立体。中间的主体部分是正垂的半空心圆柱，顶部有一个铅垂的空心小圆柱，主体空心圆柱的两侧各有一个方形耳板，耳板上被切出一端半圆形的直槽，初步想象出空间形状，如图4－38（a）所示。

作图步骤：

按照想象的空间形状分析三视图可知，在俯视图上漏画了耳板与空心半圆柱两侧的两个相贯线，在左视图上漏画了铅垂圆筒空心小圆柱与空心半圆柱内侧的内相贯线，在左视图上漏画了铅垂圆筒外侧与空心半圆柱外侧的相贯线，如图4－38（b）所示。

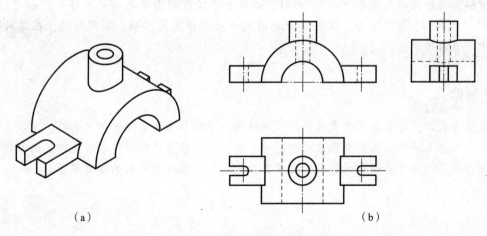

（a）　　　　　　　　　　　　　　　　　　　（b）

图4－38　补画三视图上漏画的线

文化阅读

《营造法式》中的中国建筑制图

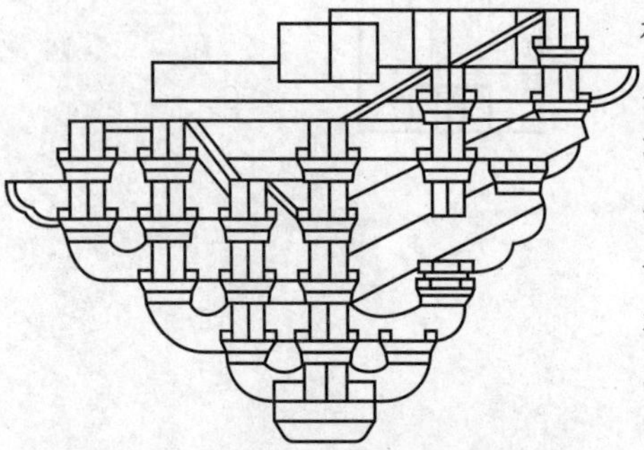

图 4 - 39　《营造法式》中的图样

宋代是我国古代工程制图发展的全盛时期，其机械制图、建筑制图、地图等制图技术达到了前所未有的水平。其中，北宋图学家李诫编撰的《营造法式》是对我国在宋以前的两千余年的木架结构建筑的经验总结，它是宋代生产力的发展以及追求改革的时代精神的具体体现。从书中所绘全部图样来看，宋代建筑制图形成了一定的规范，并有一定的准则。

《营造法式》中的图样（图 4 - 39）代表了古代以木结构为主要特征的建筑施工图纸系列，各种图样不仅反映出房屋、宫殿的各个部分的形状与外观，还标注了详细尺寸和所用材料以及相关部件的详细情况。其所绘制的图样在完整、清晰表达物体形状的前提下，图形一般绘制在图的稍下方，图样的名称位于右上方。图上的字体整齐浑朴，多用欧阳询体及颜真卿、柳公权体，使图面更加美观，是我国工程制图所用的字体标准的先河。宋版图书所用的字体是后世各种印刷字体的源泉，而我国现行工程制图采用的宋体就是采用"仿宋字"作为标准，这些字体就是依照宋刻本上的字体加工而成。

在《营造法式》中，有的图样直接标注了技术说明的相关内容，不但包括建筑的名称，各木构件的高度、宽度、长度和其制度，还包括每一构件的材料和数学计算，工艺加工技术和装配方法，具备了工程制图应用的技术事项。如"殿堂等六辅作怂槽草架侧样第十四"，其文字说明有"殿侧样，十架椽身，内单槽，外转六辅作，重拱出单抄，两下昂，里转五铺作重棋出两抄，以上并各计心"。同时，书中关于建筑制图的名词也很详尽，如"图样""正样""侧样""杂样"等。这些建筑制图的专业术语定义准确，实用性强，在建筑技术工程中一直沿用至今。

延伸

我国古代的图学家无不综贯经史，学识渊博，不仅具有科学技术知识基础，以专业特长而见称，而且具有各方面的文化素养和艺术才能，有的甚至是科学技术研究的组织者和管理者。这些坚实的知识基础和极高的文化素养，是创造一流科学成果的物质基础。

第 5 章
图样画法

机件的结构形状是多种多样的，有时仅用前面我们已经学习过的三视图还不足以完整清晰地反映出其结构和形状。本章将介绍国家标准《技术制图》和《机械制图》中规定的视图、剖视图、断面图、局部放大图、简化画法及其他规定画法等。在实际生产中，应根据机件的特点，灵活、合理地运用各种表达方法，力争使图样表达得简洁、清晰。

5.1 视 图

5.1.1 基本视图

国家制图标准规定，以正六面体的六个面为基本投影面，将物体放在正六面体中，分别向六个投影面投影所得到的六个视图称为基本视图，如图 5 - 1（a）所示。这六个基本视图分别为：由前向后投影所得到的主视图、由上向下投影所得到的俯视图、由左向右投影所得到的左视图、由右向左投影所得到的右视图、由后向前投影所得到的后视图、由下向上投影所得到的仰视图。六个投影面的展开方法如图 5 - 1（b）所示，正面保持不动，将其他面旋转到与正面在同一平面内。

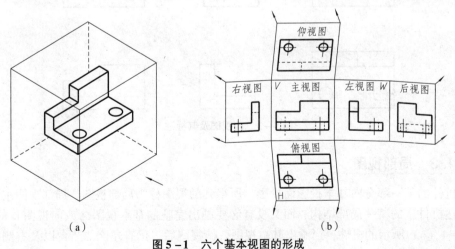

（a）   （b）

图 5 - 1　六个基本视图的形成

（a）六面投影图；（b）六个基本视图的展开

六个基本视图展开后的配置关系如图5-2所示。按此图配置的基本视图，一律不标注视图的名称，并且仍应满足"长对正、高平齐、宽相等"的投影规律，即：主、俯、仰、后视图符合"长对正"；主、左、右、后视图符合"高平齐"；俯、左、仰、右视图符合"宽相等"。

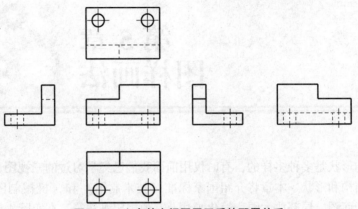

图5-2 六个基本视图展开后的配置关系

在绘制图样表达一个机件时，一般不需要绘制六个基本视图，而是根据机件的结构特点选择适合的视图。一般情况下，优先选用主视图、俯视图和左视图来表达，如果无法清楚表达结构，就再选用其他视图表达。在能够清楚表达零件结构的基础上，所用的视图越少、越简洁越好。

5.1.2 向视图

为了更合理地利用图纸，当所要表达的视图无法按照指定位置配置时，可以采用向视图来表达。向视图是可以自由配置的视图。在向视图的上方必须标注视图名称"*X*"（*X*为大写的英文字母），并在相应视图的附近用箭头注明投影方向，并标注相同字母，如图5-3所示。需要强调的是，主视图、俯视图、左视图必须按规定位置配置，而向视图的位置可以自由配置。

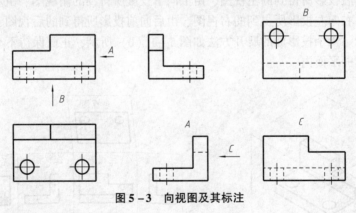

图5-3 向视图及其标注

5.1.3 局部视图

将机件的某一部分向基本投影面投影，所得到的视图称为局部视图。局部视图主要用于需要表达机件上的某一局部结构，而又没有必要画出完整的基本视图（或向视图）的情况。如图5-4（a）所示的机件，当画出其主视图、俯视图后，仍有左侧的凸台以及右侧的法兰未被表达清楚。因此，配合*A*、*B*两个局部视图，比采用左视图和右视图表达更简洁。

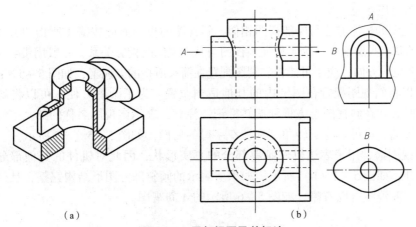

（a）

（b）

图 5 - 4 局部视图及其标注

（a）立体图；（b）局部视图

画局部视图时应注意：

（1）在局部视图上方用大写英文字母标注，并在相应视图附近用箭头注明投影方向，并标注相同字母，如图 5 - 4（b）所示。

（2）局部视图一般按投影关系配置，例如，图 5 - 4（b）中的 A 向局部视图；也可以配置在图纸内的其他适当位置，例如，图 5 - 4（b）中的 B 向局部视图。

（3）局部视图要用波浪线来表示断裂边界，例如，图 5 - 4（b）中的 A 向局部视图。如果所表示的局部图形结构完整，且外轮廓线又成封闭图形，则可以省略波浪线，例如，图 5 - 4（b）中的 B 向局部视图。所绘制的波浪线既不应处于轮廓线的延长线上，也不应超出轮廓线，即不应悬空。

5.1.4 斜视图

如图 5 - 5（a）所示，由于其右侧部分结构是倾斜的，在俯视图上的投影无法反映零件的真实形状，因此无法用基本视图表达清楚结构，这为标注尺寸、绘图和读图带来困难。为了表达该部分的真实形状，应利用变换投影面原理，选择一个与该倾斜部分平行且垂直于一个基本投影面的辅助投影面 P，将倾斜部分向投影面 P 投影，所得到的视图便可反映机件的真实形状。这种机件向不平行基本投影面的平面投影所得的视图称为斜视图。

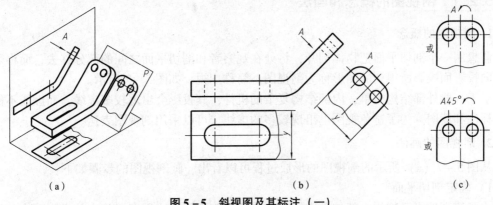

（a）

（b）

（c）

图 5 - 5 斜视图及其标注（一）

画斜视图时应注意：

（1）斜视图的标注方法与局部视图相似。斜视图的投影面应按箭头所指的方向旋转展开到与其垂直的基本投影面上。为了保证斜视图与基本视图的投影关系，一般用带英文字母的箭头注明投影部位与方向，应尽可能将斜视图配置在箭头所指的方向上，如图5-5（b）所示。

（2）可以将斜视图配置在图纸内的其他适当位置。为了画图方便，可以将斜视图旋转一定角度，但必须在斜视图上方标注旋转标记。注意，表示该视图名称的英文字母应靠近旋转符号的箭头端，也可以将旋转角度标注在字母的后面，如图5-5（c）所示。

（3）斜视图通常用来表达机件倾斜部分的真实形状，因此对机件的其他部分不画，而用波浪线断开，如图5-5（b）所示。如果所表示的倾斜部分图形结构完整，且外轮廓线又成封闭图形，波浪线可以省略，如图5-6所示的A斜视图。

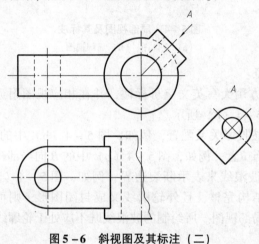

图5-6　斜视图及其标注（二）

（4）不论斜视图的位置如何配置，表示投射方向的箭头一定要垂直于被表达的倾斜部分，用来表示视图名称的大写字母都要水平书写。

5.2　剖视图

5.2.1　剖视图的概念和画法

1. 剖视图的概念

假想用一个剖切平面把物体剖开，将处在观察者和剖切平面之间的部分移去，而将剩余部分向投影面投影所得到的图形称为剖视图，简称剖视，如图5-7所示。

对于一些外部结构简单，内部结构复杂的机件，其投影会出现较多虚线，而虚线不便于尺寸标注和读图。为了避免视图上出现较多的虚线，可以采用剖视图表达。

2. 剖视图的画法

从图5-7（a）所示的剖视图的形成过程可以看出，画剖视图的步骤如下：

1）确定剖切平面

为了清晰地表示物体内部的真实结构和形状，剖切平面应平行于相应的投影面，并尽可能通过较多的内部结构（孔、槽）的轴线或对称中心线。剖切平面是假想的，所以对每次剖切而言，只将某个视图画成剖视，其他视图仍按完整视图投射，如图5-7（b）所示。

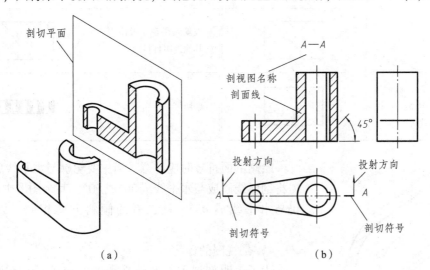

（a）　　　　　　　　（b）

图5-7　剖视图的概念和画法

2）画剖视图

用粗实线画出物体被剖切平面剖切后的断面轮廓和剖切平面后的可见轮廓。对于剖切平面后的不可见轮廓线（虚线），只要不影响物体结构和形状的表达，可以省略不画。对于剖视图中已经表达清楚的内部结构，则将其他视图中的虚线省略不画，如图5-7（b）所示。只有当不足以表达清楚机件的形状时，才在剖视图上画出虚线。为了读图方便，剖视图应尽可能配置在剖切符号箭头所指向的方向。有时，为了合理利用图纸，也可以任意配置。

3）画剖面符号

在画图时，应在剖切断面上画出剖面符号，以区分物体上被剖切到的实体部分和未被剖切到的空心部分。各种材料的剖面符号如表5-1所示。金属材料的剖面符号又称剖面线，一般画成与图形主要轮廓线、轴线或对称线成45°且间隔均匀的细实线。同一个机件的各个剖视图，其剖面线倾斜方向应相同，间距应相等，如图5-7（b）所示。

表5-1　剖面符号

材料名称	剖面符号	材料名称	剖面符号
金属材料（已有规定剖面符号者除外）		非金属材料（已有规定剖面符号者除外）	
线圈绕组元件		砖	
转子、电枢、变压器和电抗器等的叠钢片		液体	

续表

材料名称	剖面符号	材料名称	剖面符号
钢筋混凝土		玻璃及供观察者使用的其他透明材料	
型砂、填沙、粉末冶金、砂轮、陶瓷刀片、硬质合金刀片等		格网	

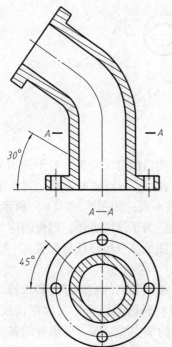

图 5 - 8   剖视图中的剖面线

绘制剖面符号时应注意：当主要轮廓与水平线成45°时，需将剖面线画成与水平线成30°或60°，其余图形中的剖面线仍与水平线成 45°，且二者的倾斜方向相同，如图5 - 8 所示。

4）剖视图的标注

为了表明剖视图与其他视图的对应关系，在画剖视图时，应将剖切平面的位置、投影方向和剖视图名称标注在相应视图上。剖视图的标注一般包括三部分内容：剖切符号、箭头、剖视图的名称。如图5 - 7（b）所示。

（1）剖切符号。剖切符号表示剖切平面的位置，在剖切平面的起始、转折和终止处画粗实线（线宽为（1 ~ 1.5）d，线长为 5 ~ 10 mm），剖切符号尽量不与图形的轮廓线相交。

（2）箭头。箭头表示投射方向，画在剖切符号的两端。

（3）剖视图的名称。剖视图的名称用大写的英文字母表示，在剖切符号的起始、转折和终止处标注字母"X"，并在剖视图正上方标注相同的字母"$X—X$"。例如，图5 - 7（b）中的"$A—A$"。注意：字母一律水平书写。

当剖视图按投影关系配置时，如果中间没有其他图形隔开，就可以省略箭头，如图5 - 9（b）中的俯视图。当剖切平面与机件的对称平面完全重合，且剖切后的剖视图按投影关系配置，中间又没有其他图形隔开时，可以省略标注，如图5 - 9（b）中的主视图。

5.2.2   剖视图的种类

根据机件被剖切范围的多少，可以将剖视图分为全剖视图、半剖视图和局部剖视图。

1. 全剖视图

用剖切平面将机件全部剖开所得到的剖视图称为全剖视图，如图5 - 7（b）和图5 - 8所示。

全剖视图主要用于表达内部结构和形状复杂、外形简单的机件。如图5 - 9（a）所示的机件，为了表示该机件内腔的结构和形状，采用通过机件前后对称平面的剖切平面把机件剖开，将主视图画成全剖视图，再用通过孔轴线的"$A—A$"剖切平面把机件剖开，将左视图画成全剖视图，如图5 - 9（b）所示。

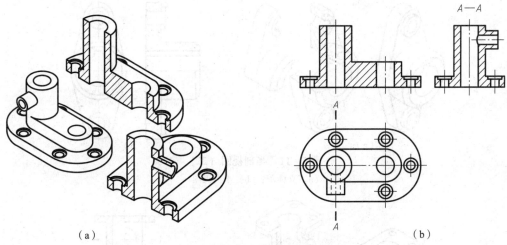

（a）

A—A

A

A

（b）

图 5 - 9　立体图与全剖视图

（a）立体图；（b）全剖视图

2. 半剖视图

当机件具有对称平面时，在垂直于对称平面的投影面上进行投影所得到的图形，以对称中心线为分界线，将一半画成剖视图，将另一半画成视图，这种剖视图称为半剖视图。

如图 5 - 10（a）所示的机件，其前方有一个圆柱形凸台，若将主视图画成基本视图，则主视图的虚线较多，不方便读图。若将主视图画成全剖视图，如图 5 - 10（b）所示，虽然将底板上的凹槽和中间的圆孔表达清楚了，但是前面的凸台无法表达出来。为了能将机件的内外形状同时在一个视图上表达出来，可以根据该机件左右对称的特点，将主视图画成半剖视图，如图 5 - 10（c）所示。

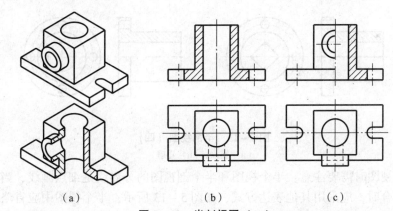

（a）　　　　　　　　（b）　　　　　　　　（c）

图 5 - 10　半剖视图（一）

（a）立体图；（b）全剖视图；（c）半剖视图

半剖视图主要用于表达对称机件的内外形状。对于形状接近于对称，且不对称部分已经另有其他视图表达清楚的机件，也可以采用半剖视图来表达，如图 5 - 11 和图 5 - 12 所示。当机件虽然对称但在对称中心线处有轮廓线时，不宜采用半剖视图，可以采用全剖视图表达，如图 5 - 13 所示。

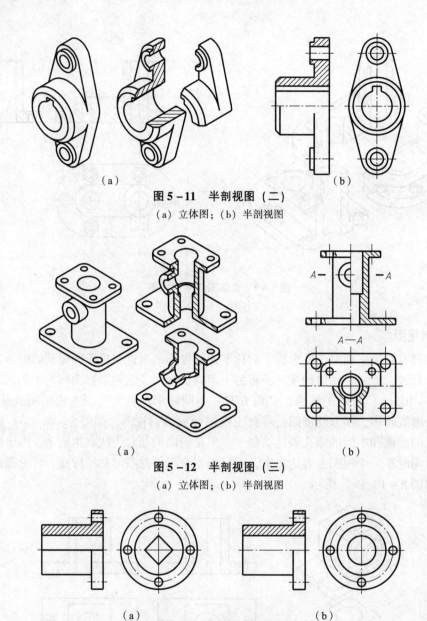

（a）

（b）

图 5 – 11　半剖视图（二）

（a）立体图；（b）半剖视图

（a）

（b）

图 5 – 12　半剖视图（三）

（a）立体图；（b）半剖视图

（a）

（b）

图 5 – 13　半剖视图（四）

（a）错误；（b）正确

　　在画半剖视图时需要注意：半个视图和半个剖视图的分界线是细点画线，当这条细点画线与轮廓线重合时，应采用其他表达方式，如图 5 – 13 所示；半个视图中应省略表示内部形状的虚线；当需要在半剖视图中标注被剖切的内孔尺寸时，只需画出一端的尺寸界线、箭头和尺寸线，并使尺寸线超过中心线即可。

　　半剖视图的标注方法与全剖视图相同。在图 5 – 10（c）和图 5 – 11（b）中，主视图的剖切平面通过对称平面，所以省略了标注。而在图 5 – 12 中，俯视图的剖切平面不是通过对称平面，但是按投影关系配置的，所以箭头可以省略。

3. 局部剖视图

　　用剖切平面局部地剖开机件所得到的剖视图，称为局部剖视图。

　　局部剖视图常用于机件不宜采用半剖视图和全剖视图时。对于如图5－14（a）所示的机件，在主视图上，左端的两处孔和右端的圆孔需要表达，若采用全剖则不能将它们同时剖到，因此可以在这两个位置分别用两个通过孔轴线的正平面局部地剖开，在主视图上画成局部剖视图。在俯视图上，前面的圆柱形凸台需要表达，故用一个通过凸台孔轴线的水平面局部地剖开，画成局部剖视图，如图5－14（b）所示。

　　局部剖视图的标注方法和全剖视图相同。当剖切位置比较明显时，一般不标注。仅当剖切位置不明显时，才需要标注。例如，图5－14（b）中的"A—A"局部剖视图。

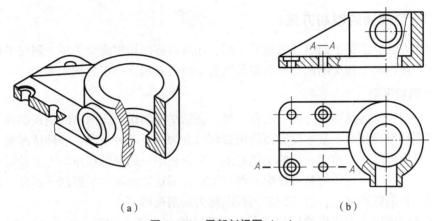

（a）　　　　　　　　　　　　　　（b）

图5－14　局部剖视图（一）

（a）立体图；（b）局剖视图及其标注

　　由于波浪线是局部剖视图与视图的分界线，因此可以将波浪线看成机件断裂面的投影。所以要将波浪线画在机件表面的实体部分，不能穿越中空处，也不能超出视图的轮廓线外。波浪线不能用其他图线代替，也不能画在其他图线的延长线上，如图5－15（a）、图5－15（b）所示。但是，当被剖切部分为回转体时，允许将该结构的轴线作为分界线（取代波浪线），如图5－15（c）中的俯视图。

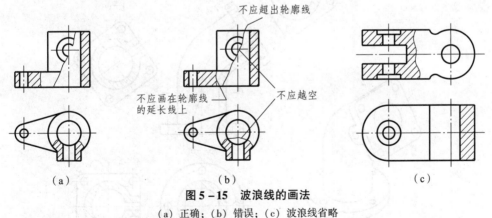

（a）　　　　　　　　　　　　（b）　　　　　　　　　　　（c）

图5－15　波浪线的画法

（a）正确；（b）错误；（c）波浪线省略

　　当机件虽然对称但在对称中心线处有轮廓线时，不宜采用半剖视图，可以采用局部剖视图来表达其内外形状，如图5－16所示。

　　局部剖视图也是在同一视图上同时表达机件内外形状的方法，是一种非常灵活的表达方法，波浪线用来表示剖切范围，其剖切部位和范围根据实际需要确定。

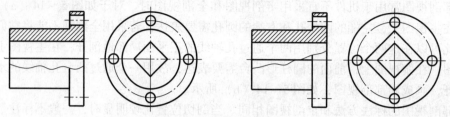

图 5 – 16　局部剖视图（二）

5.2.3　剖视面的剖切方法

根据剖切方法和剖切平面组合数量的不同，还可以将剖切平面分为单一剖切平面、几个平行的剖切平面、两个相交的剖切平面以及既有平行又有相交的组合剖切平面。

1. 单一剖切平面

仅用一个剖切平面剖开机件的方法称为单一剖切平面剖切，所画出的剖视图称为单一剖视图。根据剖切平面相对于基本投影面的位置可以分为以下两种情况：一种情况是单一剖切平面与基本投影面平行，前面介绍的全剖视图、半剖视图、局部剖视图均为此种情况；另一种情况是单一剖切平面与任何基本投影面都不平行，用这样的剖切平面剖开机件，再投影到与剖切平面平行的投影面上，所得到的剖视图称为斜剖视图。

斜剖视图主要用于表达机件倾斜部分的内部结构。如图 5 – 17（a）所示，机件的上部凸台有通孔，为了表达这部分的内部结构及顶部方板的形状，采用一个通过凸台通孔轴线的正垂面剖开机件，利用变换投影面原理，按箭头所指的方向向与剖切平面平行的投影面进行投影并展平，画出斜剖视图，如图 5 – 17（b）所示。

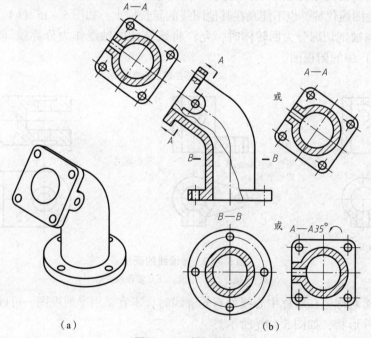

（a）　　　　　　　　　　　　　　　　（b）

图 5 – 17　斜剖视图
（a）立体图；（b）斜剖视图及其标注

斜剖视图必须标注剖切位置、投影方向和剖视图名称，一般按投影关系配置在箭头所指投影方向相应的位置上，必要时也可以将斜剖视图配置在图纸内的其他适当位置。为了画图方便，可以将斜剖视图旋转一定角度，摆正画出，但必须在斜剖视图名称的后面加注旋转标记（也可以将旋转角度注写在字母的后面），如图 5 – 17（b）所示。

画斜剖视图时应注意：标注斜剖视图的名称一律水平书写，如图 5 – 17（b）所示的"$A—A$"；在画剖面符号时，当主要轮廓与水平线成 45°时，需将剖面线画成与水平线成 30°或 60°，其余图形中的剖面线仍与水平线成 45°，且二者的倾斜方向相同。

2. 几个平行的剖切平面

用两个或多个互相平行的剖切平面把机件剖开的方法称为几个平行的剖切平面剖切，也称为阶梯剖，所得到的剖视图称为阶梯剖视图。

当机件的内部结构比较复杂，且这些结构的轴线或对称中心面处于两个或多个互相平行的平面内时，常采用阶梯剖。例如，图 5 – 18（a）中机件各孔的轴线分布在几个互相平行的平面内，若只用一个剖切平面不可能将所有孔同时剖开，因此采用三个平行的剖切平面剖切，画出阶梯剖视图——图 5 – 18（b）中的"$A—A$"剖视图。

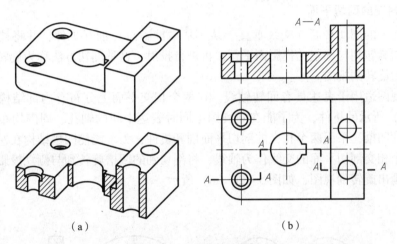

（a）　　　　　　　　　（b）

图 5 – 18　阶梯剖视图（一）

（a）立体图；（b）阶梯剖及其标注

阶梯剖视图必须用剖切符号在剖切平面的起始、转折和终止的位置标注，并标注相同字母，在转折处的剖切符号应成直角且对齐；在剖视图上用相同的字母标出名称"$X—X$"（如"$A—A$"）；在剖切平面的起始和终止处的剖切符号两端用箭头表示投射方向。如果剖视图按投影关系配置，且中间无其他图形隔开，则可省略箭头。

由于剖切是假想的，因此在剖视图中不应画出各剖切平面转折处的分界线，而应该与用同一个剖切平面剖出的剖视图一样。不允许剖切平面的转折处与机件的轮廓线重合，也不允许在图形内出现不完整要素（如半个孔、不完整的肋板等），如图 5 – 19（a）所示。仅当两个要素在图形上具有公共对称中心线或轴线时，才允许以对称中心线或轴线为界，各画一半，如图 5 – 19（b）所示。

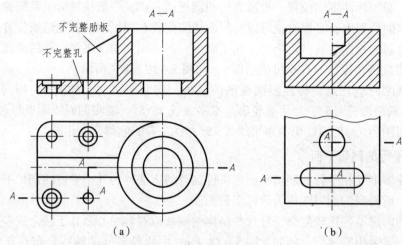

图 5 - 19　阶梯剖视图（二）

（a）错误；（b）正确

3. 两个相交的剖切平面

用两个相交的剖切平面（交线垂直于某一基本投影面）剖开机件，并将被倾斜剖切平面剖开的结构旋转到与选定的投影面平行，再进行投射，这种剖切方法称为旋转剖，所得到的剖视图称为旋转剖视图。

旋转剖视图适用于表达具有回转轴线、在两个相交平面上分布有内部结构的机件。如图 5 - 20（a）所示的机件，为了能在左视图上同时表达中间的轴孔、周围均布的四个小孔以及左下方的凹槽，采用两个相交的剖切平面剖开机件；为了能使凹槽结构在左视图上反映实形，以两个相交剖切平面的交线作为轴线，将剖切到的凹槽旋转到与侧立投影面平行，再进行投射。画出旋转剖视图，如图 5 - 20（b）所示。

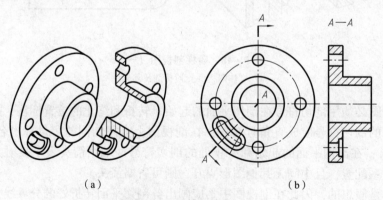

图 5 - 20　旋转剖视图（一）

（a）立体图；（b）旋转剖及其标注

旋转剖视图必须标注，标注方法与阶梯剖视图相同。

在画旋转剖视图时，对于位于剖切平面后的其他结构要素，仍按原来的位置投射，如图 5 - 21（b）中小孔在俯视图上的投影为椭圆。

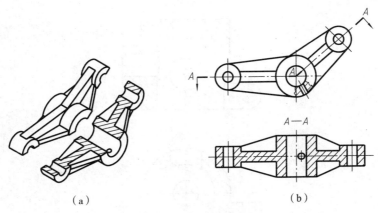

图 5 – 21　旋转剖视图（二）

（a）立体图；（b）旋转剖及标注

4. 组合的剖切平面

用以上几种剖切平面的组合来剖开机件的剖切方法称为复合剖，所得到的剖视图称为复合剖视图。复合剖视图适用于表达内部结构复杂且分布位置不同、用阶梯剖或旋转剖不能完全表达清楚的机件。

复合剖视图必须标注，其标注方法与阶梯剖视图、旋转剖视图相同，如图 5 – 22 所示。当采用几个连续的旋转剖时，为了画出剖切结构的实形，需要采用展开画法，如图 5 – 23 所示。

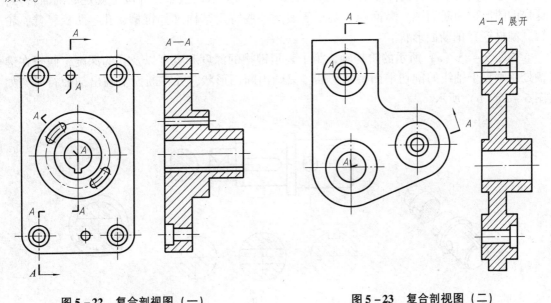

图 5 – 22　复合剖视图（一）　　　　　　图 5 – 23　复合剖视图（二）

无论采用哪一种剖切方法，都可以根据机件的实际需要，选择画出全剖视图、半剖视图或局部剖视图的形式。如图 5 – 24 所示的机件，主视图是采用旋转剖画出的 "$A—A$" 局部剖视图，而俯视图是采用阶梯剖画出的 "$B—B$" 局部剖视图。

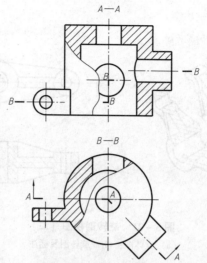

图 5 – 24　阶梯剖和旋转剖所得到的局部剖视图

5.3　断面图

5.3.1　断面图的概念

假想用剖切平面将机件在某处切断，仅画出断面形状的投影，并画上规定的剖面符号，这样的图形称为断面图。断面图主要用于表达一些特定结构（如键槽、孔、肋板、臂、轮辐、型材等）的断面形状。

如图 5 – 25（a）所示的阶梯轴，为了表示键槽的深度和宽度以及孔的深度，假想在键槽处用垂直于轴线的剖切平面将轴切断，只画出断面形状，并在断面上画出剖面符号，如图 5 – 25（b）所示。

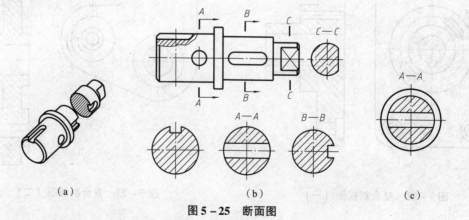

图 5 – 25　断面图
（a）立体图；（b）断面图及标注；（c）剖视图

断面图与剖视图的区别在于：断面图只画机件被剖切后的断面形状，而剖视图除了画出断面形状以外，还需画出位于剖切平面后的所有可见结构的投影，如图 5 – 25（c）所示。就表达断面形状而言，断面图比剖视图的表达方法更简洁、更清晰。

5.3.2　断面图的种类

1. 移出断面图

画在视图轮廓之外的断面图称为移出断面图，如图 5 - 25（b）所示。

1）移出断面图的画法与配置

（1）移出断面图的轮廓线用粗实线绘制，断面上的剖面符号用细实线绘制，如图 5 - 25（b）所示的四个断面图。

（2）移出断面图应尽量配置在剖切位置的延长线上，必要时也可以配置在图纸的其他适当位置，如图 5 - 25（b）中的"A—A""B—B""C—C"断面图。

（3）当断面图形对称时，移出断面图也可以画在视图的中断处，如图 5 - 26 所示。

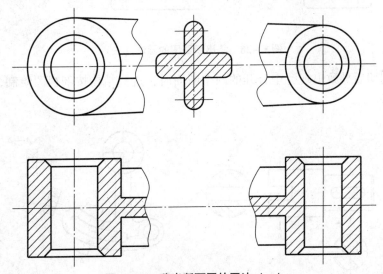

图 5 - 26　移出断面图的画法（一）

（4）当剖切平面通过由回转面所形成的孔或凹坑等结构的轴线时，这些结构应按剖视图绘制，如图 5 - 27 所示。

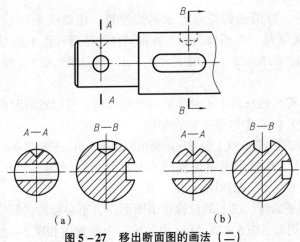

图 5 - 27　移出断面图的画法（二）
（a）正确；（b）错误

（5）为了表达断面的真实形状，剖切平面应与机件被切结构的主要轮廓线或轴线垂直，如图5-28（a）所示。对于由两个或多个相交的剖切平面剖切出的断面图，应在断面图的中间用波浪线断开，在画图时应注意中间部分小于剖切长度，如图5-28（b）所示。

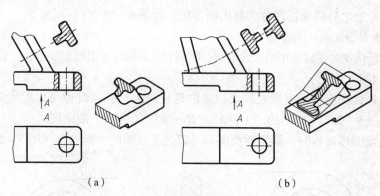

（a）　　　　　　　　　　　　　　（b）

图5-28　移出断面图的画法（三）

（6）当剖切后导致出现完全分开的两个断面时，这些结构按剖视图绘制，如图5-29所示。

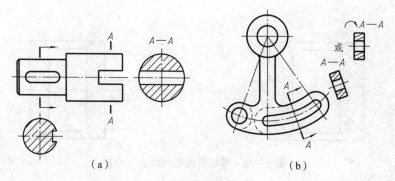

（a）　　　　　　　　　　　　　（b）

图5-29　移出断面图的画法（四）

2）移出断面图的标注

（1）移出断面图一般用剖切符号表示剖切位置，用箭头表示投射方向，并在剖切位置标注上大字英文字母，在断面图的上方用同样的字母标注上断面图的名称"$X-X$"（如"$A-A$"）。例如，图5-25（b）中的"$B-B$"断面图和图5-29（b）中的"$A-A$"断面图。

（2）配置在剖切符号延长线上不对称的移出断面图，可以省略断面图名称（字母）的标注。例如，图5-29（a）中的第一个断面图。

（3）未配置在剖切符号延长线上但对称的移出断面图，可以省略箭头。例如，图5-27（a）中的"$A-A$"断面图。按投影关系配置的不对称移出断面图，也可以省略箭头。例如，图5-25（b）中的"$C-C$"断面图。

（4）配置在剖切平面延长线上的对称移出断面，不必标注，但应在相应视图上用点画线标出剖切位置。例如，图5-25（b）中的第一个断面图和图5-28。配置在视图中断处，且对称的移出断面图，也不必标注，如图5-26所示。

2. 重合断面图

按投影关系画在视图轮廓线内的断面图，称为重合断面图，如图 5－30、图 5－31 所示。由于重合断面图图线重叠，只有在不影响视图清晰的情况下才采用重合断面图。

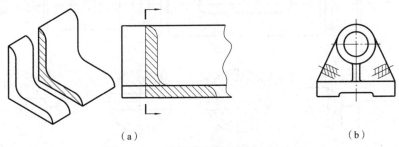

（a）　　　　　　　　　　　　　　　　　　　　（b）

图 5－30　重合断面图的画法（一）

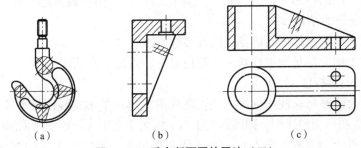

（a）　　　　　　　（b）　　　　　　　（c）

图 5－31　重合断面图的画法（二）

1）重合断面图的画法与配置

（1）重合断面图的轮廓线和断面上的剖面符号均用细实线绘制，轮廓线用细实线绘制，便于与视图的轮廓线相区别。

（2）当重合断面图的轮廓线与视图中的轮廓线重叠时，视图中的轮廓线仍连续画出（不可间断），如图 5－30、图 5－31 所示。

2）重合断面图的标注

（1）当标注重合断面图时，一律省略字母，对称的重合断面图不必标注，如图 5－31 所示。

（2）不对称的重合断面图应画出剖切符号和箭头，如图 5－30（a）所示。

5.4　其他表达方法

5.4.1　局部放大图

由于图形过小而表达不清楚或难以标注尺寸，可以将机件用大于原图所采用的比例画出，所得的图形称为局部放大图，如图 5－32 所示。

1）局部放大图的画法与配置

（1）局部放大图的表达方法及比例均与原图无关。例如，将图 5－32 中 I 处的螺纹退刀槽画成了视图，而将 II 处的挡圈槽画成了断面图。

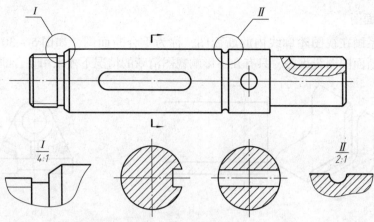

图 5 - 32 局部放大图

（2）局部放大图的投影方向应与被放大部位的投影方向一致，必要时，可以采用多个视图来表达放大部位的结构。

（3）局部放大图与整体联系的部位用波浪线画出。

（4）局部放大图应尽量配置在被放大部位附近，以便于对照读图。

2）局部放大图的标注

（1）局部放大图必须标注。标注方法：在视图上用一个细实线圆将被放大的部位圈出，在放大图的上方注明所用的比例，即图形大小与实物大小之比（与原图所采用的比例无关）。

（2）如果机件上局部放大图不止一个，就必须用罗马数字依次标明被放大部位，并在放大图的上方注明相应的罗马数字和所采用的比例，如图 5 - 32 所示；如果局部放大的部位仅有一处，则标明所采用的比例即可。

▶▶ 5.4.2 简化画法

国家标准《技术制图》和《机械制图》中规定了若干简化画法，这些画法使图样清晰，有利于画图和读图。

1. 剖视图中肋、轮辐及薄壁的画法

制图标准规定，对于机件上的肋、轮辐及薄壁等结构，在画剖视图时，如果按纵向通过其轴线或对称平面剖切，则不画剖面符号，而用粗实线将它们与其相邻结构分开，并保留相邻结构轮廓线的完整；如果按横向剖切，则需画剖面符号。如图 5 - 33、图 5 - 34 所示。

2. 对称结构的简化画法

（1）为了节省图幅，在不致引起误解的前提下，对于对称机件，可以只画一半或四分之一，并在对称中心线的两端画出两条与其垂直的平行细实线，如图 5 - 35 所示。

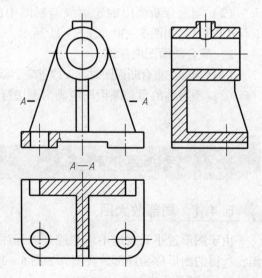

图 5 - 33 剖视图中肋的画法

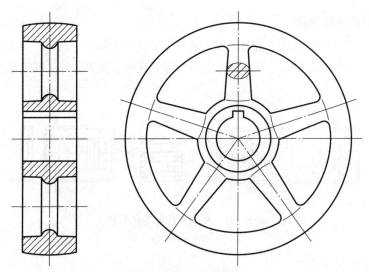

图5-34 剖视图中轮辐的画法

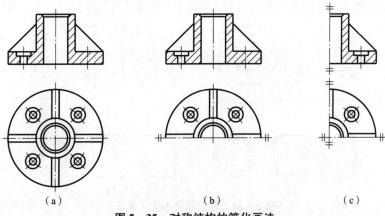

（a） （b） （c）

图5-35 对称结构的简化画法

（a）完整视图；（b）一半视图；（c）四分之一视图

（2）圆柱形法兰和类似机件上沿圆周均匀分布的孔，可按图5-36所示的方法简化绘制，孔的位置按照从机件外向该法兰端面方向投影所得的位置画出。

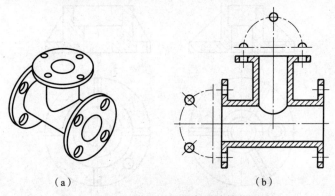

（a） （b）

图5-36 机件上均匀分布孔的简化画法

（a）立体图；（b）简化画法

3. 相同结构的简化画法

当机件上具有若干相同结构（如孔、槽、齿等）并按一定规律分布时，只需画出几个完整的结构，其余的相同结构用细实线连接或用细点画线标明其中心位置，并注明该结构的总数，如图5-37所示。

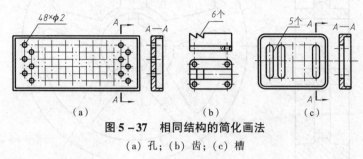

图5-37　相同结构的简化画法

(a) 孔；(b) 齿；(c) 槽

4. 较长机件的简化画法

较长的机件（如轴、杆、型材等），沿长度方向的形状一致或按一定规律变化时，可以采用断开缩短绘制，将断裂处用波浪线画出，但必须按机件原来实际长度标注尺寸，如图5-38所示。

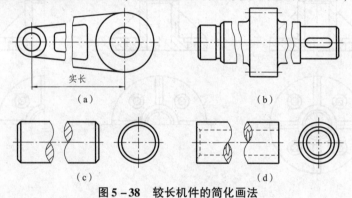

图5-38　较长机件的简化画法

5. 对一些投影的简化画法

（1）当回转体上均匀分布的肋、轮辐、孔等结构不处于剖切平面上时，可以将这些结构假想旋转到剖切平面上画出，如图5-39所示。

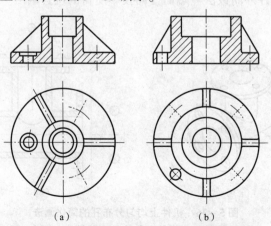

图5-39　回转体上均匀分布的肋、孔的剖切画法

（2）与投影面倾斜角度≤30°的圆或圆弧，其投影可以用圆或圆弧近似画出，而不必画椭圆或椭圆弧，如图5-40所示。

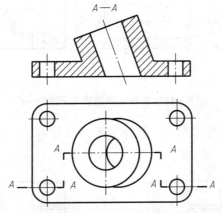

图5-40　倾斜角度≤30°的圆、圆弧的简化画法

（3）当回转体上的平面不能充分表达时，可以用平面符号（两条相交的细实线）来表示，如图5-41所示。

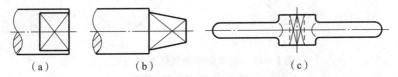

（a）　　　　　　（b）　　　　　　（c）

图5-41　回转体上平面符号的画法

（4）对于机件上的滚花部分，一般在轮廓线附近用粗实线示意画出局部，也可以省略不画，如图5-42所示。

（5）在不致引起误解的前提下，视图中的移出断面图允许省略剖面符号，如图5-43所示。

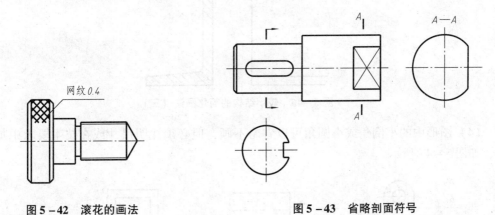

图5-42　滚花的画法　　　　　　　图5-43　省略剖面符号

6. 较小结构的简化画法

（1）在不致引起误解的前提下，图形中较小结构的相贯线可以用直线或圆弧代替，如图5-44所示。

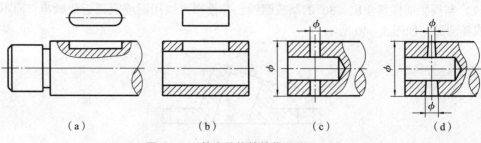

图 5－44　较小结构的简化画法（一）

（2）当机件上的较小结构已在一个视图中表达清楚时，其他图形可以简化或省略，如图 5－45 所示。

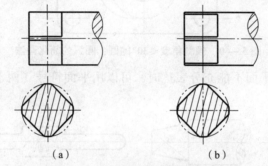

图 5－45　较小结构的简化画法（二）

（a）简化投影；（b）真实投影

（3）当机件上斜度较小的结构已在一个视图中表达清楚时，其他图形可以按小端画出，如图 5－46 所示。

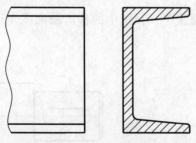

图 5－46　较小结构的简化画法（三）

（4）图形中的小倒角或小圆角可以省略不画，但必须注明尺寸或在技术要求中加以说明，如图 5－47 所示。

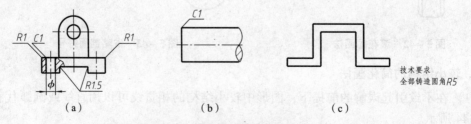

图 5－47　较小结构的简化画法（四）

5.5 表达方法的综合应用

在绘制机械图样时，要根据机件的具体情况，综合运用各种表达方法。有时，一个机件可以选用几种不同的表达方案。一个合理的表达方案应该既能把机件的结构和形状表达得完整、正确和清晰，又能使绘图简单、读图方便。下面举例说明机件表达方法的综合应用。

【例5-1】 支架如图5-48所示，试分析该支架的表达方案。

分析：

通过对如图5-48所示的支架进行形体分析，可以确定该支架可以看成由圆柱 I 、两个凸耳 II 、支撑板 III 、肋板 IV 和底板 V 叠加而成。圆柱的内部分布了三段阶梯孔，两个凸耳内部为台阶孔，底板被挖切了两个圆孔且在下底面被挖切了通槽。两个凸耳共轴线，且与圆柱相贯，支撑板外切于圆柱外表面，肋板上部与圆柱相交，两个侧面与支撑板相交，肋板和支撑板位于底板的上表面，并且支撑板和底板右侧端面平齐，整个支架呈前后对称。

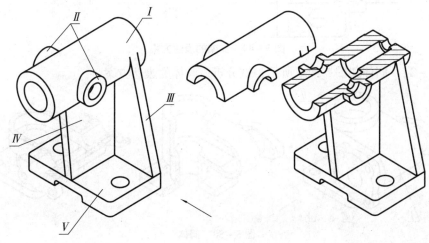

图5-48 支架

作图步骤：

（1）选择最能反映机件结构特征的方向（图5-48箭头）作为主视图的投射方向。

（2）为了表达支架的外部形状，主视图采用基本视图，表达了圆柱、凸耳、支撑板、肋板和底板的外部形状、其相对位置以及连接关系。

（3）为了表达肋板和支撑板的断面形状，在主视图上采用一个移出断面图。

（4）为了表达支架的内部形状，由于支架前后对称，所以俯视图采用半剖视图，剖切位置如主视图中"A—A"所示，这样既表达了圆柱内部三段阶梯孔的形状，同时又表达了底板、凸耳、支撑板的外部形状和其相对位置；左视图在采用基本视图的基础上，又采用了局部剖视图，表达了底板上的小孔。

（5）在左视图的"B—B"剖切位置取全剖视图，用以表达肋板、支撑板和底板及底板上两小孔的分布情况。

这样，用5个图形就完整、清晰地表达出了支架的内外结构和形状，如图5-49所示。

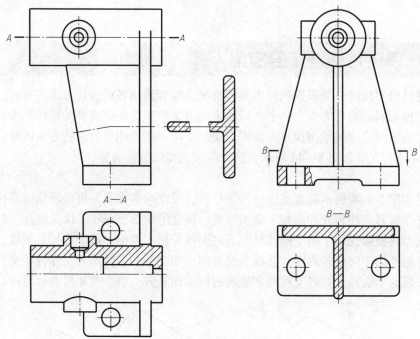

图 5 – 49   支架的表达方案

【例 5 – 2】   阀体如图 5 – 50 所示，试分析该阀体的表达方案。

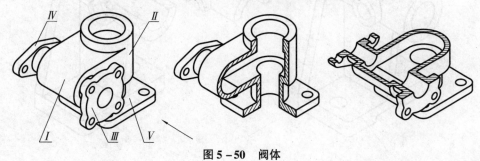

图 5 – 50   阀体

分析：

通过对图 5 – 50 所示的阀体进行形体分析，可以确定该阀体可看成由圆柱 *I*、圆柱 *II*、凸台 *III*、凸台 *IV* 和底板 *V* 叠加而成。两个圆柱的轴线交叉垂直，圆柱 *II* 的下端面凸出一段小圆柱位于底板 *V* 的上表面，圆柱 *I* 的前后端面外切于圆柱 *II* 的外表面，两个圆柱内腔孔相通；凸台 *III*、*IV* 分别位于圆柱 *I* 的前后两端凸出的小圆柱上，两个凸台被分别挖切了小圆孔和大孔，大孔与圆柱 *I* 的内腔相通；底板被挖切了四个圆孔。

作图步骤：

（1）选择最能反映机件结构特征的方向（图 5 – 50 箭头方向）作为主视图的投射方向。

（2）为了表达圆柱 *II* 的内腔，主视图采用"*A—A*"全剖视图。

（3）俯视图采用局部剖视图，既表达了圆柱 *I* 的外部形状及前后凸台的壁厚，又表达了两个凸台与圆柱 *I*、圆柱 *I* 与圆柱 *II* 的相对位置以及连接关系，还表达了底板的形状。

（4）左视图采用"*B—B*"全剖视图，用以表达圆柱 *I* 的内腔及圆柱 *II* 与底板的相对位置和连接关系。

（5）两个局部视图 C 和 D 表达了两个凸台的外部形状。

（6）"E—E" 全剖视图表达了两个圆柱内腔的相通情况。

这样，用 6 个图形就完整、清晰地表达出了阀体的内外结构和形状，如图 5-51 所示。

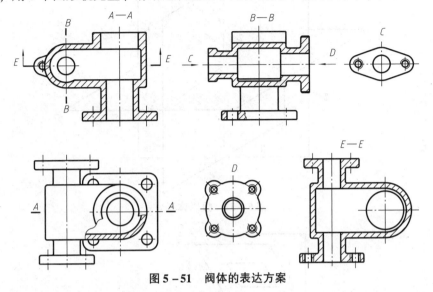

图 5-51 阀体的表达方案

5.6 第三角画法简介

在工程图样中，各国都采用多面投影法来表达机件的结构形状。各国的工程图样在体系上分为第一角投影和第三角投影，又称为第一角画法和第三角画法。国际标准规定，第一角画法和第三角画法可以等效使用。俄罗斯、英国、德国等国家采用第一角画法，美国、日本、加拿大、澳大利亚等国家则采用第三角画法。我国国家标准规定，技术图样应采用正投影法绘制，并优先采用第一角画法。

如图 5-52 所示，H、V、W 三个投影面将空间分为八个空间区域，每个空间区域分别称为第 I、第 II、…、第 VIII 分角。第一角画法是将机件放置于第 I 分角内，使机件处于观察者与投影面之间，即保持观察者→机件→投影面的位置关系并采用正投影法进行投射的画法。采用第一角画法，六个基本投影面的展开方法及视图配置如图 5-53 所示。第三角画法是将机件放置于第 III 分角内，使投影面处于观察者和机件之间（假设投影面是透明的），即保持观察者→投影面→机件的位置关系并采用正投影法进行投射的画法。采用第三角画法，六个基本投影面的展开方法及视图配置如图 5-54 所示。

比较这两种画法，其基本区别是人、物体、投影面三者之间的相对位置不同，因此在投影面展开后视图配置不一样。认真观察图 5-53、图 5-54，俯视图画在主视图的上方，左视图画在主视图的右方……由此可见，这两种画法的主要区别是视图配置关系不同。因两种画法都是多面正投影，其各视图都表达了机件各个方向的结构和形状，所以都保持了"长对正，高平齐，宽相等"的投影规律。

为了区别第一角画法和第三角画法所得的图样，ISO 国际标准规定，应在图纸标题栏内或图纸其他适当位置绘制图 5-55 所示的识别符号。

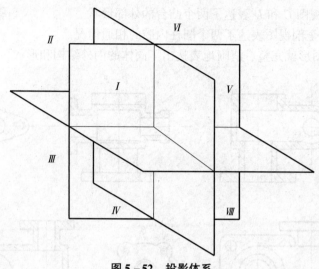

图 5-52　投影体系

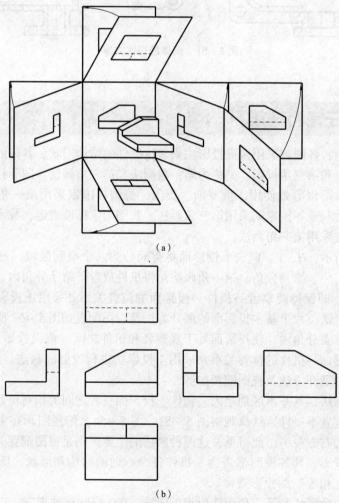

（a）

（b）

图 5-53　第一角画法

（a）展开方法；（b）视图配置

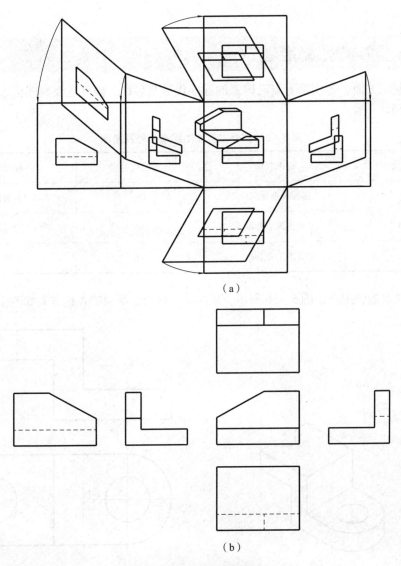

（a）

（b）

图5-54 第三角画法

（a）展开方法；（b）视图配置

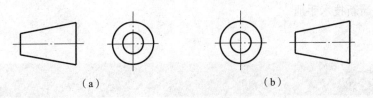

（a） （b）

图5-55 两种画法的符号标记

（a）第一角画法；（b）第三角画法

5.7　国外制图标准简介

在机械制图方面，各国都有自己国家的标准代号及名称，国外主要制图标准代号及名称如表 5 - 2 所示。

表 5 - 2　国外主要制图标准代号及名称

标准代号	标准名称	标准代号	标准名称
ISO	国际标准化组织	BS	英国标准
ANSI	美国国家标准	DIN	德国标准
JIS	日本工业标准	NF	法国标准

一个连接器的轴测图如图 5 - 56 所示，采用第三角画法绘制的表达方案如图 5 - 57 所示。

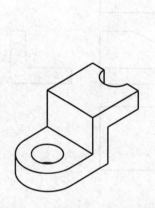

图 5 - 56　连接器的轴测图

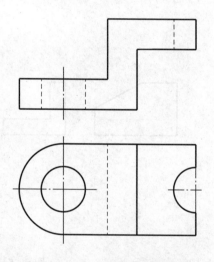

图 5 - 57　第三角画法的表达方案

各国的制图标准不尽相同，且会不断修订、完善。读者在以后的学习和工作中，应当查阅相关标准的最新技术手册。

文化阅读

墨子时代的几何作图

我国古代工程制图师在长期的几何作图中总结了很多简便的作图方法。墨子时代的图学成就（以几何作图为例）可见之于 1978 年夏出土的随州战国曾侯乙墓的文物与 1986 年发掘的包山楚墓文物，曾侯乙与墨子同时代，为公元前5世纪中期；包山楚墓则在墨子之后。这两大古墓都是蕴藏先秦文物的宝库，反映了中国古代图学和几何作图及其绘图技术的成就，体现了当时人们对形体的认识与图绘的技术水平。

在曾侯乙墓和包山楚墓出土的文物中，无论是青铜器、漆器，每件文物上面，都绘有各种变化的几何形图案（图5-58、图5-59），其集工程几何作图之大成，如等分线段、平行线、对角线、菱线、切线、矩形、圆、同心圆、椭圆、圆弧连接、等分圆周；包括4、5、6、7、8、12、16、20等分圆周，表现了极其熟练和准确的几何作图能力；同时这些几何图案加上鸟兽纹、龙凤纹等装饰纹样的机械重复，使造型更具有几何线条与艺术绘画两者统一的、明快的感觉。漆器的几何图案由点、线、面构成，由圆点纹、菱形纹、三角形纹、网纹、圆圈纹、圆涡纹等组成。其出现于西元前5世纪的战国之际，令人叹为观止。

图5-58 曾侯乙墓出土文物中的几何作图

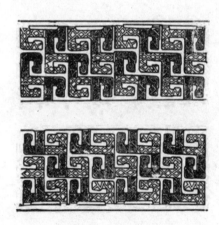

图5-59 包山楚墓出土文物中的几何作图

先秦时期在几何作图方面的实践，反映了当时的制图能力，也是制图技术发达的标志。以曾侯乙墓和包山楚墓出土文物为代表，几乎涵盖了几何作图技术的各个方面，既有尺规作图（即标准几何作图），又有近似几何作图（即非标准几何作图）。尺规作图是用工具，即用规与矩来完成作图，这种作图是精确的。标准几何和正规作图均属于尺规作图的范畴。近似几何作图是指实际应用较多的图形（如五等分圆周、七等分圆周等几何图形）用尺规作图是无法实现的，因此人们往往采取一种基本上近似的作图方法，故称近似几何作图。数学上，这种几何画法是不能用公理、定理等来证明的，而这些几何作图恰恰是曾侯乙墓与包山楚墓出土文物中图形、图案造型中的重要内容。

延伸 ▶▶ ▶

《墨子》是我国古代论述图学知识、国学思想的科技史著作。该书中的论述与记载表明：图形、图样与文字、数字一样在人类的社会进步和科技的发展过程中起着不可替代的作用，也体现了我国国学传统与科学探索精神。

第6章
标准件与常用件

在机械设备中，一些广泛使用的零件及组件的结构形式、尺寸大小、表面质量等已经实行标准化，这些零部件称为标准件，如螺纹紧固件、键、销及滚动轴承等。还有一些零件（如齿轮、弹簧等）的某些参数和尺寸也有统一的标准，这些零件称为常用件。本章将着重介绍广泛使用的标准件与常用件的结构、规定画法、代号及其标注。

6.1 螺纹与螺纹紧固件

6.1.1 螺纹的形成、结构和要素

1. 螺纹的形成

在圆柱体（或圆锥体）表面沿着螺旋线形成的螺旋体上，具有相同轴向断面的连续凸起和沟槽称为螺纹。在圆柱体（或圆锥体）外表面形成的螺纹称为外螺纹，在圆柱体（或圆锥体）内表面形成的螺纹称为内螺纹，如图6－1所示。

（a）   （b）

图6－1　螺纹

（a）外螺纹；（b）内螺纹

在车床上加工螺纹是一种常见的形成螺纹的方法，如图6－2所示。刀具的切入（或压入）在圆柱（或圆锥）表面构成了凸起和沟槽两部分，凸起的顶端称为螺纹的牙顶，沟槽的底部称为螺纹的牙底，如图6－3所示。

2. 螺纹的结构

1）螺纹末端

为了防止外螺纹起始圈损坏，便于装配，通常在螺纹起始处作出一定形式（圆锥形的倒角或球面形的倒圆等）的末端，如图6－4所示。

图6-2　螺纹的车削加工

（a）加工外螺纹；（b）加工内螺纹

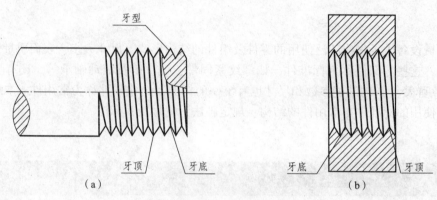

图6-3　外螺纹和内螺纹的牙顶与牙底

（a）外螺纹；（b）内螺纹

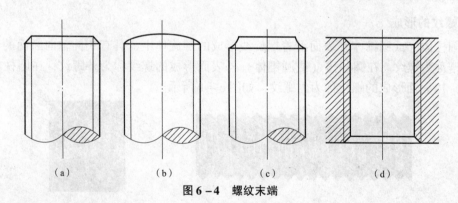

图6-4　螺纹末端

2）螺尾、退刀槽和肩距

车削螺纹的刀具接近螺纹末尾时，要逐渐离开工件，因而螺纹末尾附近的螺纹牙型将逐渐变浅，形成不完整的螺纹牙型，这一段螺纹称为螺尾。例如，图6-5（a）中的 l。

有时，为了避免产生螺尾，就在该处预制出一个退刀槽，如图6-5（b）和图6-5（c）所示。螺纹至台肩的距离称为肩距。例如，图6-5（d）中的 a。

3. 螺纹的要素

1）螺纹牙型

通过螺纹轴线螺纹牙齿的剖面形状称为牙型。牙型的形状有三角形、梯形、锯齿形等，如图6-6所示。

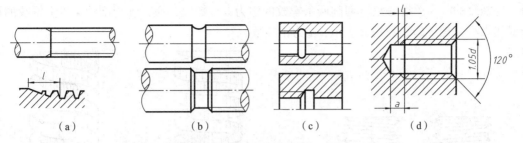

(a)　　　　　　(b)　　　　　　(c)　　　　　　(d)

图6-5　螺尾、退刀槽和肩距

(a) 外螺纹的螺尾；(b) 外螺纹的退刀槽；(c) 内螺纹的退刀槽；(d) 肩距

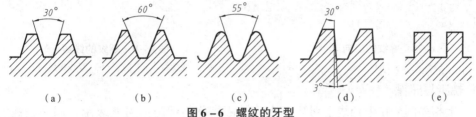

(a)　　　　　(b)　　　　　(c)　　　　　(d)　　　　　(e)

图6-6　螺纹的牙型

(a) 梯形螺纹；(b) 三角形螺纹；(c) 管螺纹；(d) 锯齿形螺纹；(e) 矩形螺纹

2）直径

螺纹的直径分为大径、小径和中径。

大径是与外螺纹牙顶或内螺纹牙底相切的假想圆柱面的直径，内、外螺纹的大径分别以 D 和 d 表示。

小径是与外螺纹牙底或内螺纹牙顶相切的假想圆柱面的直径，内、外螺纹的小径分别以 D_1 和 d_1 表示。

在大径和小径之间设想有一圆柱，其母线通过牙型上沟槽和凸起宽度相等处，则该假想圆柱的直径称为螺纹中径，内、外螺纹的中径分别以 D_2 和 d_2 表示。

公称直径一般指螺纹大径，如图6-7所示。

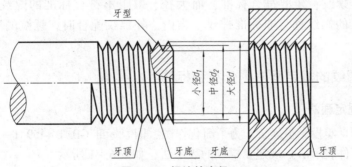

图6-7　螺纹的直径

3）旋向

螺纹的旋向分为左旋和右旋。如图6-8所示，以逆时针方向旋入的螺纹为左旋螺纹，以顺时针方向旋入的螺纹为右旋螺纹。常用的螺纹多数为右旋螺纹。

4）线数

在同一圆柱面上切削螺纹的条数称为螺纹的线数，也称为头数。如图6-9所示，只切削一条螺纹的称为单线螺纹，切削两条螺纹的称为双线螺纹，通常把切削两条以上螺纹的称为多线螺纹。螺纹的线数用 n 表示，n 为正整数。

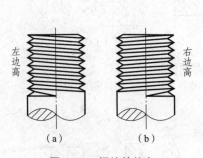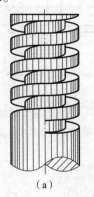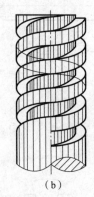

图 6-8　螺纹的旋向　　　　　　　　　　　图 6-9　螺纹的线数

（a）左旋；（b）右旋　　　　　　　（a）单线螺纹（$n=1$）；（b）双线螺纹（$n=2$）

5）螺距与导程

螺纹上相邻两牙在中径线上对应两点间的距离称为螺距，用 P 表示。同一条螺纹上相邻两牙在中径线上对应两点间的距离，称为导程，用 Ph 表示。

单线螺纹的导程 $Ph=P$；多线螺纹的导程 $Ph=nP$。如图 6-10 所示。

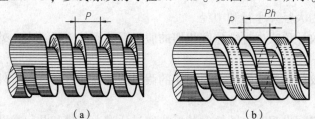

图 6-10　螺距与导程

螺纹的牙型、公称直径和螺距是决定螺纹的最基本要素。凡是这三项要求都符合标准的螺纹称为标准螺纹；牙型符合标准，而大径、螺距不符合标准的螺纹称为特殊螺纹；牙型不符合标准的螺纹称为非标准螺纹。当内、外螺纹配合时，螺纹的五个要素必须完全相同。

6.1.2　螺纹的规定画法、分类和标注

1. 螺纹的规定画法

由于螺纹的真实投影很复杂，为了简化作图，国家标准 GB/T 4459.1—1995《机械制图　螺纹及螺纹紧固件表示法》规定了螺纹的表示法，如表 6-1 所示。

2. 螺纹的分类及标注

由于螺纹采用了规定画法后，图上无法反映出螺纹的要素及制造精度等，因此，国标规定用某些代号标记标注在图样上加以说明。标准螺纹的标记格式如下：

螺纹特征代号　尺寸代号—公差带代号—旋合长度代号—旋向代号

螺纹旋合长度分为长 L、中 N、短 S 三个等级，中等旋合长度不注写。常用标准螺纹的标注示例如表 6-2 所示。

表6-1 螺纹规定画法

螺纹分类	规定画法与说明

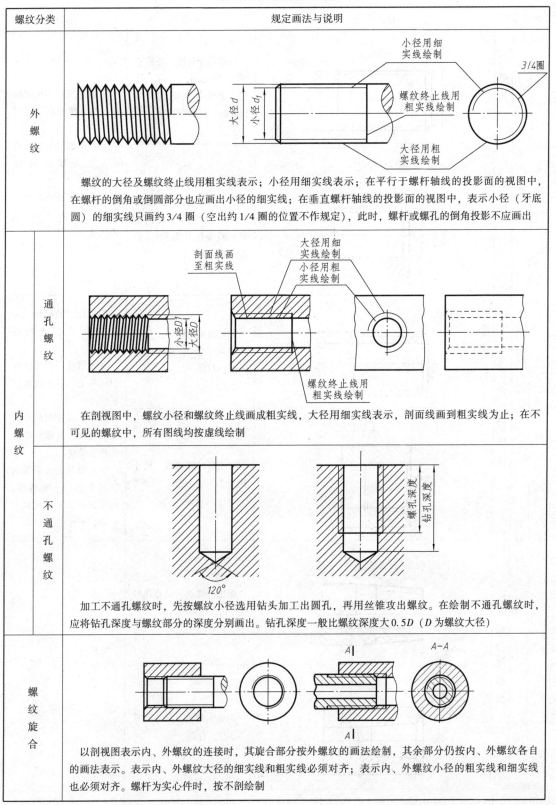

外螺纹

螺纹的大径及螺纹终止线用粗实线表示；小径用细实线表示；在平行于螺杆轴线的投影面的视图中，在螺杆的倒角或倒圆部分也应画出小径的细实线；在垂直螺杆轴线的投影面的视图中，表示小径（牙底圆）的细实线只画约3/4圈（空出约1/4圈的位置不作规定），此时，螺杆或螺孔的倒角投影不应画出

内螺纹

通孔螺纹

在剖视图中，螺纹小径和螺纹终止线画成粗实线，大径用细实线表示，剖面线画到粗实线为止；在不可见的螺纹中，所有图线均按虚线绘制

不通孔螺纹

加工不通孔螺纹时，先按螺纹小径选用钻头加工出圆孔，再用丝锥攻出螺纹。在绘制不通孔螺纹时，应将钻孔深度与螺纹部分的深度分别画出。钻孔深度一般比螺纹深度大0.5D（D为螺纹大径）

螺纹旋合

以剖视图表示内、外螺纹的连接时，其旋合部分按外螺纹的画法绘制，其余部分仍按内、外螺纹各自的画法表示。表示内、外螺纹大径的细实线和粗实线必须对齐；表示内、外螺纹小径的粗实线和细实线也必须对齐。螺杆为实心件时，按不剖绘制

表 6 – 2　常用标准螺纹的标注示例

螺纹分类			标注示例	标注含义	说明
普通螺纹	普通螺纹	粗牙	*M20 –5g6g– S*	普通粗牙螺纹，公称直径为 20 mm，右旋，中径、顶径公差带代号为 5g、6g，短旋合长度	①粗牙螺纹不标注螺距，细牙螺纹必须标注螺距。②右旋螺纹不标注旋向，左旋螺纹标注"LH"。③中、顶径公差带相同时，只标注一个公差带代号
		细牙	*M20×2LH –6H*	细牙普通螺纹，公称直径为 20 mm，螺距为 2 mm，左旋，中径、顶径公差带代号为 6H，中等旋合长度	
连接螺纹	管螺纹	非密封管螺纹	*G1／2A*	非密封的管螺纹，尺寸代号为 1/2，公差等级为 A 级，右旋	①管螺纹的尺寸代号是指管子孔径的近似值。②管螺纹一律标注在引出线上，引出线由大径引出。③非螺纹密封的管螺纹，其内、外螺纹都是圆柱管螺纹。④外螺纹的公差等级代号分为 A、B 两级，内螺纹的公差等级只有一种，不标注
			G1／2–LH	非密封的管螺纹，尺寸代号为 1/2，左旋	
		密封管螺纹	*Rz1／2–LH*	圆锥外螺纹，尺寸代号为 1/2，左旋	
			Rc1／2	圆锥内螺纹，尺寸代号为 1/2，右旋	

续表

螺纹分类		标注示例	标注含义	说明
连接螺纹	管螺纹 密封管螺纹	*Rp1/2*	圆柱内螺纹，尺寸代号为1/2，右旋	螺纹密封的管螺纹，只标注螺纹特征代号、尺寸代号和旋向，右旋不标记
传动螺纹	梯形螺纹	*Tr36×12（P6）−7H*	梯形螺纹，公称直径为36 mm，双线，导程为12 mm，螺距为6 mm，右旋，中径公差带为7H，中等旋合长度	①两种螺纹只标注中径公差带代号。②旋合长度只有中等旋合长度和长旋合长度两种，中等旋合长度不标注
	锯齿形螺纹	*B40×7LH−8c*	锯齿型螺纹，公称直径为40 mm，单线，螺距为7 mm，左旋，中径公差带代号为8c，中等旋合长度	

6.1.3 常用螺纹紧固件及画法

具有螺纹结构、起连接和紧固作用的标准件，称为螺纹紧固件。常用的螺纹紧固件有螺栓、螺柱、螺钉、螺母、垫圈等，如图6-11所示。其结构和尺寸已全部标准化，使用时可在紧固件的国家标准中选取。表6-3列举了常用的螺纹紧固件的简化画法及规定标记示例。

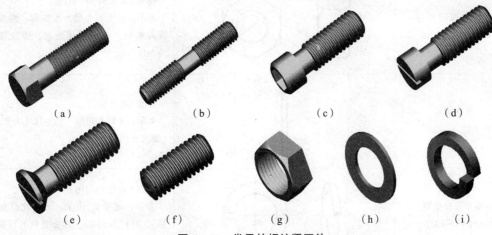

（a） （b） （c） （d）

（e） （f） （g） （h） （i）

图6-11 常见的螺纹紧固件

（a）六角头螺栓；（b）双头螺柱；（c）内六角螺钉；（d）开槽圆柱头螺钉；
（e）开槽沉头螺钉；（f）紧固螺钉；（g）六角螺母；（h）平垫圈；（i）弹簧垫圈

表 6 − 3　常用的螺纹紧固件的简化画法及规定标记示例

名称和标准代号	简化画法	规定标记及其说明
六角头螺栓 GB/T 5782—2016	M10　30	螺栓 GB/T 5782　M10×30 　表示：A 级六角头螺栓，性能等级为 8.8 级，表面不经处理，螺纹规格为 M10，公称长度为 30 mm
双头螺柱 GB/T 898—1988	M10　40	螺柱 GB/T 898　M10×40 　表示：B 型双头螺柱（旋入长度 $b_m = 1.25d$），两端均为粗牙普通螺纹，螺纹规格为 M10，公称长度为 40 mm
开槽沉头螺钉 GB/T 68—2016	M10　40	螺钉　GB/T 68　M10×40 　表示：A 级开槽沉头螺钉，性能等级为 4.8 级，表面不经处理，螺纹规格为 M10，公称长度为 40 mm
开槽圆柱头螺钉 GB/T 65—2016	M5　20	螺钉 GB/T 65　M5×20 　表示：A 级开槽圆柱头螺钉，性能等级为 4.8 级，表面不经处理，螺纹规格为 M5，公称长度为 20 mm
开槽平端紧定螺钉 GB/T 73—2017	M5　12	螺钉 GB/T 73　M5×12 　表示：开槽平端紧定螺钉，螺纹规格为 M5，公称长度为 12 mm
六角螺母 GB/T 6170—2015	M12	螺母 GB/T 6170　M12 　表示：A 级的 1 型六角螺母，性能等级为 8 级，表面不经处理，螺纹规格为 M12
平垫圈 GB/T 97.1—2002		垫圈 GB/T 97.1　8 　表示：A 级平垫圈，公称尺寸为 8 mm（螺纹公称直径）
标准型弹簧垫圈 GB/T 93—1987		垫圈 GB/T 93　16 　表示：规格为 16 mm（螺纹公称直径），材料为 65Mn，表面氧化的标准型弹簧垫圈

6.1.4 螺纹紧固件的连接

螺纹紧固件的基本连接方式有螺栓连接、双头螺柱连接和螺钉连接。紧固件各部分尺寸可以在相应国家标准中查出。在绘图时，为了简便和提高效率，一般采用比例画法。

1. 螺栓连接

螺栓连接常用于被连接件厚度不大，允许钻成通孔，并能从被连接件两侧同时进行装配的场合，如图6-12所示。用螺栓连接时，被连接件上的通孔直径应稍大于螺栓直径，当螺栓穿过通孔后，套上垫圈，再拧紧螺母，绘图步骤如图6-13所示。常用的六角头螺栓连接，其比例画法和简化画法如图6-14所示。

图6-12 螺栓连接示意

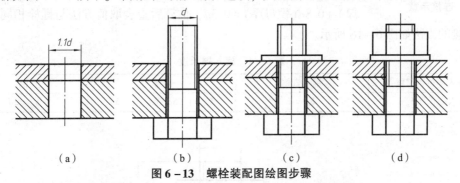

   （a）   （b）   （c）   （d）

图6-13 螺栓装配图绘图步骤

（a）加工光孔；（b）穿入螺栓；（c）套上垫圈；（d）拧紧螺母

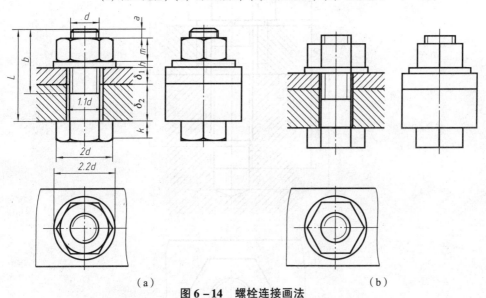

   （a）   （b）

图6-14 螺栓连接画法

注：①螺纹紧固件连接的剖视图中，剖切平面通过其轴线时，均按未剖切绘制。
②接触面画一条线，非接触面画两条线。③相邻被连接件的剖面线方向应相反。

螺栓的公称长度 $L = \delta_1 + \delta_2 + 0.15d$（垫圈厚 h）$+ 0.8d$（螺母厚 m）$+ 0.3d$（螺栓末端的伸出高度 a），其中 δ_1、δ_2 为被连接件厚度。估算出长度 L 后，查阅标准中的螺栓有效长度系列值，选用接近的标准公称长度。

**图6-15 双头螺柱
连接示意**

2. 双头螺柱连接

双头螺柱连接多用于被连接件之一太厚，不宜钻成通孔的场合，如图6-15所示。双头螺柱连接时，在一个被连接件上制有螺纹孔，将螺柱的一端旋入被连接件的螺孔内，将螺柱的另一端穿过另外一个零件的通孔，再套上垫片，拧紧螺母。拆卸时，只需拧下螺母，取下垫片，而不必拧出螺柱，因此不会损坏被连接件上的螺孔。

双头螺柱的两端都制有螺纹。一端用以旋入被连接件的螺孔内，称为旋入端，其长度为 b_m；另一端用来拧紧螺母，称为紧固端。旋入端长度 b_m 视被旋入件的材料而定，如表6-4所示。

双头螺柱的公称长度 $L = \delta$（被连接件的厚度）$+ 0.3d$（弹簧垫圈厚）$+ 0.8d$（螺母厚）$+ 0.3d$，估算后查表取值方法与螺栓相同。双头螺柱连接的画法如图6-16所示。

表6-4 旋入端长度

被旋入零件的材料	钢、青铜	铸铁	铝
旋入端长度 b_m	$b_m = d$	$b_m = 1.25d$ 或 $b_m = 1.5d$	$b_m = 2d$

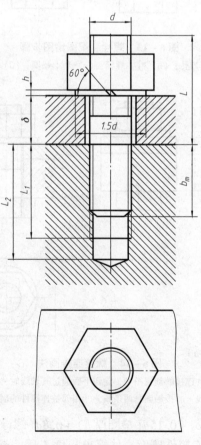

图6-16 双头螺柱连接画法

3. 螺钉连接

螺钉连接多用于被连接件受力较小，又不需经常拆卸的场合。用螺钉连接时，在较厚的被连接件上制有螺纹孔，在另外一个零件上加工有通孔，将螺钉穿过通孔旋入螺孔，依靠螺钉头部压紧被连接件，如图 6 – 17 所示。

根据用途不同，螺钉分为连接螺钉与紧定螺钉。连接螺钉主要用于零件间的紧固连接。紧定螺钉用来防止配合零件之间的相对运动。各种常用螺钉连接的比例画法如图 6 – 18 所示。

图 6 – 17 螺钉连接示意

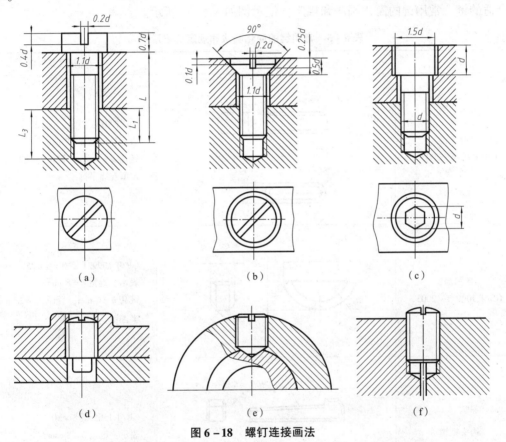

图 6 – 18 螺钉连接画法

（a）开槽圆柱头螺钉连接；（b）开槽沉头螺钉连接；（c）内六角圆柱头螺钉连接；

（d）开槽长圆柱端紧定螺钉连接；（e）开槽锥端紧定；（f）开槽平端紧定

6.2 键连接

6.2.1 键的种类和标记

键是用来连接轴以及轴上零件的传动件（如齿轮、皮带轮等），起到传递扭矩的作用。

常用的键有普通平键、半圆键和钩头楔键，如图 6 – 19 所示。

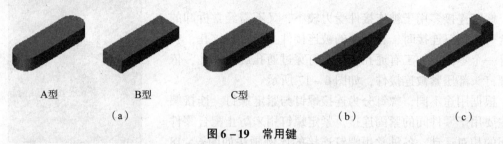

A型　　　　　B型　　　　　C型

（a）　　　　　　　　　　　　　　　　　　　（b）　　　　（c）

图 6 – 19　常用键

键是标准件，在使用键时，只需要根据轴的直径进行计算，再查阅键的国家标准即可选取合适的键。常用键的简化画法和规定标记示例如表 6 – 5 所示。

表 6 – 5　常用键的简化画法和规定标记示例

名称	简化画法	规定标记及其说明
普通平键 GB/T 1096—2003	$R=0.5b$	GB/T 1096 键 $8 \times 7 \times 22$ 表示：键宽 $b = 8$ mm， 键高 $h = 7$ mm，键长 $L = 22$ mm A 型普通平键
半圆键 GB/T 1099.1—2003		GB/T 1099.1 键 $8 \times 6 \times 25$ 表示：键宽 $b = 8$ mm， 键高 $h = 6$ mm，直径 $d_1 = 25$ mm 半圆键
钩头楔键 GB/T 1565—2003	$\geqslant 1:100$	GB/T 1565 键 8×30 表示：键宽 $b = 8$ mm， 键长 $L = 30$ mm 钩头楔键

6.2.2　键槽的画法

键的形式有多种，键槽的形式也随之发生变化。图 6 – 20 所示为轴和轮毂上的键槽，图 6 – 21 所示为轴和轮毂上的普通平键键槽的表示方法和尺寸注法。（t_1 和 t_2 可查 GB/T 1096—2003）

（a）　　　　　　　　（b）　　　　　　　　（c）

图 6 - 20　键槽

（a）键连接；（b）轴上的键槽；（c）轮毂上的键槽

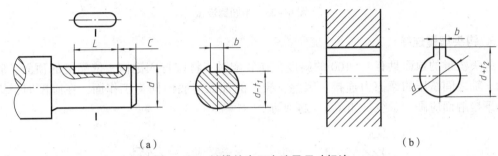

（a）　　　　　　　　　　　　　　　　（b）

图 6 - 21　键槽的表示方法及尺寸标注

（a）轴上的键槽；（b）轮毂上的键槽

6.2.3　键连接的画法

1. 普通平键连接

在键连接中，普通平键连接应用得最为广泛，其画法如图 6 - 22 所示。普通平键的两个侧面是工作面，在装配图中，键的侧面与键槽侧面以及键的底面与轴之间接触，应画一条线。键的顶面是非工作面，它与轮毂的键槽之间留有间隙，画两条线。当键被剖切平面纵向剖切时，键按不剖绘制；当键被剖切平面横向剖切时，应画出剖面线。

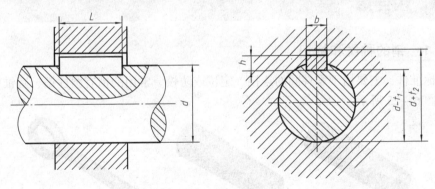

图 6 - 22　普通平键连接

2. 半圆键连接

半圆键连接常用于载荷不大的情况，其连接画法与普通平键相似，如图 6 - 23 所示。

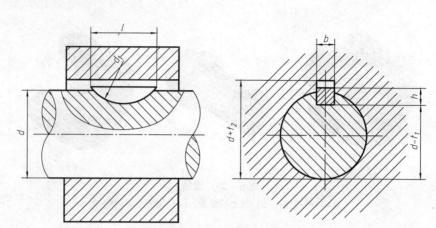

图 6 - 23　半圆键连接

3. 钩头楔键连接

钩头楔键的顶面具有 1∶100 的斜度，在装配时，将键打入键槽，依靠键的顶面、底面与轮、轴之间挤压的摩擦力连接。因此，楔键的顶面与底面同为工作面，在画图时，键的上、下接触面应画一条线，如图 6 - 24 所示。

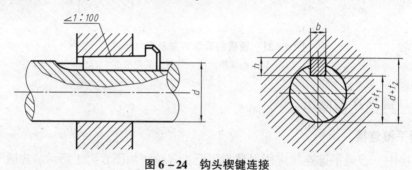

图 6 - 24　钩头楔键连接

6.3　销连接

6.3.1　销的种类和标记

销是标准件，主要用于零件间的连接、定位或防松。常用的销有圆柱销、圆锥销、开口销等，如图 6 - 25 所示。

（a）　　　　　　　　　　（b）　　　　　　　　　（c）

图 6 - 25　销

（a）圆柱销；（b）圆锥销；（c）开口销

常用销的简化画法及规定标记如表 6 - 6 所示。

表 6 - 6　常用销的简化画法和规定标记示例

名称	简化画法	规定标记及说明
圆柱销 GB/T 119.1—2000		标记：销 GB/T 119.1　6m6×30 表示：公称直径 d 为 ϕ6 mm、公差为 m6、公称长度 L 为 30 mm 的圆柱销
圆锥销 GB/T 117—2000		标记：销 GB/T 117　10×50 表示：公称直径 d 为 ϕ10 mm、公称长度 L 为 50 mm 的 A 型圆锥销
开口销 GB/T 91—2000		标记：销 GB/T 91　5×50 表示：公称直径 d 为 ϕ5、公称长度 L 为 50 的开口销

6.3.2　销连接的画法

用圆柱销或圆锥销连接或定位零件时，为保证销连接的配合质量，被连接两零件的销孔必须在装配时一起加工。因此，在零件图上对销孔标注尺寸时，除了标注公称直径外，还需要注明"与××配作"。常用的圆柱销和圆锥销连接如图 6 - 26 所示。开口销常用于防松结构，其连接的画法如图 6 - 27 所示。

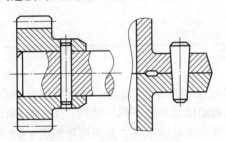

图 6 - 26　圆柱销和圆锥销连接

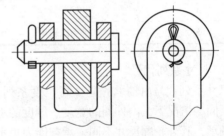

图 6 - 27　开口销连接

6.4　滚动轴承

6.4.1　滚动轴承的种类和代号

1. 滚动轴承的种类

滚动轴承的结构一般由外圈、内圈、滚动体和保持架组成。滚动轴承的种类很多，按其受力方向可分为向心轴承、推力轴承、向心推力轴承。向心轴承主要承受径向载荷，如图 6 - 28（a）所示的深沟球轴承。

推力轴承只承受轴向载荷，如图 6 - 28（b）所示的推力球轴承。

向心推力轴承能同时承受径向载荷和轴向载荷，如图 6 - 28（c）所示的圆锥滚子轴承。

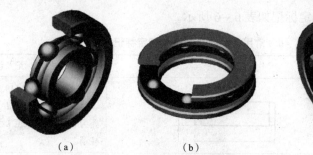

（a） （b） （c）

图6-28 滚动轴承

（a）深沟球轴承；（b）推力球轴承；（c）圆锥滚子轴承

2. 滚动轴承（滚针轴承除外）的代号

国家标准规定用代号来表示滚动轴承的结构、尺寸、公差等级和技术性能等特性。滚动轴承的基本代号由轴承类型代号、尺寸系列代号、内径代号构成。代号示例如下：

1）轴承类型代号

轴承类型代号用数字或拉丁字母表示，常用轴承类型代号及含义如表6-7所示。

表6-7 常用轴承类型代号及含义

代号	轴承类型	代号	轴承类型
3	圆锥滚子轴承	6	深沟球轴承
5	推力球轴承	N	圆柱滚子轴承

2）尺寸系列代号

尺寸系列代号由轴承的宽（高）度系列代号和直径系列代号组成，反映同种轴承在内圈孔径相同的情况下，内外圈的宽度、厚度的不同及滚动体大小的不同。显然，尺寸系列代号不同的轴承，其外轮廓尺寸不同，承载能力也不同。常用滚动轴承尺寸系列代号如表6-8所示。

表6-8 常用滚动轴承尺寸系列代号

直径系列代号	向心轴承								推力轴承			
	宽度系列代号								高度系列代号			
	8	0	1	2	3	4	5	6	7	9	1	2
	尺寸系列代号											
0	—	00	10	20	30	40	50	60	70	90	10	—
1	—	01	11	21	31	41	51	61	71	91	11	—
2	82	02	12	22	32	42	52	62	72	92	12	22
3	83	03	13	23	33	—	—	—	73	93	13	23

尺寸系列代号有时可以省略。除圆锥滚子轴承以外，其余各类轴承宽度系列代号"0"均省略。

3）内径代号

内径代号表示轴承的内孔孔径，因其与轴产生配合，故作为轴承的主要参数。内径代号如表6-9所示。

表6-9 滚动轴承内径代号

公称内径/mm		内径代号	示例
10～17	10	00	深沟球轴承6200
	12	01	
	15	02	$d = 10$ mm
	17	03	
20～480 （22、28、32除外）		公称直径除以5的商数，当商数为个位数时，需在左边加"0"，如08	深沟球轴承6208 $d = 40$ mm
22、28、32		用公称内径毫米数直接表示，但与尺寸系列代号之间用"/"分开	深沟球轴承62/22 $d = 22$ mm

6.4.2 滚动轴承的画法

滚动轴承是标准部件，不必画零件图。在装配图中，可以采用规定画法或特征画法画出。常用滚动轴承的规定画法和特征画法如表6-10所示，其各部分尺寸可以根据轴承代号查阅有关轴承标准手册。

表6-10 常用滚动轴承的规定画法和特征画法

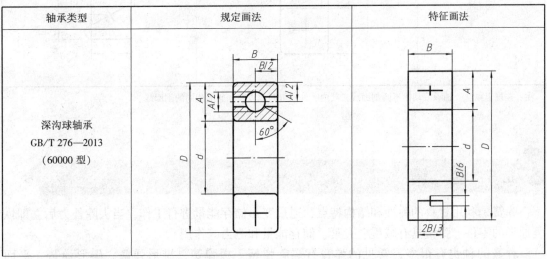

轴承类型	规定画法	特征画法
深沟球轴承 GB/T 276—2013 （60000型）		

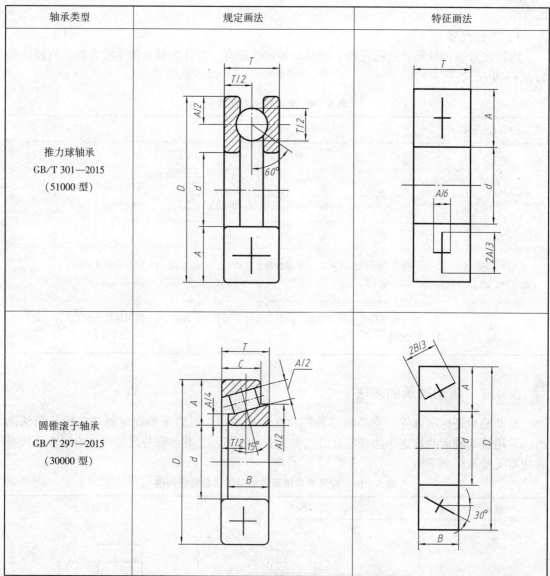

轴承类型	规定画法	特征画法
推力球轴承 GB/T 301—2015 （51000 型）		
圆锥滚子轴承 GB/T 297—2015 （30000 型）		

注：按规定画法，轴承滚动体不画剖面线，其内、外圈可画成方向和间隔相同的剖面线。

6.5 弹 簧

弹簧是利用材料的弹性和结构特点，通过变形储存能量进行工作，当去除外力后立即恢复原形的零件。弹簧具有减震、夹紧、储存能量和测力等作用。

弹簧的种类有很多，常见的弹簧有螺旋弹簧、板弹簧、锥形弹簧、碟形弹簧、平面涡卷弹簧等。根据受力情况的不同，螺旋弹簧又分为压缩弹簧、拉伸弹簧及扭转弹簧等，如图 6-29 所示。本节重点介绍圆柱螺旋压缩弹簧的规定画法。

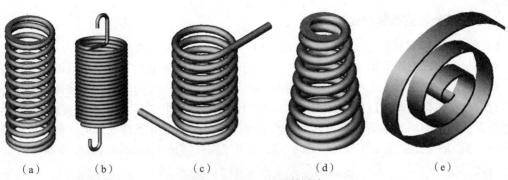

图 6 – 29　常用的弹簧种类

（a）压缩弹簧；（b）拉伸弹簧；（c）扭转弹簧；（d）锥形弹簧；（e）平面涡卷弹簧

1. 圆柱螺旋压缩弹簧各部分的名称及尺寸关系

圆柱螺旋压缩弹簧各部分的名称及尺寸关系如表 6 – 11 所示，其位置关系如图 6 – 30 所示。

表 6 – 11　圆柱螺旋压缩弹簧各部分的名称及尺寸关系

名称	符号	意义
簧丝直径	d	制造弹簧的钢丝直径，按标准选取
弹簧中径	D	弹簧的平均直径，按标准选取
弹簧内径	D_1	弹簧的最小直径，$D_1 = D - d$
弹簧外径	D_2	弹簧的最大直径，$D_2 = D + d$
有效圈数	n	保持相等节距的圈数
支承圈数	n_2	为了使螺旋压缩弹簧工作时受力均匀，增加弹簧的平稳性，弹簧的两端要并紧、磨平。并紧、磨平的各圈仅起支承作用，称为支承圈。支承圈数分为 1.5 圈、2 圈、2.5 圈三种，一般多用 2.5 圈
总圈数	n_1	有效圈数和支承圈数之和，即 $n_1 = n + n_2$
节距	t	两相邻有效圈截面中心线的轴向距离
自由高度	H_0	弹簧无负荷时的高度，$H_0 = nt + (n_2 - 0.5)d$

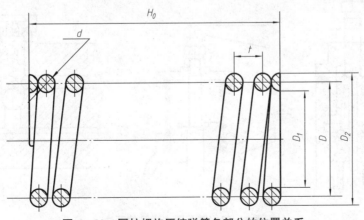

图 6 – 30　圆柱螺旋压缩弹簧各部分的位置关系

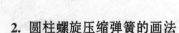

2. 圆柱螺旋压缩弹簧的画法

1）单个弹簧的画法

在平行于轴线的投影面上的视图中，其各圈的轮廓线应画成直线；当有效圈在 4 圈以上时，允许两端只画两圈，中间部分可以省略不画，长度也可以适当缩短；螺旋弹簧不论左旋还是右旋，在图样上均可以按右旋画出，对必须保证的旋向要求应在"技术要求"中注明；两端并紧且磨平的压缩弹簧，不论其支承圈的圈数多少及端部并紧情况如何，都可以按支承圈数为 2.5、磨平圈数为 1.5 画出。图 6-31 给出了圆柱螺旋压缩弹簧的画图步骤。

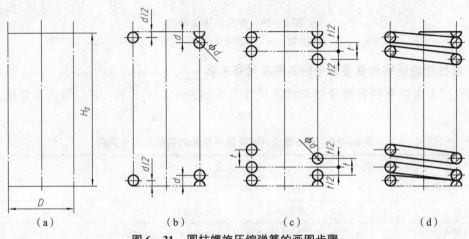

图 6-31　圆柱螺旋压缩弹簧的画图步骤

（1）用中径 D 及自由高度 H_0 画矩形，如图 6-31（a）所示。

（2）画支承圈部分的圆与半圆，如图 6-31（b）所示。

（3）画部分有效圈，量取节距，如图 6-31（c）所示。

（4）按右旋方向作出相应圆的公切线及剖面线，完成作图，如图 6-31（d）所示。

2）圆柱螺旋压缩弹簧在装配图中的规定画法

在装配图中，被弹簧挡住的结构一般不画出，可见部分应从弹簧外轮廓线或从簧丝断面的中心线画起，如图 6-32（a）所示。螺旋弹簧被剖切时，簧丝直径在图形上等于或小于 2 mm 的剖面允许用涂黑表示，如图 6-32（b）所示，也可以采用如图 6-32（c）所示的画法。

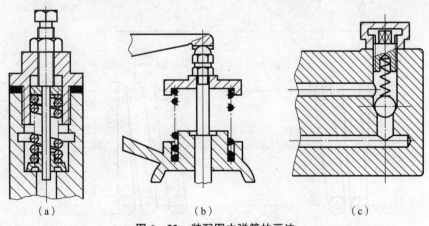

图 6-32　装配图中弹簧的画法

6.6 齿 轮

齿轮的主要作用是传递动力和运动。通过齿轮传动可以改变运动的速度和方向。齿轮的种类有很多，按其传动情况可将其分为圆柱齿轮转动、圆锥齿轮转动、蜗轮蜗杆传动。

圆柱齿轮传动常用于两平行轴之间的传动，如图 6 – 33（a）所示。

圆锥齿轮传动常用于两垂直轴之间的传动，如图 6 – 33（b）所示。

蜗轮蜗杆传动常用于两交叉轴之间的传动，如图 6 – 33（c）所示。

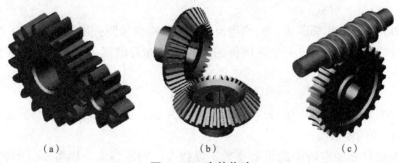

（a） （b） （c）

图 6 – 33 齿轮传动

（a）圆柱齿轮；（b）圆锥齿轮；（c）蜗轮蜗杆

其中，圆柱齿轮应用得最广泛。根据轮齿的不同形式，圆柱齿轮可以分为直齿、斜齿、人字齿等。本节只介绍标准直齿圆柱齿轮的基本知识。

6.6.1 标准直齿圆柱齿轮

1. 齿轮的名词术语

图 6 – 34 所示为圆柱齿轮各部分的名称。

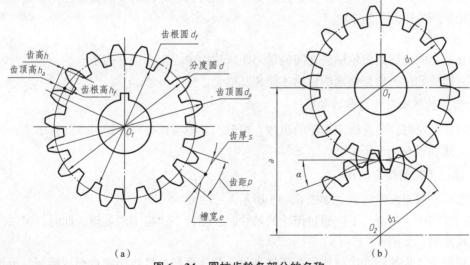

（a）

（b）

图 6 – 34 圆柱齿轮各部分的名称

（a）单个齿轮；（b）齿轮啮合

1）齿顶圆

齿顶圆是通过轮齿顶部的圆，其直径以 d_a 表示。

2）齿根圆

齿根圆是通过轮齿根部的圆，其直径以 d_f 表示。

3）分度圆

在加工齿轮时，作为齿轮轮齿分度的圆称为齿轮的分度圆，其直径用 d 表示。

4）齿高、齿顶高、齿根高

齿顶圆与齿根圆的径向距离称为齿高，用 h 表示；齿顶圆与分度圆的径向距离称为齿顶高，用 h_a 表示；分度圆与齿根圆的径向距离称为齿根高，用 h_f 表示。三者的关系为 $h = h_a + h_f$。

5）齿距、齿厚、槽宽

在分度圆上，两个相邻的齿，同侧齿面间的弧长称为齿距，用 p 表示；一个轮齿齿廓间的弧长称为齿厚，用 s 表示；一个齿槽齿廓间的弧长称为槽宽，用 e 表示。在标准齿轮中，$s = e$，$p = s + e$。

6）模数

设齿轮的齿数为 z，则齿轮分度圆周长为 $pz = \pi d$，即 $d = (p/\pi) z$，令 $m = p/\pi$，于是 $d = mz$，m 即齿轮的模数。

模数 m 是设计和制造齿轮的重要参数。模数大，则轮齿大；模数小，则轮齿小。为了便于齿轮的设计与制造，国家标准已将模数系列化，标准模数如表 6 – 12 所示。

表 6 – 12　渐开线圆柱齿轮标准模数 m（GB/T 1357—2008）　　　　　mm

第一系列	1, 1.25, 1.5, 2, 2.5, 3, 4, 5, 6, 8, 10, 12, 16, 20, 25, 32, 40, 50
第二系列	1.125, 1.375, 1.75, 2.25, 2.75, 3.5, 4.5, 5.5, (6.5), 7, 9, 11, 14, 18, 22, 28, 35, 45

注：在选用模数时，应优先选用第一系列，其次选用第二系列，括号内的模数尽可能不用。

7）压力角

相互啮合的两圆柱齿轮在接触点处的受力方向与运动方向所夹的锐角，用 α 表示。我国标准齿轮采用的压力角为20°。

8）中心距

相互啮合的两圆柱齿轮轴线之间的最短距离称为中心距，用 a 表示。

只有模数和压力角都相同的齿轮才能相互啮合。

2. 齿轮的基本尺寸与参数关系

在设计齿轮时，要先确定齿轮的齿数、模数，其他各部分尺寸都可以计算出来，其具体的计算公式如表 6 – 13 所示。

3. 圆柱齿轮的规定画法

国家标准规定齿轮的画法如图 6 – 35 所示。

在剖视图中，当剖切平面通过齿轮的轴线时，轮齿一律按不剖处理。此时，齿根线应使用粗实线绘制，如图 6 – 35（a）所示。

在视图中，齿顶圆和齿顶线用粗实线表示，分度圆和分度线用细点画线绘制，齿根圆和齿根线用细实线绘制（也可省略不画），如图 6 – 35（b）所示。

表 6 – 13 标准直齿圆柱齿轮各基本尺寸的计算公式   mm

名称	符号	计算公式
分度圆直径	d	$d = mz$
齿顶圆直径	d_a	$d_a = m(z + 2)$
齿根圆直径	d_f	$d_f = m(z - 2.5)$
齿顶高	h_a	$h_a = m$
齿根高	h_f	$h_f = 1.25m$
齿高	h	$h = h_a + h_f = 2.25m$
齿距	p	$p = m\pi$
中心距	a	$a = (d_1 + d_2)/2 = m(z_1 + z_2)/2$

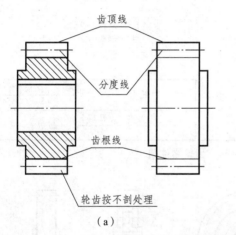

（a）   （b）

图 6 – 35 单个圆柱齿轮的画法

（a）剖视画法；（b）视图画法

图 6 – 36 所示为直齿圆柱齿轮的零件图。零件图中，齿轮部分的尺寸只注出齿顶圆、分度圆的直径和齿宽，而齿轮的模数、齿数和齿形角等参数在图样右上角的参数表中列出。齿面的表面粗糙度代号注写在分度线上。

6.6.2 齿轮啮合

齿轮啮合时，两轮齿啮合的接触点是连心线上的点 C，如图 6 – 37（b）所示。该点称为节点，以圆心到节点距离为半径的圆即称为节圆。对标准齿轮而言，节圆与分度圆相等，相啮合的标准齿轮的模数必相等。

1. 直齿圆柱齿轮啮合

在垂直于直齿圆柱齿轮轴线的投影面的视图中，啮合区内两节圆应相切；画齿顶圆时均使用粗实线（图 6 – 37（a）），也可以省略不画，如图 6 – 37（b）所示。

在平行于直齿圆柱齿轮轴线的投影面的视图中，啮合区的节线用细点画线表示；在啮合区内，一个齿轮的齿顶线用粗实线绘制，另一个齿轮的齿顶线被遮挡的部分用虚线绘制（图 6 – 37（c）），也可以省略不画。在画外形图时，啮合区的齿顶线不画，节线使用粗实线，其他处的节线仍使用细点画线绘制，如图6–37（d）所示。

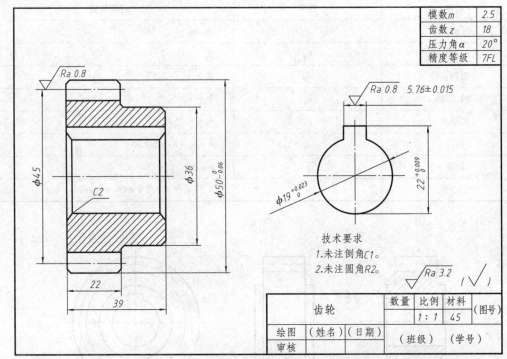

图6–36　齿轮零件图

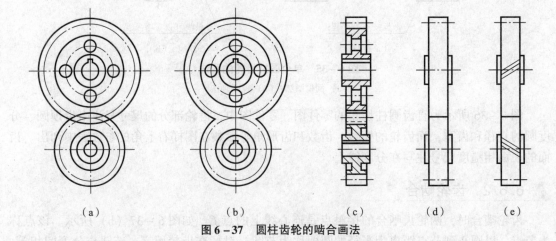

图6–37　圆柱齿轮的啮合画法

2. 斜齿圆柱齿轮啮合

斜齿圆柱齿轮的画法与直齿圆柱齿轮相同，只需要在投影为非圆的外形图上分别用三条与齿线方向一致的平行细实线表示轮齿的方向，如图6–37（e）所示。

3. 直齿锥齿轮啮合

直齿锥齿轮啮合时，两分度圆锥相切，它们的锥顶交于一点，如图6–38所示。

4. 蜗轮蜗杆啮合

蜗轮、蜗杆啮合的画法如图6–39所示。在垂直于蜗轮轴线的投影面的视图上，蜗轮的分度圆与蜗杆的分度线要画成相切，啮合区内的齿顶圆和齿顶线仍使用粗实线画出；在垂直于蜗杆轴线的视图上，啮合区只画蜗杆不画蜗轮。

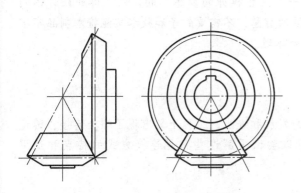 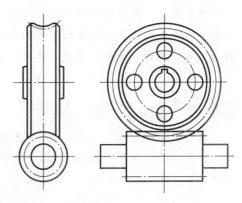

图 6 – 38　直齿锥齿轮的啮合画法　　　　　　图 6 – 39　蜗轮蜗杆的啮合画法

文化阅读

榫卯——属于中国的连接方式

　　榫卯，是古代中国建筑、家具及其他器械的主要结构方式，是在两个构件上采用凹凸部位相结合的一种连接方式，如图 6 – 40 所示。凸出部分叫作榫（又称榫头）；凹进部分叫作卯（又称榫眼、榫槽）。

图 6 – 40　榫卯示例

　　榫卯设计将"榫"的凸出和"卯"的凹进这样的结构运用到了木材上。木材的主要功用就是制造建筑、家具。工匠选择木材的季节也顺应自然变化，使木材做成物品时不温不燥，匠人们考虑到不同天气情况下，木材与木材的共同收缩膨胀会更加牢固，而五金制品会因膨胀系数不同而变得松动，一根木材虽柔软易碎，但是通过榫卯结构就会使成品达到刚柔并济的效果。榫卯对木头的使用可以说是淋漓尽致，几个木头凹凸咬合天衣无缝，榫与卯互相契合、完美衔接，通过对木材的长短、多少、高低的巧妙结合，使木材能够一转一折来回扭动，不仅起到连接固定作用，还显得变幻莫测。

时至今日，依然有"每一位设计师都有一个关于榫卯的梦想"的说法。榫卯设计不同于普通传统手工艺品，它集结了我国历代工匠的智慧，不需要钉子和胶水就能将木制品牢牢固定，是"天时、地和、材美、工巧"的最好体现。

🎯 延伸 ▶▶ ▶

古代有榫卯连接，随着社会、科技的不断发展和进步，工程上又出现了螺栓连接、键连接、铆接、胶接等多种连接方式，同学们可以尝试了解这些常见连接方式的特点和适用场合。

第7章
零件图

任何机器或部件都是由零件按一定要求装配起来的，零件是组成机器或部件最基本的单元。表达零件的结构、尺寸及技术要求的图样称为零件图，零件图是生产中的重要技术文件之一，反映设计者的设计意图，是加工制造及检验零件的依据。本章主要讨论零件图的内容、零件表达方案的选择、零件图中尺寸的合理标注、画零件图和看零件图的方法、步骤等。

7.1 零件图的作用与内容

零件图是加工制造和检验零件的依据，是生产部门的重要技术文件，是对外技术交流的重要技术资料。图 7-1 是主轴的零件图，根据零件图的用途和要求，一张完整的零件图应包括 4 部分内容：一组图形、完整尺寸、技术要求、标题栏。

1. 一组图形

综合运用各种符合国家标准规定画法的一组图形，把零件的内、外形状和结构确切、完整、清晰地表达。

2. 完整尺寸

用若干尺寸，正确、完整、清晰、合理地标注出零件的各部分结构形状的大小和相对位置关系。

3. 技术要求

用符合国家标准规定的符号、数字、字母和文字注解，说明零件在加工、制造、检验时应达到的质量要求，如表面结构、尺寸公差、形状和位置公差、材料热处理等。

4. 标题栏

注明零件的名称、材料、数量、图样编号、绘图比例及设计、绘图和审核人员签名等管理信息。

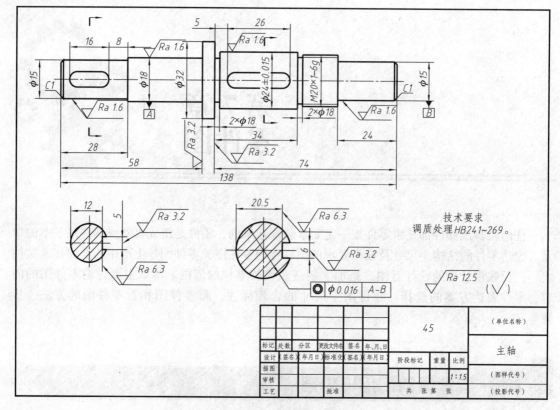

图 7 –1　主轴零件图

7.2　零件的视图选择与尺寸标注

7.2.1　零件图的视图选择原则

零件图应能正确、完整、清晰地表达出零件的全部结构和形状，同时力求作图简洁、读图方便。因此，在作图前必须根据零件的结构特点，灵活选择一个最优的表达方案。

1. 主视图的选择

主视图是表达零件最重要、最核心的一个基本视图，因此在作图前应首先确定主视图。选择主视图时，应考虑以下三点。

1）加工位置

加工位置是指零件在机床上的装夹位置。为了便于制造者读图，画图时选择的主视图应尽量与零件的主要加工位置一致。例如，轴、套、轮盘等类型零件，其主要加工工序是车削加工，所以通常按这些工序的加工位置选取主视图，即轴线水平放置。

2）工作位置

工作位置是指零件在机器或部件中安装和工作时所处的位置。按照零件的工作位置选取主视图，读图比较直观，便于安装。有些零件的加工部位较多（如支架、箱体类零件），需要在不同的机床上经过多道工序加工，这些零件一般需按工作位置选取主视图。

当零件的加工位置和工作位置一致时，按加工位置放置；不一致时，应具体情况具体分析，一般来说，形状复杂的零件按工作位置放置。

3）主视图的投射方向

在零件摆放位置已确定的情况下，可以从该零件的前、后、左、右四个方向进行投影来获得视图，从中选择最能明显表达零件的主要结构和各部分之间相对位置关系的方向作为主视图的投影方向。例如，在图7-2（a）中，显然 A 向最能够反映出该零件的形状特征，所以如图7-2（b）所示的主视图是最好的表达方案。

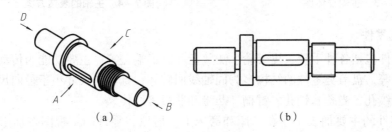

图7-2 主轴的主视图投影方向选择

2. 其他视图的选择

在选择其他视图时，应以主视图为基础，根据零件形状的复杂程度和结构特点，以完整、清晰地表达各部分结构为主线，优先考虑其他基本视图，采用相应的剖视、断面等方法，使每个视图都有表达重点。对于零件尚未表达清楚的局部形状或细小结构，则可以选择必要的局部视图、断面、斜视图或局部放大图等来表达。

一般情况下，视图的数量与零件的复杂程度有关，零件越复杂，视图数量就越多。对于同一个零件（特别是结构较为复杂的零件），可以选择不同的表达方案，经比较归纳后确定最佳方案。

7.2.2 典型零件的视图选择

零件的种类千差万别，但从其结构和加工方法上的特点来考虑，可以将零件分为轴套类零件、盘盖类零件、叉架类零件和箱体类零件，同种类型的零件在表达方案上具有共同的特点。

1. 轴套类零件

轴套类零件的主要功能是安装、支承传动件，传递动力。其主体结构多为同轴回转体，且轴向尺寸大于径向尺寸。轴套类零件一般由若干段直径不同的圆柱体组成（称为阶梯轴），常带有键槽、轴肩、销孔、螺纹及退刀槽等局部结构。

轴套类零件主要在车床上加工，加工时将零件水平放置。一般只用一个主视图来表示轴上各轴段长度、直径及各种结构的轴向位置。主视图应将轴线水平放置，便于加工者读图。一般采用断面图、局部视图、局部剖视图或局部放大图等表达轴上的局部结构，用局部放大图表达轴上的过小结构。如图7-3所示的主轴，其视图表达方案如图7-4所示。

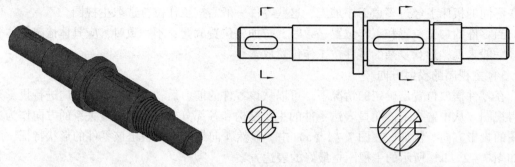

图 7-3　主轴立体图　　　　　　　　　　图 7-4　主轴的表达方案

2. 盘盖类零件

　　盘盖类零件包括各种手轮、皮带轮、法兰盘和圆形端盖等，主要功能为传动、连接、轴向定位及密封等。盘盖类零件的结构多为同轴线回转体，且轴向尺寸小于径向尺寸。盘盖类零件常带有螺纹孔、光孔、销孔、键槽、凸缘和肋板等结构。

　　盘盖类零件的主要加工工序在车床和磨床上。所以，零件的主视图按加工位置轴线水平放置，一般以过轴线的全剖视图作为主视图。对于非回转体盘盖类零件，可以按工作位置来确定主视图。盘盖类零件一般需用两个基本视图来表达主要结构，并选用局部视图、断面图和局部放大图等来补充表达某些次要结构。如图 7-5 所示的端盖，其视图表达方案如图 7-6 所示。

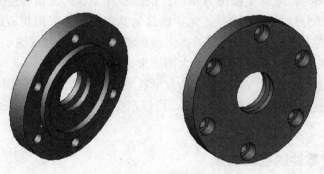

图 7-5　端盖立体图

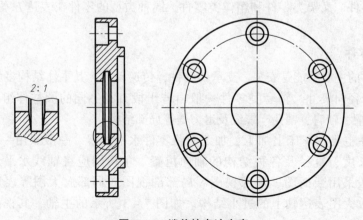

图 7-6　端盖的表达方案

3. 叉架类零件

叉架类零件的结构通常不规则，一般包括拨叉、连杆及拉杆等叉杆类和支架类零件。叉架类零件的主要功能为操纵、连接或支承。这类零件的外形结构通常比较复杂，包括工作部分、连接部分和安装固定部分，通常含有肋板结构。

画叉架类零件时，一般以最能反映零件结构、形状特征的视图为主视图，按工作位置或自然平衡位置放置。因常有起支承、连接作用的倾斜结构，所以除采用基本视图表达外，常用斜视图、局部视图、断面图，以及用不平行于任何基本投影面的剖切平面形成的剖视图来表达局部或内部结构。如图 7 - 7 所示的拨叉立体图，其视图表达方案如图 7 - 8 所示。

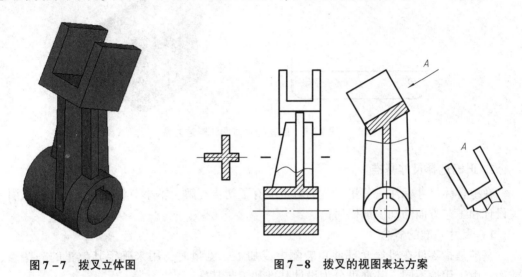

图 7 - 7　拨叉立体图　　　　　　　图 7 - 8　拨叉的视图表达方案

4. 箱体类零件

箱体类零件的形状具有箱型特点，且较为复杂，是组成机器和部件的主体零件，包括箱体、壳体、底座等。箱体类零件主要用来支承、包容和保护运动零件或其他零件，其主要工作部分为形状复杂的空腔结构，还有安装部分、连接部分等结构。

箱体类零件一般铸造而成，加工工序多，加工位置多变，在选择主视图时，主要考虑形状特征或工作位置。由于其主要结构在内腔，故主视图常选用全剖、半剖或较大面积的局部剖等表达方法，且由于内、外部形状复杂，故常采用多个视图或剖视图。在表达完整的同时，尽量减少视图的数量，可以适当地保留必要的虚线。图 7 - 9 所示为底座的立体图和表达方案。

》》 7.2.3　零件图上的尺寸标注

零件图的尺寸标注要正确、完整、清晰、合理，即标注的尺寸既要满足设计要求，以保证机器的工作性能，又要符合工艺要求，以便于加工制造和检测。

为了做到合理，在标注尺寸时，要对零件进行形体分析、结构分析和工艺分析，确定零件的尺寸基准，然后标注尺寸。尺寸的合理标注需要有一定的专业知识和生产实践经验。这里仅介绍合理标注尺寸的初步知识。

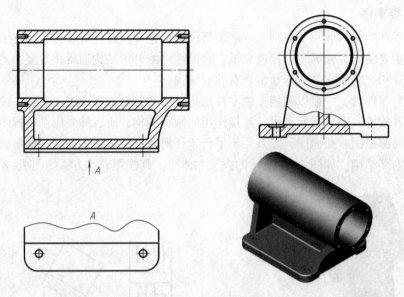

图 7 - 9　底座的立体图和表达方案

1. 正确选择尺寸基准

在组合体尺寸标注一节里，我们对基准有了初步理解。本小节将结合零件的特点引入有关设计和工艺方面的知识加以讨论。

1）尺寸基准的概念

基准是指零件在机器（部件）装配中或加工、测量时，用来确定其位置的一些点、线或面。由于用途不同，基准可分为设计基准和工艺基准。

（1）设计基准。设计基准是在设计零件时用来确定零件在机器或部件中的位置的一些点、线或面。例如，图 7 - 10 中的轴承座，底面 B 为设计基准，以保证 $\phi20$ 轴承孔到底面的高度；对称面 C 也是设计基准，以保证两 $\phi6$ 孔之间的距离及其对轴承孔的对称关系。底面 B 和对称面 C 均是满足设计要求的基准，故均为设计基准。

（2）工艺基准。工艺基准是在加工或测量时用来确定零件位置的一些点、线或面。例如，在图 7 - 10 中，端面 D 为工艺基准，以保证轴承孔的长度尺寸 30 和加油螺孔的定位尺寸 15；端面 E 也是工艺基准，以此标注尺寸 6，测量加油螺孔的深度。端面 D 和端面 E 均是满足加工工艺要求的基准，故均为工艺基准。

由于零件有长、宽、高三个方向的尺寸，因此零件在这三个方向都有一个主要基准，可能还有一个（或数个）辅助基准，基准之间一定有尺寸联系。

2）尺寸基准的选择

尺寸基准的选择就是指在标注尺寸时，是以设计基准为主，还是以工艺基准为主。以设计基准为主，其优点是能反映设计要求，保证零件在机器上的工作性能；以工艺基准为主，其优点是能反映工艺要求，使零件便于加工和测量。

在标注尺寸时，最好把设计基准与工艺基准统一起来考虑。这样，既能满足设计要求，又能满足工艺要求。如果两者不能统一，则应以保证设计要求为主。

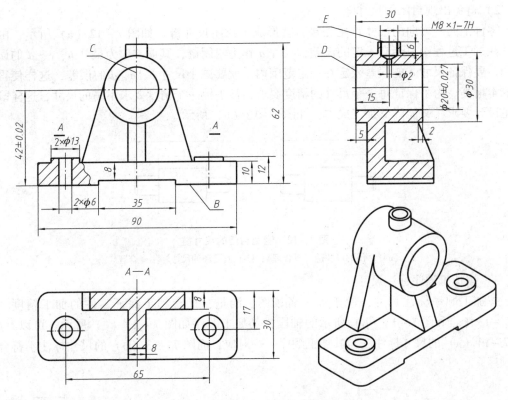

图7-10 轴承座尺寸及尺寸基准分析

2. 标注尺寸的注意事项

1) 重要尺寸直接注出

重要尺寸是指直接影响产品性能、装配精度等的尺寸。例如，配合表面的尺寸、重要的定位尺寸、重要的结构尺寸等。在图7-11（a）中，尺寸 H、L 分别表示轴承孔的定位尺寸和 $2 \times \phi 6$ 的定位尺寸，是轴承座的重要尺寸，应直接注出。在图7-11（b）中，尺寸 H 变成了 $H_1 + H_2$，由于加工误差的存在，尺寸 H 的误差等于尺寸 H_1、H_2 的误差之和，不合理。同理，在图7-11（b）中 $2 \times \phi 6$ 安装孔标有两个尺寸 E，也不合理。

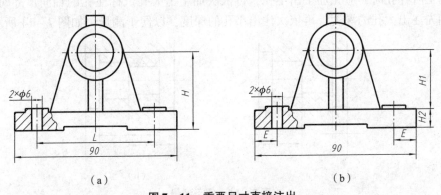

图7-11 重要尺寸直接注出

(a) 合理；(b) 不合理

2）避免出现封闭的尺寸链

零件上同一方向的尺寸首尾相接，就形成了封闭尺寸链。如图7-12（a）所示，由于零件在加工过程中总会有一定的误差，尺寸 a 作为封闭链，其误差应为尺寸 b、c、d 的误差之和。要保证尺寸 a 的误差限定在一定范围内，就要减小尺寸 b、c、d 的误差，这样使得加工成本增高。为了保证每一个尺寸的精度要求，常去掉一个精度要求不高的尺寸，这样既可满足设计要求，又能降低加工成本，如图7-12（b）所示。

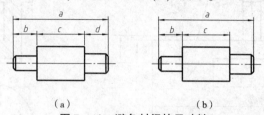

（a）　　　　　　　　　　　（b）

图7-12　避免封闭的尺寸链

（a）封闭的尺寸链（不合理）；（b）有开环的尺寸标注（合理）

3）按加工顺序标注尺寸

按加工顺序标注尺寸，便于加工者读图、测量，且有利于保证零件的加工精度。如图7-13（a）和图7-13（b）所示的轴段，其加工顺序如图7-13（c）所示。可以看出，图7-13（a）的尺寸标注法与其加工顺序一一对应，而图7-13（b）的尺寸标注不符合加工顺序。

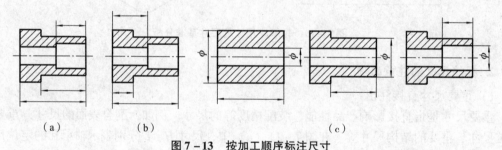

（a）　　　　　　（b）　　　　　　　　　　　（c）

图7-13　按加工顺序标注尺寸

（a）合理；（b）不合理；（c）零件的加工顺序

4）考虑测量方便

在加工阶梯孔时，应先加工出小孔，再依次加工出大孔。标注孔的轴向尺寸时则相反，应从端面先注出大孔的深度，再依次注出小孔的深度，以便于测量，如图7-14所示。

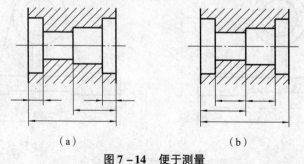

（a）　　　　　　　　　　　（b）

图7-14　便于测量

（a）合理；（b）不合理

3. 常见典型结构的尺寸标注

零件上常见的光孔、沉孔、螺孔等结构，可用如表7-1所示的方式标注。

表7-1 常见典型结构的尺寸标注

结构类型	旁注法	普通注法	说明
一般光孔	4×φ4↓15 4×φ4↓15	4×φ4 15	4个直径为φ4的光孔，孔深为15
锥形沉孔	6×φ9 ⌵φ13×90° 6×φ9 ⌵φ13×90°	90° φ13 6×φ9	6个直径为φ9的锥形沉孔，锥台大头直径为φ13，锥台面顶角为90°
柱形沉孔	4×φ6 ⊔φ12↓4.5 4×φ6 ⊔φ12↓4.5	φ12 4.5 4×φ6	4个直径为φ6的柱形沉孔，沉孔直径为φ12，沉孔深4.5
锪平面沉孔	6×φ9 ⊔φ20 6×φ9 ⊔φ20	φ20 6×φ9	6个直径为φ9的光孔，锪平圆直径φ20，锪平深度无须标注，一般锪平到不出现毛面为止
通的螺孔	3×M6-7H 3×M6-7H	3×M6-7H	3个公称直径为M6的螺孔
不通螺孔	3×M6-7H↓10 ↓12 3×M6-7H↓10 ↓12	3×M6-7H 10 12	3个公称直径为M6的螺孔，螺纹深为10，钻孔深为12

4. 常用简化标注

为了简化绘图工作，提高效率，提高图面清晰度，国家标准《技术制图简化表示法》（GB/T 16675.2—2012）规定了若干简化注法，如表 7 – 2 所示。

表 7 – 2　常用简化注法

简化注法	说明	简化注法	说明
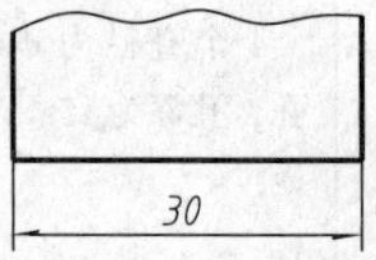 30	可使用单边箭头	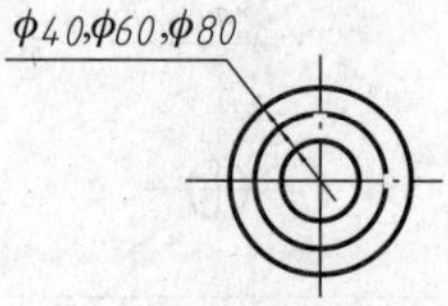 φ40,φ60,φ80	一组同心圆可共用尺寸线
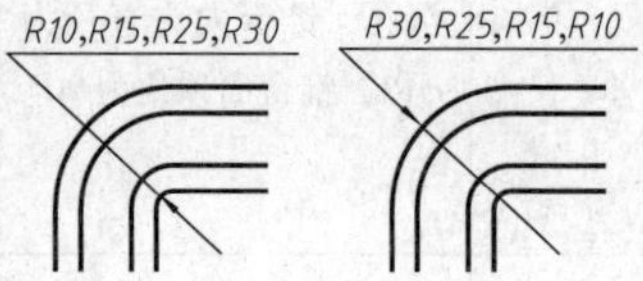 R10,R15,R25,R30　R30,R25,R15,R10	一组同心圆弧可共用尺寸箭头依次表示	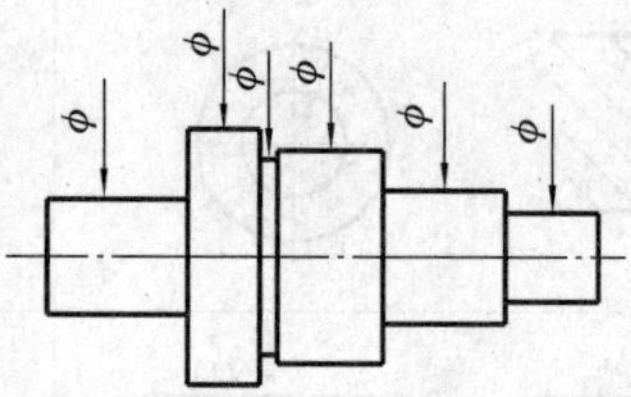 φ φ φ φ φ	可采用带箭头的指引线
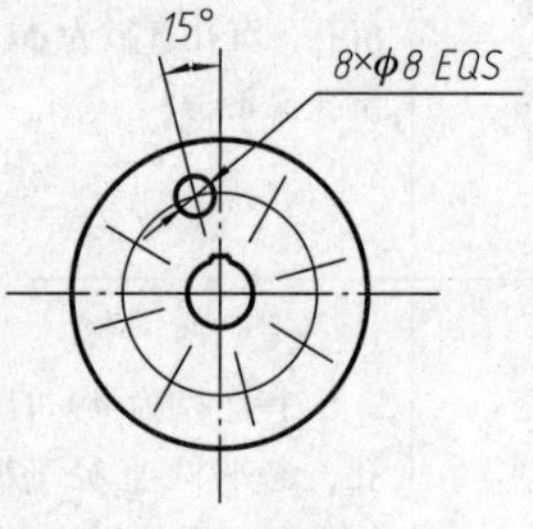 15°　8×φ8 EQS	EQS 表示均布	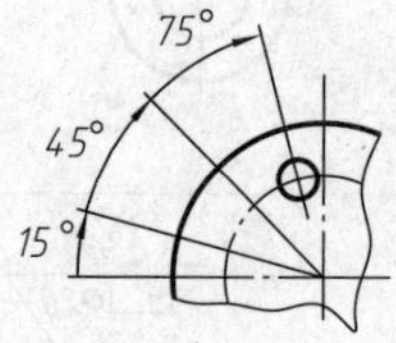 75° 45° 15°	从同一基准出发的角度尺寸
0 20 45 60 71 93 105			

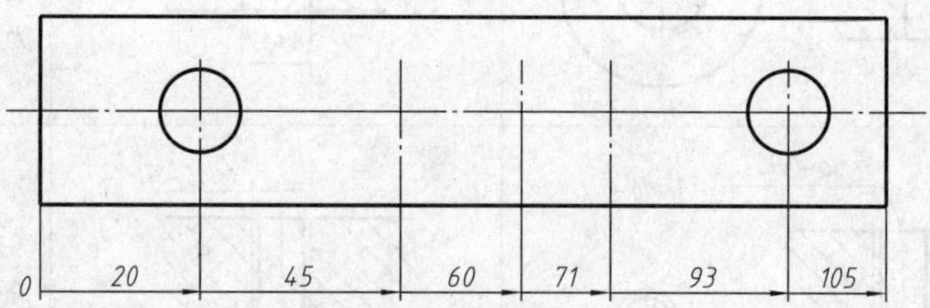

从同一基准出发的线性尺寸

使用简化注法时，应遵守以下原则：

（1）简化必须保证不致引起误解和不会产生理解的多义性。在此前提下，力求制图简便。

（2）便于识图和绘制，注意简化的综合效果。

7.3 零件的工艺结构

机器零件大部分是铸造和机械加工制成的，因此在设计和绘制零件图时，必须符合铸造和机械加工的工艺要求，科学、合理地处理每个工艺过程间的相互关系，以保证零件的质量，防止废品的产生或使制造工艺复杂化。本节主要介绍常见铸造工艺和机械加工工艺对零件结构的要求。

7.3.1 铸造零件的工艺结构

铸造零件的毛坯大多由砂型铸造而成，如图7－15所示。零件毛坯的铸造过程是在上砂箱和下砂箱中进行的。木模放在下砂箱位置，砂型造好后，开启上砂箱取出木模，重新盖上上砂箱，用熔化的金属液进行浇铸，最后将铸好的毛坯取出。因此，铸造工艺对零件结构提出了以下要求。

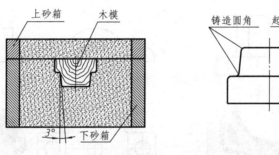

图7－15 砂型铸造

1. 铸造圆角

为了避免砂型落砂和铸件在冷却时产生裂纹和缩孔，应将铸件各表面相交处做成圆角。在零件图中，铸件未经切削加工的毛坯表面相交应画出铸造圆角；经过切削加工的表面则应画成尖角，如图7－16所示。

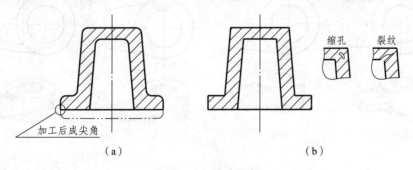

（a）　　　　　　　　　　　　　　（b）

图7－16 铸造圆角
（a）正确；（b）错误

　　由于铸造圆角的存在，铸件表面的交线就不太明显了。为了便于看图以区别不同表面，在零件图上仍要画出这种交线，此时称该线为过渡线。过渡线的求法与交线的求法完全相同，只是表达时有所差别，图 7 – 17 所示为几种常见过渡线的画法。

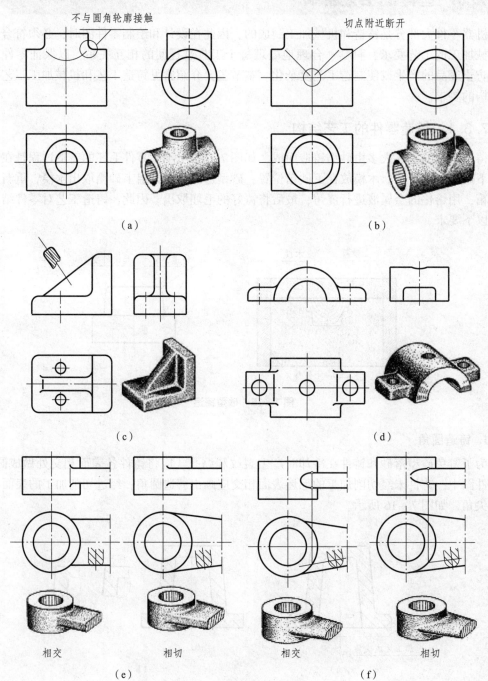

图 7 – 17　过渡线的画法

（a）两圆柱直径不等；（b）两圆柱直径相等（c）平面与平面；
（d）平面与曲面；（e）断面为矩形；（f）断面为长圆形

2. 铸造斜度（起模斜度）

在铸造时，为了便于把木模从砂型中取出，铸件的内外壁沿起模方向应设计带有斜度，该斜度称为起模斜度。起模斜度较小时，通常在零件图中不必画出，如图 7-18（a）所示；若斜度较大或有特殊结构要求，则应画出并标注，如图 7-18（b）所示。当起模斜度在一个视图中已表达清楚时，允许在其他视图中只按小端画出，如图 7-18（c）所示。

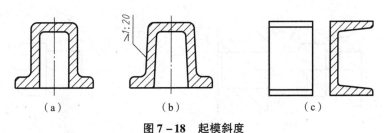

（a）　　　　　　　　（b）　　　　　　　　　（c）

图 7-18　起模斜度

3. 壁厚均匀

铸件浇注时，为防止由于金属冷却速度不同而产生缩孔和裂纹，在设计铸件时，壁厚应尽量均匀或逐渐过渡，以避免壁厚突变或局部肥大现象，如图 7-19 所示。

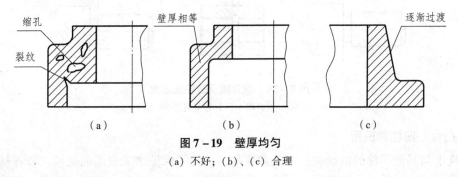

（a）　　　　　　　　（b）　　　　　　　　　（c）

图 7-19　壁厚均匀

（a）不好；（b）、（c）合理

7.3.2　机加工件的工艺结构

1. 倒角和倒圆

为了去除零件的毛刺、锐边，也为了在装配时能起导向作用，一般在轴或孔的端部加工出锥面，此锥面称为倒角。在轴肩处，为了防止应力集中，通常将其加工成圆角的过渡形式，称为倒圆。

图 7-20（a）所示为简化标注，用符号"C"表示45°倒角；当倒角不是45°时，要分开标注，如图 7-20（b）所示；倒角和倒圆也可以简化绘制和标注，如图 7-20（c）所示。

当倒角尺寸很小或无一定尺寸要求时，也可以不画，只需在图上说明"全部倒角 C1"或注写"锐边倒钝"字样。

2. 退刀槽和砂轮越程槽

为了在切削加工时便于退刀，且在装配时保证与相邻零件靠紧，常在台肩处预先加工出一个沟槽，即退刀槽或越程槽，如图 7-21 所示。退刀槽可以按"槽宽×直径"的形式标注，如图 7-21（a）所示；砂轮越程槽可以按"槽宽×槽深"的形式标注，如图 7-21（b）所示。

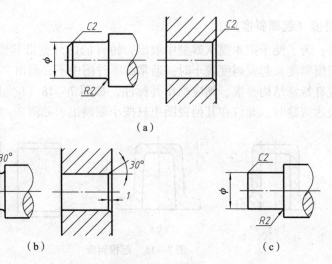

(a)

(b)   (c)

图7-20   倒角和倒圆
(a) 简化标注；(b) 分开标注；(c) 简化绘制和标注

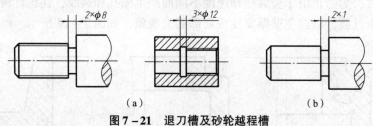

(a)   (b)

图7-21   退刀槽及砂轮越程槽
(a) 退刀槽；(b) 砂轮越程槽

3. 凸台、凹坑和凹槽

零件上与其他零件的接触面，一般都要加工。为了保证加工表面的质量、节省材料、降低制造成本，应尽量减少加工面。因此，常在零件上设计出凸台、沉孔、凹槽、凹腔等，如图7-22所示。

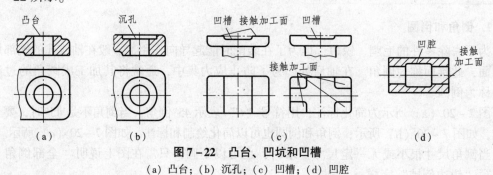

(a)   (b)   (c)   (d)

图7-22   凸台、凹坑和凹槽
(a) 凸台；(b) 沉孔；(c) 凹槽；(d) 凹腔

4. 钻孔

用钻头钻孔时，应使钻头轴线尽量垂直于零件被钻孔的表面，以保证钻孔精度，避免钻头折断。在曲面、斜面上钻孔时，一般应在孔端面做出凸台、凹坑或平面，如图7-23（a）所示。用钻头加工的盲孔或阶梯孔，钻头角画成120°，视图中不必注明角度。钻孔深度不包括钻头角，其尺寸标注如图7-23（c）所示。

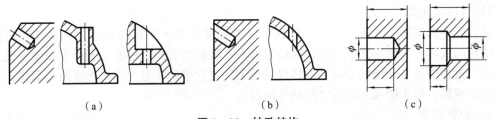

图 7 - 23　钻孔结构

（a）合理；（b）不合理；（c）钻孔深度标注

7.4　零件图的技术要求

零件图的技术要求用来说明制造零件时应该达到的质量要求，是约束零件的一些质量指标。零件的技术要求一般采用规定的代号或符号标注在图样上，也可以用文字注写在图样的空白处。下面仅对零件表面结构、极限与配合、表面几何公差等作简要介绍。

7.4.1　零件的表面结构

1. 基本概念

零件在加工制造过程中，受到各种因素的影响，零件的实际表面具有不规则的状态。虽然表面看起来很光滑，但借助放大装置便会看到高低不平的状况。如图 7 - 24 所示，实际表面的轮廓可以分解为粗糙度轮廓（R 轮廓）、波纹度轮廓（W 轮廓）和原始轮廓（P 轮廓）。各种轮廓所具有的特性都与零件的表面功能密切相关。

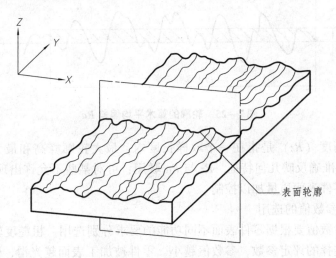

图 7 - 24　实际表面轮廓

1）粗糙度轮廓

粗糙度轮廓是表面轮廓中具有较小间距和峰谷的那部分，它所具有的微观几何特性称为表面粗糙度。表面粗糙度主要是在加工过程中刀具和零件表面之间的摩擦、切屑分离时的塑性变形，以及工艺系统中存在的高频振动等原因所形成，属于微观几何误差。

2）波纹度轮廓

波纹度轮廓是表面轮廓中不平度的间距比粗糙度轮廓大得多的那部分。这种间距较大的、随机的或接近周期形式的成分构成的表面不平度称为表面波纹度。表面波纹度主要是由于在加工过程中加工系统的振动、发热以及在回转过程中的质量不均衡等原因而形成，具有较强的周期性，属于微观和宏观之间的几何误差。

3）原始轮廓

原始轮廓是忽略了粗糙度轮廓和波纹度轮廓之后的总的轮廓。它主要是由于机床、夹具本身所具有的形状误差所引起的。它具有宏观几何形状特性，如工件的平面不平、圆截面不圆等。

零件的表面结构特性是粗糙度、波纹度和原始轮廓特性的统称，是评定零件表面质量和保证其表面功能的重要技术指标。

2. 表面结构的参数

1）评定表面结构的参数

国家标准 GB/T 3505—2009《产品几何技术规范（GPS）表面结构 轮廓法 术语、定义及表面结构参数》中规定了表面粗糙度的主要评定参数有轮廓的算术平均偏差（Ra）、轮廓的最大高度（Rz），优先采用 Ra。

轮廓的算术平均偏差（Ra）是指在一个取样长度内纵坐标值 $Z(x)$ 绝对值的算术平均值，如图 7－25 所示。其计算公式为

$$Ra = \frac{1}{Lr}\int_0^{Lr} |Z(x)|\,\mathrm{d}x$$

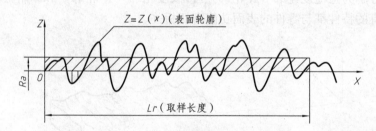

图 7－25　轮廓的算术平均偏差 Ra

轮廓的最大高度（Rz）是指在一个取样长度内，最大轮廓峰高和最大轮廓谷深之和。Rz 值不如 Ra 值能准确反映几何特征。Rz 与 Ra 联用，可对某些不允许出现较大的加工痕迹的零件表面和小零件表面质量加以控制。

2）表面结构参数值的选用

表面结构的参数值要根据零件表面不同功能的要求分别选用。粗糙度轮廓参数 Ra 几乎是所有表面必须选择的评定参数，参数值越小，零件被加工表面越光滑，但加工成本越高。因此，在满足零件使用要求的前提下，应合理选用参数值。

国家标准 GB/T 1031—2009《产品几何技术规范（GPS）表面结构 轮廓法 表面粗糙度参数及其数值》中规定了轮廓算术平均偏差（Ra）和轮廓的最大高度（Rz）的数值系列，如表 7－3 所示。

表7-3 表面结构参数数值   μm

表面结构参数	数值系列
Ra	0.012、0.025、0.05、0.1、0.2、0.4、0.8、1.6、3.2、6.3、12.5、25、50、100
Rz	0.025、0.05、0.1、0.2、0.4、0.8、1.6、3.2、6.3、12.5、25、50、100、200、400、800、1 600

3. 表面结构的符号及其画法

1）表面结构符号

根据标准 GB/T 131—2006 规定，表面结构的符号及其含义见表7-4，其中表面结构的基本符号由两条不等长的直线组成，具体画法如图7-26所示，符号尺寸的选取如表7-5所示。

表7-4 表面结构的符号及其含义

符号	含 义
	基本图形符号，未指定工艺方法的表面，当有注释解释时，可以单独使用
	扩展图形符号，用去除材料的方法获得的表面；仅当其含义是"被加工表面"时可以单独使用
	扩展图形符号，用不去除材料的方法获得的表面，也可用于保持上道工序形成的表面，不管这种状况是通过去除材料还是不去除材料形成的
	完整图形符号，当要求标注表面结构的补充信息时，应在基本图形符号或扩展图形符号的长边上加一横线
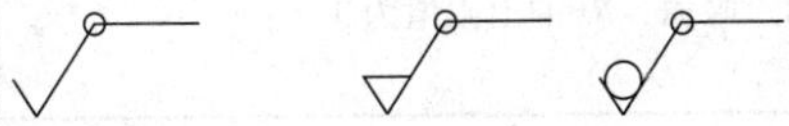	工件轮廓各表面的图形符号，当在某个视图上构成封闭轮廓的各表面具有相同的表面结构要求时，应在完整图形符号上加一圆圈，标注在图样中工件的封闭轮廓线上。如果标注会引起歧义，则各表面应分别标注

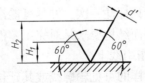

图7-26 表面结构基本符号的画法

表7-5 表面结构的符号的尺寸   mm

字体高度 h	2.5	3.5	5	7	10	14	20
符号、字母线宽 d'	0.25	0.35	0.5	0.7	1	1.4	2
H_1 值	3.5	5	7	10	14	20	28
H_2 值	7.5	10.5	15	21	30	42	60

注：H_2 和图形符号长边的横线的长度取决于标注的内容。

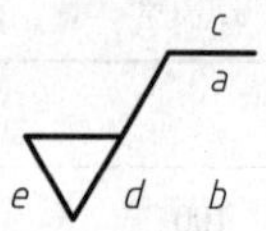

图 7 – 27　补充要求的注写位置

2）表面结构代号

在表面结构符号上，标注表面结构参数值和传输带、取样长度、加工工艺、表面纹理及方向、加工余量等有关规定项目后组成表面结构代号，如图 7 – 27 所示。在表面结构代号中，对表面结构的单一要求和补充要求应注写在指定位置：位置 a 注写表面结构的单一要求；位置 b 注写两个或多个表面结构要求；位置 c 注写加工方法；位置 d 注写表面纹理和方向；位置 e 注写加工余量。

在图样上标注时，若采用默认定义，并对其他方面不要求时，可以采用简化注法，采用默认定义时表面结构（粗糙度）代号及其含义如表 7 – 6 所示。

表 7 – 6　默认定义时表面结构（粗糙度）代号及其含义

代号示例（GB/T 131—2006）	含义/解释
$\sqrt{}$ Ra 3.2	用不去除材料的方法获得的表面，单向上限值，Ra 的上限值为 3.2 μm
$\sqrt{}$ Ra 3.2	用去除材料的方法获得的表面，单向上限值，Ra 的上限值为 3.2 μm
$\sqrt{}$ Ra max 3.2	用去除材料的方法获得的表面，单向上限值，Ra 的最大值为 3.2 μm
$\sqrt{}$ U Ra 3.2 L Ra 1.6	用去除材料的方法获得的表面，双向上限值，Ra 的上限值为 3.2 μm，Ra 的下限值为 1.6 μm
$\sqrt{}$ Rz 3.2	用去除材料的方法获得的表面，单向上限值，Rz 的上限值为 3.2 μm

4. 表面结构要求在图样中的注法

表面结构要求对每一表面一般只标注一次，并尽可能注在相应的尺寸及其公差的同一视图上。除非另有说明，所标注的表面结构要求是对完工零件表面的要求。

1）标注在轮廓线、延长线或指引线上

表面结构要求可直接标注在图样的可见轮廓线或其延长线上，其符号尖端必须从材料外指向并接触被加工表面。必要时，表面结构符号也可以用带箭头或黑点的指引线引出标注。如图 7 – 28 所示。

2）标注在特征尺寸的尺寸线上

在不致引起误解时，表面结构要求可以标注在给定的尺寸线上。如图 7 – 29 所示。

3）标注在几何公差的框格上

表面结构要求可以标注在几何公差框格的上方，如图 7 – 30 所示。

4）标注在圆柱和棱柱表面上

圆柱和棱柱表面的表面结构要求只标注一次，如图 7 – 31（a）所示。如果每个棱柱表面有不同的表面结构要求，则应分别单独标注，如图 7 – 31（b）所示的 Ra 6.3 和 Ra 3.2。

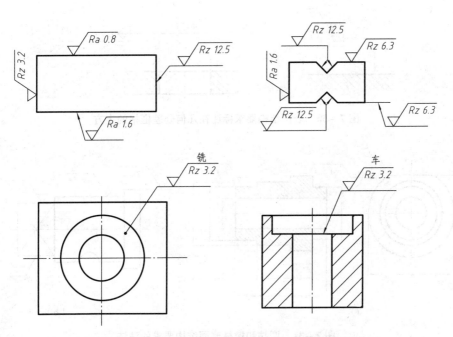

图7-28 表面结构要求标注在轮廓线、延长线或指引线上

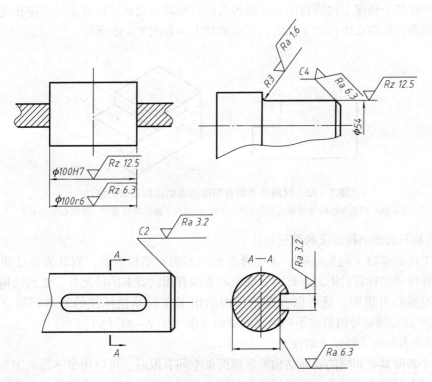

图7-29 表面结构要求标注在尺寸线上

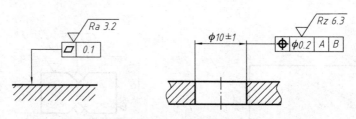

图 7-30　表面结构要求标注在几何公差框格的上方

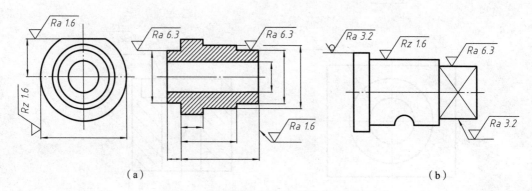

（a）　　　　　　　　　　　　　　　（b）

图 7-31　圆柱和棱柱表面结构要求的注法

5）对周边各面有相同的表面结构要求的注法

当在图样某个视图上构成封闭轮廓的各表面有相同的表面结构要求时，应在完整图形符号上加一圆圈，标注在图样中工件的封闭轮廓线上，如图 7-32 所示。

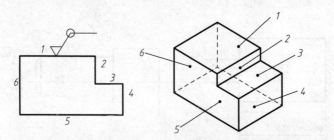

图 7-32　对周边各面有相同的表面结构要求的注法

注：图示的表面结构符号是指对图形中封闭轮廓的六个面的共同要求（不包括前后面）

6）有相同表面结构要求的简化标注

如果工件的多数（包括全部）表面具有相同的表面结构要求，则其表面结构要求可以统一标注在图样的标题栏附近。此时，除全部表面有相同要求的情况外，表面结构要求的符号后面应有圆括号说明，既可以在圆括号内给出无任何其他标注的基本符号（图 7-33（a）），也可以在圆括号内给出不同的表面结构要求（图 7-33（b））。

7）多个表面有共同要求的注法

当多个表面具有相同的表面结构要求或图纸空间有限时，可以用带字母的完整符号，以等式的形式在图形或标题栏附近进行简化标注，也可以只用表面结构符号，以等式的形式给出，如图 7-34 所示。

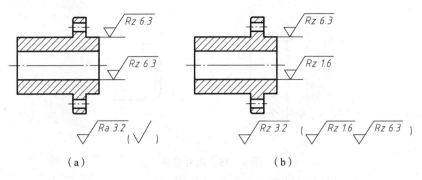

图7-33 大多数表面有相同表面结构要求的简化标注

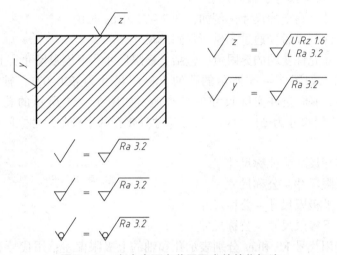

图7-34 多个表面有共同要求的简化标注

7.4.2 公差与配合

公差与配合是检验产品质量的重要技术指标,是保证使用性能及互换性的前提,是零件图、装配图中的重要技术要求。

1. 零件的互换性

从一批规格相同的零件中任取一件,无须局部加工或修配就可顺利地装配到机器上,并满足机器性能的要求,零件的这种性质称为互换性。零件的互换性促进了产品标准化,它不但给机器的装配、维修带来方便,更重要的是为现代化大批量生产提供了可能性,从而提高生产效率和产品质量。

2. 公差与配合的基本概念

由于零件在实际生产过程中受到机床、刀具、加工、测量等因素的影响,加工完成的零件实际尺寸总是存在一定的误差。在设计时,应根据零件的使用要求,对零件尺寸规定一个允许的变动量,这个允许的尺寸变动量即尺寸公差,简称"公差"。零件的实际尺寸在这个允许的变动量之内才是合格产品。下面以图7-35所示的轴和孔的尺寸公差为例,介绍有关术语。

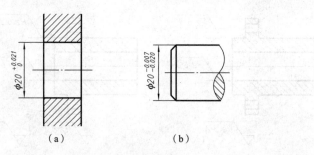

（a）　　　　　　　　　　　（b）

图 7 – 35　尺寸公差

（a）孔；（b）轴

1）公称尺寸、实际尺寸、极限尺寸

公称尺寸：设计时确定的尺寸。例如，图 7 – 35 中的 $\phi20$。

实际尺寸：零件制成后，通过测量所得到的尺寸。

极限尺寸：尺寸允许变动的界限值，包括上极限尺寸和下极限尺寸。上极限尺寸是允许实际尺寸的最大值，如图 7 – 35 所示的孔的上极限尺寸为 $\phi20.021$，轴的上极限尺寸为 $\phi19.993$。下极限尺寸是允许实际尺寸的最小值，如图 7 – 35 所示的孔的下极限尺寸为 $\phi20.000$，轴的下极限尺寸为 $\phi19.980$。实际尺寸只要在两个极限尺寸之间就合格。

2）尺寸偏差

实际偏差 = 实际尺寸 – 公称尺寸

极限偏差 = 极限尺寸 – 公称尺寸

上极限偏差 = 上极限尺寸 – 公称尺寸

下极限偏差 = 下极限尺寸 – 公称尺寸

国家标准规定用代号 ES 和 es 分别表示孔和轴的上极限偏差；用代号 EI 和 ei 分别表示孔和轴的下极限偏差，偏差可以为正、负或零值。

3）公差、公差带、公差带图

公差是允许尺寸的变动量。

公差 = 上极限尺寸 – 下极限尺寸 = 上极限偏差 – 下极限偏差

公差永远为正值，且不能为零。

公差带是表示公差的大小及其相对于公称尺寸的零线位置的区域，常用简图形式表示，即公差带图（图 7 – 36）。图中代表上极限偏差和下极限偏差（或上极限尺寸和下极限尺寸）的两条线段所限定的区域，即为公差带。

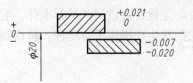

图 7 – 36　公差带图

4）标准公差和基本偏差

用以确定公差带大小的公差为标准公差。国家标准规定标准公差分为 20 级，表示为 IT01、IT0、IT1、IT2 ~ IT18，其尺寸精确程度从 IT01 到 IT18 依次降低，标准公差为公称尺寸的函数。

基本偏差是指上、下极限偏差中靠近零线的那个偏差，即：当公差带位于零线上方时，基本偏差为下极限偏差；当公差带位于零线的下方时，基本偏差为上极限偏差。国家标准分别对孔和轴各规定了 28 个不同的基本偏差，基本偏差用拉丁字母表示（大写字母代表孔，小写字母代表轴），称为基本偏差代号，如图 7 – 37 所示。

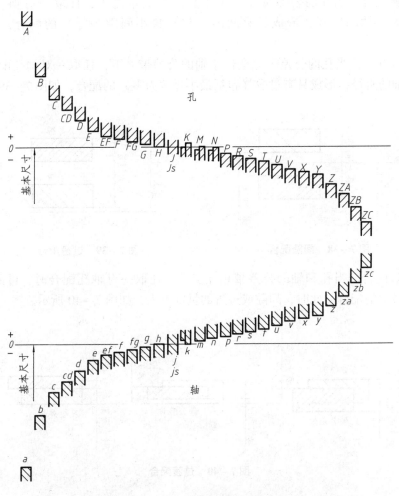

图 7 – 37 基本偏差系列

图 7 – 37 中轴的基本偏差 a ~ h 为上极限偏差，j ~ zc 为下极限偏差。孔的基本偏差 A ~ H 为下极限偏差，J ~ ZC 为上极限偏差。基本偏差系列图只表示公差带的位置，所以仅画出属于基本偏差的一端，另一端则是开口的，即公差带的另一端取决于标准公差（IT）的大小。

5）公差带代号

孔、轴的公差带代号由基本偏差代号和标准公差等级代号组成。如图 7 – 35 所示的一对孔和轴可用公差带代号表示为 $\phi20H7$ 和 $\phi20g6$。其中，$\phi20g6$ 的含义是公称尺寸为 $\phi20$、公差带代号为 g6（公差等级为 6 级，基本偏差代号为 g 的轴的公差带）。

3. 配合

公称尺寸相同、相互结合的孔和轴的公差带之间的关系称为配合，可通过改变孔和轴公差带的大小和相互位置来调节配合的松紧程度，以满足设计、工艺和实际生产的要求。

1）配合的种类

国家标准将配合分为间隙配合、过盈配合、过渡配合。

（1）间隙配合。当孔的公差带完全位于轴的公差带之上，任取一对轴、孔配合时，孔的直径均大于轴的直径，形成具有间隙（包括最小间隙为零）的配合，如图7-38所示。

（2）过盈配合。当孔的公差带完全位于轴的公差带之下，任取一对轴孔配合时，孔的直径均小于轴的直径，形成具有过盈（包括最小过盈为零）的配合，如图7-39所示。

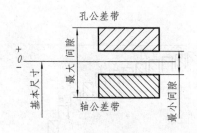

图7-38　间隙配合

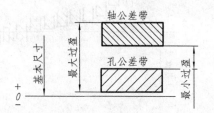

图7-39　过盈配合

（3）过渡配合。当孔和轴的公差带相互交叠，任取一对轴孔配合时，可能具有间隙，也可能具有过盈的配合。此时，间隙或过盈的量都不大，如图7-40所示。

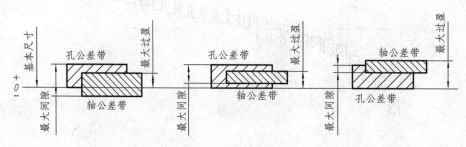

图7-40　过渡配合

2）配合基准制

国家标准规定了两种常用的配合基准制——基孔配合制、基轴配合制。

（1）基孔配合制：基本偏差一定的孔的公差带，与不同基本偏差的轴的公差带形成各种配合的制度，简称基孔制。基孔制中的孔称为基准孔，国家标准规定选择下极限偏差为零的孔作基准孔，其基本偏差代号为H。

（2）基轴配合制：基本偏差一定的轴的公差带，与不同基本偏差的孔的公差带形成各种配合的制度，简称基轴制。基轴制中的轴称为基准轴，国家标准规定选择上极限偏差为零的轴作基准轴，其基本偏差代号为h。

3）公差与配合的标注

零件图中标注尺寸公差有三种形式，如图7-41所示。

注意：当上、下极限偏差的绝对值不同时，偏差值的字高应比公称尺寸数字的字高小一号，下极限偏差与公称尺寸标注在同一底线上，小数点对齐，且小数点后的位数也必须相同；当某一偏差为"零"时，用数字"0"标出，并与另一偏差的个位数对齐；当上、下极限偏差的绝对值相同时，仅写一个数值，其字高与公称尺寸数字的字高相同，并在数值前注写"±"符号，如 $\phi25\pm0.030$。

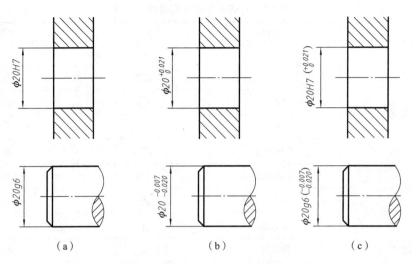

图7-41 零件图中尺寸公差的标注形式

(a) 注公差带代号；(b) 注极限偏差；(c) 混合标注

在装配图中，标注配合尺寸的形式如下：

$$公称尺寸 \frac{孔的公差带号}{轴的公差带号}$$

或　　　　　　　　　　公称尺寸　孔的公差带代号/轴的公差带代号

标注示例如图7-42所示。

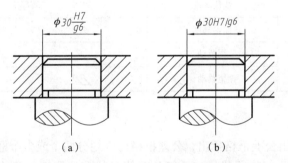

图7-42 装配图中配合尺寸的标注示例

7.4.3 几何公差

加工后的机械零件，不仅会产生尺寸误差，还会出现零件的几何形状和相对几何要素的位置误差。尺寸误差可以用尺寸公差加以限制，而几何误差必须由几何公差加以限制。几何公差包括形状、方向、位置和跳动公差，是指零件要素的实际形状和实际位置对于设计所要求的理想形状和理想位置所允许的变动量。几何误差的存在影响工件的可装配性、结构强度、接触刚度、配合性质、密封性、运动精度及啮合性能等。

1. 几何公差项目及符号

国家标准GB/T 1182—2008《产品几何技术规范（GPS）几何公差 形状、方向、位置和跳动公差标注》中规定了几何公差的几何特征和符号，如表7-7所示。

表7-7　几何公差的几何特征、符号

公差类型	几何特征	符号	有无基准
形状公差	直线度	—	无
	平面度	▱	无
	圆度	○	无
	圆柱度	⌖	无
	线轮廓度	⌒	无
	面轮廓度	⌓	无
方向公差	平行度	//	有
	垂直度	⊥	有
	倾斜度	∠	有
	线轮廓度	⌒	有
	面轮廓度	⌓	有
位置公差	位置度	⊕	有或无
	同心度（用于中心点）	◎	有
	同轴度（用于轴线）	◎	有
	对称度	=	有
	线轮廓度	⌒	有
	面轮廓度	⌓	有
跳动公差	圆跳动	↗	有
	全跳动	⌿↗	有

2. 几何公差标注

几何公差的标注由公差框格标出，公差框格可以划分两个或多个框格，各框格从左至右顺序标注以下内容：几何特征代号、几何公差值、基准。几何公差的标注示例如图7-43所示。

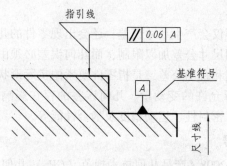

图7-43　几何公差的标注示例

公差框格用细实线绘制，可以水平或垂直放置。框格的高度是图样中尺寸数字高度的两倍，长度视需要而定。框格中的数字、字母一般应与图样中的数字、字母同高，几何公差符号的比例和尺寸请查阅国家标准。

在图样中，当录用公差框格标注几何公差时，用带箭头的指引线将被测要素与公差框格的一端相连。指引线的箭头应指向公差带的宽度方向或公差带的直径，且与被测要素相连接。当被测要素为轮廓线或轮廓面时，指引线的箭头应指向该要素的可见轮廓线或其延长线（与尺寸线明显错开），并与之垂直，箭头的方向就是公差带宽度的方向，如图 7 – 44 所示的 ϕ_1 圆柱面的圆度公差；当被测要素为中心线、中心面或中心点时，指引线的箭头应与该要素的尺寸线对齐，如图 7 – 44 所示的 ϕ_1 轴线与 ϕ_2 轴线的同轴度公差。

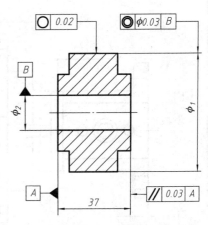

图 7 – 44　几何公差的标注

与被测要素相关的基准用一个大写拉丁字母水平书写表示，字母标注在基准方格内，与一个涂黑的或空白的三角形相连，基准三角形放置在要素的轮廓线或其延长线上（与尺寸线明显错开），如图 7 – 44 所示的 ϕ_1 圆柱左端面基准 A。如果基准是尺寸要素确定的轴线、中心平面或中心点，那么基准三角形应放置在该尺寸线的延长线上，如图 7 – 44 所示的 ϕ_2 轴线基准 B。

7.5　零件图的阅读

在设计制造工作中，经常要读零件图。读零件图的目的是了解零件的名称、材料和用途，想象出零件的结构形状，了解零件的尺寸、技术要求以及制造方法。本节以如图 7 – 45 所示的壳体零件图为例，说明如何读零件图。

7.5.1　读零件图的方法和步骤

1. 概括了解

从零件图的标题栏中了解零件的名称、材料、绘图比例等信息，参考装配图和设备使用说明书，了解零件在机器中的重要性和作用。

2. 分析表达方案

找出主视图，了解每个视图的表达方法及表达的重点，根据正投影理论，确定视图之间的对应关系，运用形体分析法想象零件的结构形状，分析零件的功能结构和工艺结构。

3. 分析尺寸和技术要求

弄清楚尺寸基准，找出零件的主要尺寸和主要加工表面，了解技术要求，从而正确选择加工方法、确定加工工艺和选择加工设备等。

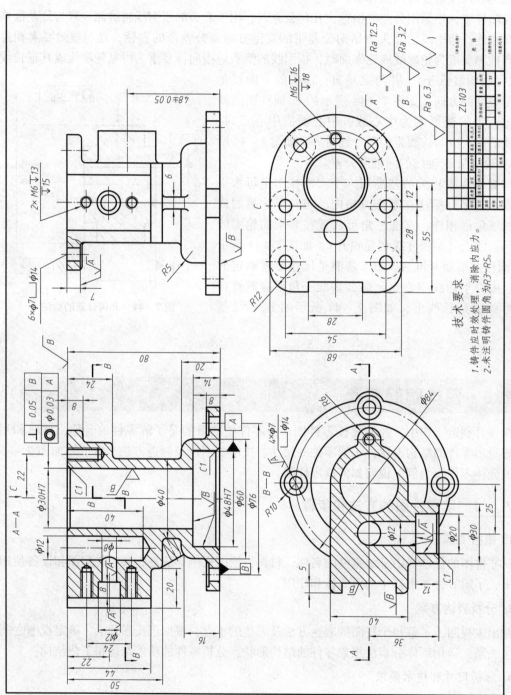

技术要求
1.铸件应时效处理，消除内应力。
2.未注明铸件圆角为R3~R5。

图7-45 壳体零件图

7.5.2　读零件图举例

1. 读标题栏

通过阅读标题栏，了解零件的名称、材料、比例等，对零件有初步的认识。从图 7 - 45 的标题栏可知，该零件为壳体，材料为铸造铝合金，属于箱体类铸造件，具有一般箱体类零件所具有的安装、容纳其他零件的结构。图样比例为 1∶1，可以由此想象零件实物的大小。

2. 分析表达方案

该壳体零件图用三个基本视图和一个向视图来表达内、外部的结构和形状。

主视图采用 A - A 全剖视图，表达了主要的内部结构形状；俯视图采用相互平行的剖切平面进行剖切，得到全剖视图 B - B，同时表达了内部结构和底板形状；左视图主要表达外形，采用局部剖视表达了顶面的通孔结构；C 向视图主要表达顶面形状及连接孔的位置和数量。

3. 分析构形，想象零件结构形状

这一过程是读零件图的重点和难点，也是读零件图的核心内容。在该过程中，既要熟练地运用组合体视图的阅读方法来分析视图，想象零件的主体结构形状，又要依靠对功能、工艺结构的分析想象零件上的局部结构。在分析形体时，要先整体、后局部，先主体、后细节，先易后难地逐步进行。

在图 7 - 45 中，壳体外形从下向上的结构依次为圆盘形安装底板、与底板同轴的 $\phi60$ 和 $\phi40$ 圆柱、左侧的长方体及左前方的圆柱凸缘 $\phi30$ 组成的工作部分。由视图 C 可以看出顶面连接板的形状。壳体的主要外形轮廓如图 7 - 46（a）所示。

壳体内腔的主要结构为 $\phi48H7$ 与 $\phi30H7$ 组成的阶梯孔，以及主体阶梯孔左侧的三个相互垂直的连通孔：深 40 的铅垂孔 $\phi12$、侧垂阶梯孔 $\phi12$、$\phi8$ 和正垂的阶梯孔 $\phi20$、$\phi12$。如图 7 - 46（b）所示。

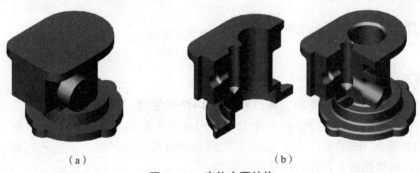

（a）　　　　　　　　　　　　　　　　　（b）

图 7 - 46　壳体主要结构

（a）基本外形；（b）主要内腔结构

壳体的局部结构为圆盘形安装底板上有 4 个 $\phi7$ 的安装孔，表面锪平 $\phi16$；顶面连接板有 6 个 $\phi7$ 的安装孔及 1 个 M6、深 16 的螺孔。左侧连接部分有连接凹槽，凹槽内有 2 个起连接作用的 M6 螺孔，如图 7 - 47 所示。

综合以上分析，可清晰地想象出壳体零件的完整外部形状及内部结构，如图 7 - 48 所示。

（a）　　　　　　　　（b）　　　　　　　　（c）

图 7 – 47　壳体局部结构

（a）安装底板上的锪平安装孔；（b）顶面连接板上的孔结构；（c）连接凹槽及孔结构

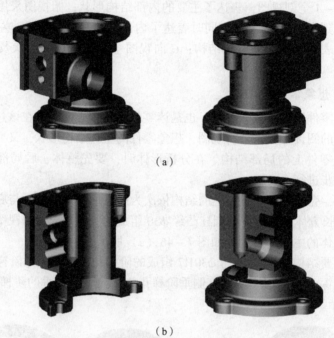

（a）

（b）

图 7 – 48　壳体总体结构

（a）外部形状；（b）内部结构

4. 分析尺寸

长度方向的主要尺寸基准是主体内腔孔 φ30H7 的轴线，它既是设计基准，又是工艺基准。俯视图中前面凸缘轴线的定位尺寸 25、C 向视图中的连接板的尺寸 55、板上螺栓孔的定位尺寸 12、螺孔 M6 的定位尺寸 22 等，均以此为基准进行标注。左侧的凹槽端面为辅助的工艺基准，是该端面上各孔的尺寸标注起点。

前后方向的尺寸基准也是主体内腔孔 φ30H7 的轴线，它既是设计基准，又是工艺基准。例如，俯视图中的尺寸 40、36，C 向视图中的尺寸 28、54、68 等，均以此为基准进行标注。前面的凸缘端面为辅助的工艺基准。

高度方向的尺寸基准是壳体的底面。例如，主视图中高度方向标注顶面的各尺寸、左视图中前面凸缘轴线的定位尺寸 48 ± 0.05，均以此为基准标注。上平面是高度方向的辅助基准，是该端面上各孔的尺寸标注起点，主视图中几个凸起的外轮廓的尺寸 44、50、22 等也以该端面为基准进行标注。

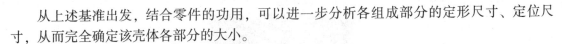

从上述基准出发，结合零件的功用，可以进一步分析各组成部分的定形尺寸、定位尺寸，从而完全确定该壳体各部分的大小。

5. 技术要求及加工方法分析

有尺寸公差要求的是主体内腔孔 ϕ30H7、ϕ48H7 及壳体前端圆柱凸缘轴线的定位尺寸 48±0.05。有几何公差要求的是主体内腔阶梯孔 ϕ30H7、ϕ48H7 的同轴度及 ϕ30H7 轴线相对于底面的垂直度，它是该零件的核心部分。

从表面结构（粗糙度）标注看出，主体内腔孔 ϕ30H7 及 ϕ48H7 的 Ra 值为 3.2，零件的顶面、底面的 Ra 值为 3.2，其他加工面的 Ra 值为 6.3 或 12.5。

壳体的材料为铸铝，为保证壳体在加工后不致变形而影响工作，铸件应经时效处理。零件上的未注铸造圆角为 $R3 \sim R5$。

此零件经铸造成毛坯，再经铣、钻等切削加工完成制造。

文化阅读

规矩与制图工具

绘图工具是绘制图样时使用的各种绘图仪器和工具的总称，工程图样幅面质量的好坏不仅取决于绘制技术，更需要有各种绘图仪器的组合与使用，才能使图面清楚、线条准确。

我国是最早使用绘图工具的国家，几千年来人们为了解决工程制图中直线与曲线的绘制问题，创造了使用方便、易于制作的绘图工具，从而保证了绘图的质量。我国古代绘制工程图样的工具是规和矩，规是绘制圆弧和圆的绘图工具，矩是绘制直线与垂线的绘图工具。规和矩的使用，为图样精确性和科学性提供了支撑。两足规画圆，直角矩画方。规矩作图，其源甚远。

规和矩是作图的基本工具，其样式可以从古代画像石、画像砖及绘画作品得知其全貌，如山东嘉祥县汉武梁祠画像石"伏羲手执规，女娲手执矩"图（图 7 - 49）、山东沂南汉墓石柱上"伏羲手执规，女娲手执矩"的石刻、汉规矩砖图，以及新疆高昌故址阿斯塔那古墓彩色绢画所绘伏羲女娲手持规矩图（图 7 - 50）。

图 7 - 49　汉画像石中伏羲女娲手持规矩图

图 7 – 50　新疆阿斯塔那墓唐代伏羲女娲手持规矩图

　　从"规"字来看，右边是手，拿着左边带柄的两脚规，与唐墓壁画中的情景相似。根据石刻来看，规有平行两脚，一脚定心，一脚画圆。这种圆规已有如现代的木梁圆规，为作半径较大的圆所用。目前，我国仍有圆木工，以较厚竹片为梁，一端垂直固定一钉以定心，另一端则根据需要尺寸钻出若干小孔，用以插入铁针作圆。这恐怕就是我国几千年所用的传统画圆工具。长沙发掘出土的楚器有一柄两足形木器，两头都尖形，现称为木剪，或者即古代的圆规。矩则与我国目前有些木工使用的"角尺"形式一样，且有的已做成短垂边较厚、长垂边较薄，并且有刻度。当短边靠拢工件时，不仅可画出与工件垂直的直线，而且移动时以竹笔或其他笔对准刻度紧附尺边，还可画出与工件平行的直线，以及矩形或方形等榫口形象，起着现代三角板和丁字尺联合使用的作用。

🛞 **延伸** ▸▸ ▸

　　对于规、矩用法的研究，很有实用价值。特别是几何作图中，有了规、矩这两件工具，大多数作图题都可以求得解答。有了规便能画出正确的圆形，有了矩便能画出正确的方形，这对早期的器物，目前仍广泛应用于实际绘图过程中。

第 8 章
装配图

任何一台机器或部件都是由若干零件装配而成的，表达机器或部件的组成及装配关系的图样称为装配图。本章主要介绍如何绘制和阅读装配图以及由装配图拆画零件图的方法和步骤。

8.1 装配图的作用与内容

装配图是了解机器或部件的基本结构、工作原理、零件间装配连接关系的技术文件，也是制定装配工艺规程、指导装配以及检验、安装、调试和维修的技术依据。在设计产品时，一般先根据产品的工作原理图绘制装配图；在装配时，根据装配图把零件装配成机器或部件。

图 8-1 所示为单向阀的装配图。从图中可以看出，一张完整的装配图，应包括以下几方面的内容：

1. 一组视图

用一组视图准确、完整、清晰地表达出机器或部件的组成、各零件间的相对位置及装配关系、连接方式和主要零件的结构形状。

2. 必要的尺寸

装配图上要有表示机器或部件的性能（规格）、装配、检验和安装时所需要的一些尺寸。

3. 技术要求

用文字或符号说明机器或部件的性能与装配、安装与调试、检验与实验项目、使用与维护以及运输等方面的技术要求。

4. 零件序号、明细栏和标题栏

零件序号和明细栏用于说明每个零件的序号、代号、名称、数量和材料等。标题栏用于说明机器或部件的名称、绘图比例、图号、设计人员、描图人员及审核人员的签名和日期等。

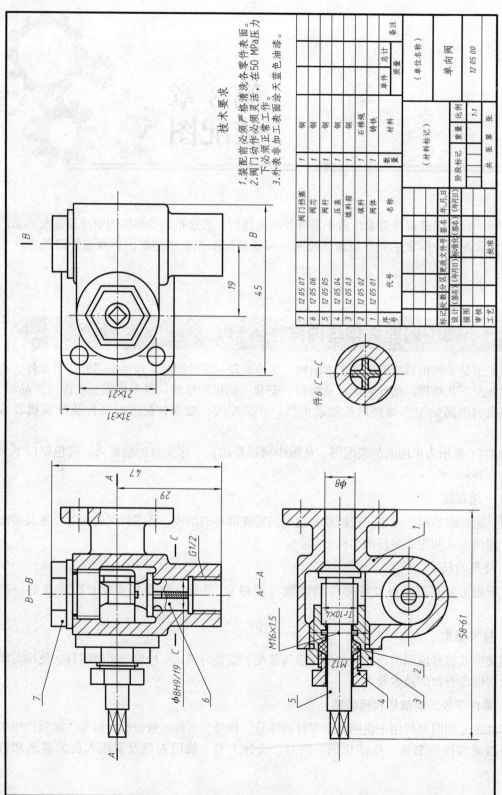

图 8-1 单向阀装配图

序号	代号	名称	数量	材料	单件	总计	备注
					质量		
7	12 05 07	阀门挡塞	1	铜			
6	12 05 06	阀芯	1	铜			
5	12 05 05	阀杆	1	铜			
4	12 05 04	压盖	1	铜			
3	12 05 03	填料箱	1	石棉绳			
2	12 05 02	填料	1	铸铁			
1	12 05 01	阀体					

技术要求

1. 装配前须严格将清洗各零件表面。
2. 阀门动作须须灵活，在50 MPa压力下须须正常工作。
3. 外表非加工表面天蓝色油漆。

8.2 装配图的表达

零件图所采用的各种表达方法（如视图、剖视图、断面图、局部放大图等）在表达机器或部件的装配图时同样适用。零件图表达的重点是零件的各部分结构和形状，而装配图表达的重点是机器或部件的工作原理、装配连接关系以及主要零件的结构与形状等。因此，除了前面章节所介绍的各种表达方法外，国家标准《技术制图》和《机械制图》对绘制装配图制定了一些规定画法、特殊画法和简化画法等表达方法。

8.2.1 规定画法

1. 相邻零件间接触面、配合面的画法

相邻两个零件间的接触面和配合面，只画一条线，如图 8 – 2 所示的 b、c；不接触表面和非配合表面，无论间隙大小，均要画成两条线，如图 8 – 2 所示的 e。

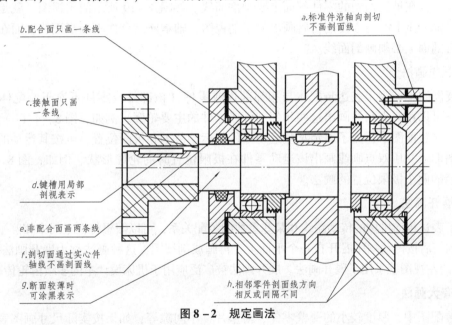

图 8 – 2 规定画法

2. 装配图中剖面符号的画法

在装配图中，同一零件在各视图上的剖面线应方向相同、间隔相等；相邻两个或多个零件的剖面线方向应相反，或者方向一致而间隔不等，如图 8 – 2 所示的 h；宽度小于或等于 2 mm 的窄剖面区域，允许以涂黑来代替剖面线，如图 8 – 2 所示的垫片 g 的画法。

3. 紧固件、实心零件的画法

在装配图中，对于紧固件（螺钉、螺栓、螺母、垫圈等）和实心零件（轴、球、手柄、键、销、连杆、钩子等），若沿纵向剖切，且剖切平面通过其对称平面或轴线，则这些零件均按不剖绘制，如图 8 – 2 所示的 a、f。如果需要特别表明零件的构造（如凹槽、键槽、销孔等），则可用局部剖视表示，如图 8 – 2 所示的 d。

8.2.2　特殊画法

1. 拆卸画法

在装配图中，对于已经在其他视图中表达清楚的一个或几个零件，若它们遮住了其他装配关系或零件，为使图形表达清晰，可以假想将这些零件拆卸后绘制，这种画法称为拆卸画法。

注意：采用拆卸画法时，需在该视图上方注明"拆去件××"，如图 8-3 的左视图所示。

2. 单独表达某个零件

在装配图中，当某个零件的结构和形状因未表达清楚而影响对装配关系的理解时，可以单独画出该零件的某一视图，但必须在所画视图的上方注出该零件的视图名称，在相应视图的附近用箭头指明投影方向，并注上相同的字母，如图 8-1 所示中对件 6 的"$C—C$"视图。

3. 沿结合面剖切

为了表达装配体被遮住部分的结构，可以假想沿某些零件的结合面剖开，在结合面上不画剖面线，但在被剖切到的零件剖面上要画剖面线。如图 8-19 所示的俯视图，就是沿着轴承盖 2 与轴承座 1 的结合面剖切后画出的半剖视图，轴承座结合面不画剖面线，而在被剖切到的螺钉剖面上必须画剖面线。

4. 假想画法

在装配图中，为了表达装配体与相邻部件或零件（该部件或零件不属于装配体）的连接关系，可以用双点画线画出这些相邻部件或零件的主要轮廓。例如，图 8-4（b）所示的床头箱。在装配图中，为了表示某些运动零件的运动范围和极限位置，可按其运动的一个位置绘制图形，并用双点画线画出该运动零件在极限位置时的轮廓形状。例如，图 8-4（a）所示手柄的两个极限位置的画法。

5. 展开画法

为了表达传动机构的传动路线和某些重叠的装配关系，可以假想将在空间中相互平行的轴系依次剖切后按传动顺序展开在一个平面上，再画成剖视图，这种画法称为展开画法。例如，图 8-4 的左视图就采用了展开画法。展开画法被广泛应用于机床设计中的多级齿轮传动机构。

6. 夸大画法

在装配图中，厚度较小的薄壁零件、薄垫片、小间隙等，如果按实际尺寸画图表达不清楚，则允许将它们的厚度、间隙适当放大后画出，如图 8-5 所示的 a。

8.2.3　简化画法

在装配图中，对于若干相同的零部件组（如螺栓连接、螺钉连接等），在不影响理解的前提下，可以只详细地画出一组，其余用点画线表示其中心位置即可，如图 8-5 所示的 f。

在装配图的剖视图中，对于滚动轴承，允许只画出对称图形的一半，将另一半只画出其轮廓，并用"+"字线画在对称位置上，如图 8-5 所示的 e。

在装配图中，零件的工艺结构（如小圆角、倒角、退刀槽、拔模斜度等）可不画出，如图 8-5 所示的 b、c、d、g。

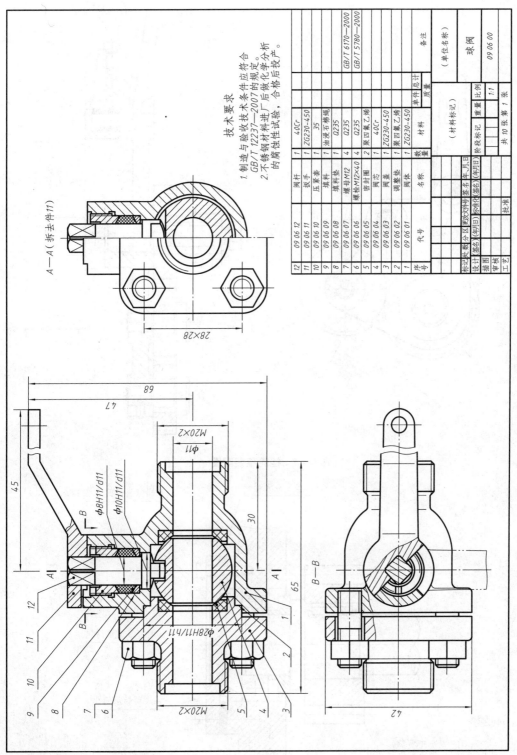

图 8－3 球阀装配图

12	09 06 12	阀杆	1	40Cr	
11	09 06 11	扳手	1	ZG230-450	
10	09 06 10	压紧套	1	35	
9	09 06 09	填料套	1	油浸石棉绳	
8	09 06 08	填料座	1	Q235	
7	09 06 07	螺母M12×40	4	Q235	GB/T 6170—2000
6	09 06 06	螺栓M12×40	4		GB/T 5780—2000
5	09 06 05	密封圈	1	聚四氟乙烯	
4	09 06 04	阀芯	1	40Cr	
3	09 06 03	阀盖	1	ZG230-450	
2	09 06 02	调整垫	1	聚四氟乙烯	
1	09 06 01	阀体	1	ZG230-450	
序号	代号	名称	数量	材料	备注

技术要求

1. 制造与验收技术条件应符合 GB/T 12237—2007 的规定。
2. 不锈钢材料进厂后做化学分析的腐蚀性试验，合格后投产。

单位名称				
	球阀			09 06 00
阶段标记	重量比例			
	1:1			
共 10 张 第 1 张				

213

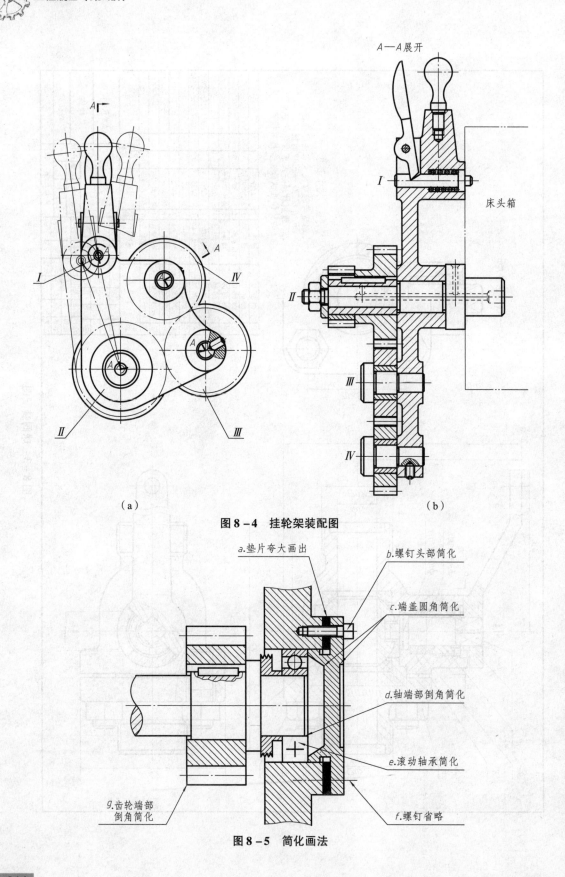

（a）

（b）

图8-4 挂轮架装配图

图8-5 简化画法

8.3 装配图的尺寸标注

8.3.1 装配图尺寸标注的原则

装配图用于装配机器或部件，其作用是表达零部件的装配关系，不是制造零件的直接依据。因此，装配图与零件图对尺寸标注的要求不同，装配图中不需要标注零件的全部尺寸。国家标准《技术制图》和《机械制图》对装配图的尺寸标注作了以下5类规定：

1. 性能（规格）尺寸

性能（规格）尺寸是表示装配体性能或规格的尺寸，在设计机器或部件之前就已经确定。性能（规格）尺寸是设计和选用该机器或部件的主要依据，如滑动轴承的轴孔直径、滚动轴承的内径、齿轮油泵的进/出油孔直径、车床主轴的中心高等。

2. 装配尺寸

装配尺寸是表示机器（或部件）中零件之间装配关系的尺寸，用于保证机器（或部件）的工作精度和性能要求。装配尺寸可以分为配合尺寸和相对位置尺寸。

1）配合尺寸

配合尺寸是表示两个零件之间配合性质和相对运动情况的尺寸（如具有配合要求的轴与孔的直径），是分析装配体工作原理、分析零件极限尺寸偏差或零件之间相对运动的依据，由基本尺寸和孔与轴的公差带代号所组成。

2）相对位置尺寸

相对位置尺寸是表示装配时需要保证零件之间较重要的相对位置的尺寸。

3. 安装尺寸

安装尺寸是表示将机器或部件安装在地基上或其他机器、部件上时所需的尺寸，如安装螺栓的中心距尺寸等。

4. 外形尺寸

外形尺寸是表示机器或部件外形轮廓的尺寸，即总长、总宽、总高。外形尺寸是机器（或部件）包装、运输、安装和厂房设计的依据。

5. 其他重要尺寸

其他重要尺寸是在设计过程中经计算确定或选定的尺寸，但又不属于上述四类尺寸的一些重要尺寸。例如，两个齿轮的中心距、运动零件的极限位置尺寸、主要零件的重要尺寸等。

必须指出，上述5类尺寸并非在每张装配图上都需注全。有时，同一个尺寸在同一张装配图上具有几种不同的含义。因此，装配图上的尺寸标注需根据具体装配体的具体情况来分析确定。

8.3.2 应用举例

下面以图8-1为例，分析单向阀装配图中的尺寸标注。

（1）单向阀的进出口阀门直径 G1/2、$\phi 8$ 为性能（规格）尺寸，是设计和选用该单向阀的主要依据。

（2）$\phi 8$H9/f9 为阀芯与阀体内腔的配合尺寸，19、29 分别为阀杆轴线与阀芯腔轴线、阀体底面之间的相对位置尺寸。

（3）21×21 为阀体底板的安装孔尺寸。

（4）单向阀的外形轮廓尺寸为 58~61、45、47。

（5）图上的其他尺寸都是主要零件的重要尺寸。例如，M16×1.5、M12、Tr10×4 分别为填料箱的螺纹、压盖、阀杆的螺纹尺寸，31×31 为阀体底板的外形尺寸。

8.4 装配图中的零部件序号、明细栏及技术要求

8.4.1 零部件序号

为了便于读图、装配产品、图样管理、编制其他技术文件以及做好生产准备工作，在装配图上必须对机器或部件的所有零件进行编号，称为零件序号。

装配图中所有的零部件都必须编注序号。规格相同的零件或部件只编注一个序号，且在装配图中一般只标注一次。多处出现的相同零部件，必要时也可重复标注。例如，一组螺钉、滚动轴承等，可以看作一个整体而编注一个序号。装配图中零件序号应与明细栏中的序号一致。

装配图中的序号一般由指引线、圆点、横线（或圆圈）和序号数字组成，如图8-6（a）所示。具体要求如下：

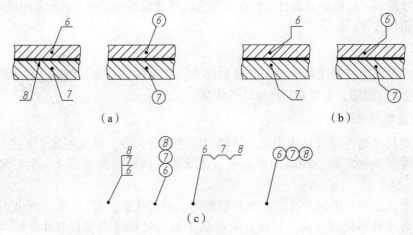

图8-6 零件序号和指引线

（1）指引线、横线或圆圈均用细实线绘制。

（2）指引线应从所指零部件的可见轮廓线内引出，并与要表达的物体形成一定的角度；指引线不宜相交，且不宜与轮廓线或剖面线平行；与相应图线所成的角度应大于15°；必要时，指引线允许弯折一次，如图8-6（b）所示。

（3）指引线的另一端应伸到被指零部件可见轮廓线之内，并在末端画一小圆点；遇到涂黑的剖面，不便画出圆点时，可在指引线末端改用箭头指向该零件的轮廓线，如图8-6（a）所示。

（4）将序号数字填写在指引线一端的横线上或圆圈内。

对于像螺纹紧固件或装配关系清楚的零件组，允许采用公共指引线，如图8-6（c）所示。

序号数字比装配图中标注的尺寸数字大一号或二号。

零件的序号应按水平或垂直方向排列整齐，并应按顺时针或逆时针方向顺次排列，如图8-1、图8-3所示。

8.4.2　明细栏

明细栏是装配图中全部零部件的详细目录，内容有序号、零部件代号、名称、数量、材料、备注等。"材料"栏内填写该零件所用材料的名称或牌号，"备注"栏内填写有关的工艺说明（如零件的热处理、表面处理等）或其他说明。

如图8-7所示，明细栏的格式和尺寸已经标准化。明细栏应画在标题栏的上方，零部件序号应按自下而上的顺序填写，以便增加零件。若标题栏上方的空间不够，可以将明细栏紧靠标题栏的左侧继续自下而上填写。明细栏与标题栏的分界线是粗实线，明细栏的左右外框线是粗实线，横线（包括最上方一条线）和内部竖线均为细实线。

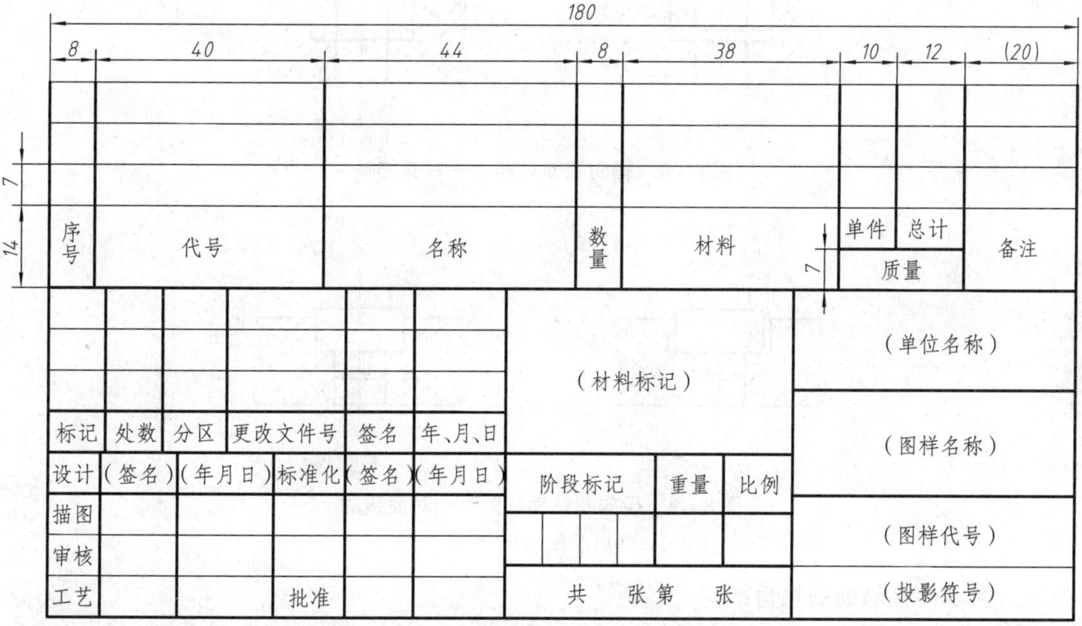

图8-7　明细栏

8.4.3 技术要求

不同性能的机器或部件，其技术要求各不相同。装配图中的技术要求主要包括性能要求（性能指标、规格、参数等）、装配要求（密封、润滑等）、试验要求、检验要求、使用要求以及包装、运输等方面的要求。

编写技术要求通常用文字逐条编号注写在标题"技术要求"下，注意文字应准确、简练，安置在明细栏上方或图纸下方的空白处。

8.5 装配结构的合理性

在绘制装配图时，应该考虑装配结构的合理性，以保证机器或部件的使用性能和装拆方便。下面介绍一些常用的装配结构画法。

1. 两个零件在同一方向上的接触面只能有一对

两个零件在同一方向上的接触面一般只能有一对。由于存在加工误差，因此两个零件在同一方向上不可能有两对接触面同时接触。如图8-8（a）所示，轴向端面的上面接触，下面就有间隙，即使间隙很小，也应夸大画出。

如图8-9（a）所示，径向圆柱面的下面接触，上面就会有间隙，即使间隙很小，也应夸大地画出。

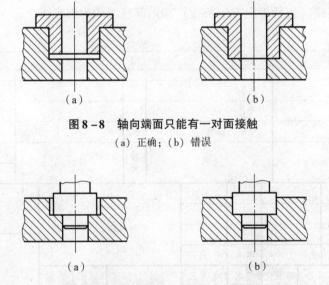

图8-8　轴向端面只能有一对面接触

（a）正确；（b）错误

图8-9　径向圆柱面只能有一对面接触

（a）正确；（b）错误

2. 两零件接触处的拐角结构

在装配轴与孔时，为了使轴肩端面与孔端面紧密接触，应对孔进行倒角或在轴根切退刀槽，如图8-10（a）所示。

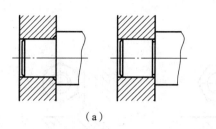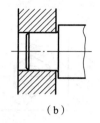

图8－10　两零件接触处的拐角结构

（a）正确；（b）错误

3. 装配图中滚动轴承的合理安装

滚动轴承常用轴肩或孔肩轴向定位，设计时应考虑维修、安装、拆卸的方便。为了方便滚动轴承的拆卸，轴肩（轴径方向）应小于轴承内圈的厚度，孔肩（孔径方向）高度应小于轴承外圈的厚度。如图8－11（a）所示，圆柱（锥）滚子轴承与座体间的轴向定位靠孔肩和轴承的左端面来实现，通过使孔肩高度小于轴承外圈厚度或在孔肩上加工小孔，均可以方便地将轴承外圈从座体中拆卸。

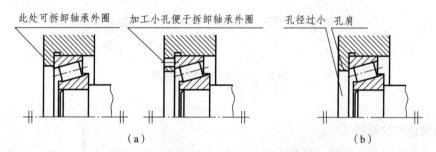

图8－11　圆柱（锥）滚子轴承与孔肩的安装

（a）正确；（b）错误

如图8－12（a）所示，深沟球轴承的左端面与轴肩接触。考虑到拆卸轴承的方便，轴肩高度应小于深沟球轴承内圈厚度。

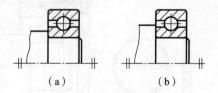

图8－12　深沟球轴承与轴肩的安装

（a）正确；（b）错误

4. 螺栓、螺母等的合理装拆

在安排螺栓、螺母的连接位置时，应考虑扳手拧紧螺母时的空间活动范围，若空间太小，扳手将无法使用，如图8－13所示。在安装螺钉时，应考虑螺钉装入时所需要的空间，若空间太小，螺钉将无法装入，如图8－14所示。

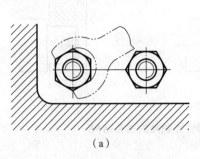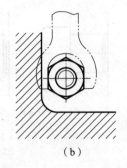

（a） （b）

图 8 – 13 螺母的装拆空间

（a）合理；（b）不合理

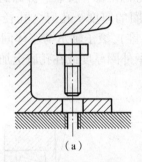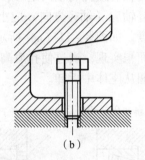

（a） （b）

图 8 – 14 螺钉的拆装空间

（a）正确；（b）错误

5. 轴向定位的结构

装在轴上的滚动轴承等一般要有轴向定位。如图 8 – 15 （a） 所示，左边轴承内圈采用螺栓紧固轴端挡圈进行轴向定位，右边是轴端挡圈的视图。如图 8 – 15 （b） 所示，左边轴承内圈采用弹性挡圈进行轴向定位，右边是弹性挡圈的视图。

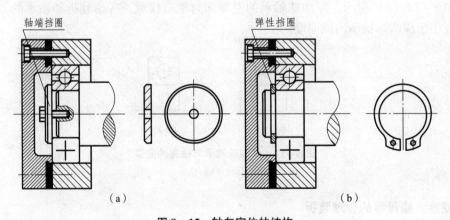

（a） （b）

图 8 – 15 轴向定位的结构

（a）采用轴端挡圈轴向定位；（b）采用弹性挡圈轴向定位

8.6 装配图的画法

8.6.1 画装配图的一般步骤

绘制装配图一般步骤如下：

1. 了解机器或部件，绘制装配示意图

仔细观察和分析机器或部件，了解其用途、性能要求、工作原理、零件的组成等情况并绘制装配示意图。装配示意图在拆卸较复杂的装配体前绘制，是重新装配零部件和画装配图的参考依据。装配示意图上各零件的结构和形状应尽可能用简单的图线表示。通过拆卸零部件和测绘，画出零件草图。

2. 确定表达方案

1）选择主视图

通常将机器或部件按工作位置放置，使主视图方向最能充分反映出机器或部件的主要零件的装配关系、工作原理及结构特点。为了准确表达零件间的相对位置和装配关系，主视图多采用剖视的表达方法。

2）选择其他视图

其他视图主要是补充表达那些在主视图中尚未表达或表达得不够清楚的装配关系、工作原理及主要零件。通常，每个零件至少在视图中出现一次，以便了解其在装配体中的位置并编注序号；应尽可能选用基本视图或在基本视图上选取剖视的表达方法；在满足准确、完整、简洁地表达各零件间的装配关系的原则下，应尽可能减少视图的数量。

3. 画装配图的步骤

（1）合理布置视图。在表达方案确定后，应根据装配体的实际尺寸及其结构的复杂程度，确定图形比例，选择适当图幅。在估算图幅时，不仅要考虑各视图的位置，还应注意在各视图之间留出适当的位置，用于标注尺寸和编写零件序号，视图之外也要留出一定的位置，用于编写标题栏、明细栏和技术要求等。在确定图幅后，再确定各视图的主要轴线（装配干线）、对称中心线以及作图基准线。

（2）画底稿。从主视图入手，按照投影关系，将几个视图联系起来画。画图时的基本原则如下：先画装配体的主体结构，后画次要结构；先画内部结构，再由内向外逐个画（或先画外部结构，再由外向内逐个画）；先确定零件位置，后画零件形状；先画主要轮廓，后画细节。

（3）检查校核底稿，加深图线、画剖面线，画标题栏和明细栏。

（4）标注尺寸、编写零部件序号和技术要求、填写明细栏和标题栏，完成装配图的绘制。

8.6.2 应用举例

下面以滑动轴承为例，按照上述画图步骤，介绍装配图的画法。

1. 了解滑动轴承，绘制装配示意图

滑动轴承主要起支承轴的作用，图 8 – 16 所示为滑动轴承的立体图和爆炸图。从图中可以看出滑动轴承主要由 8 种零件组成。为了便于轴的装拆，轴承做成上下剖分式结构，轴承盖与轴承座在剖分面上制有阶梯形配合止口，以防两者之间横向错动；上、下轴瓦分别装在轴承盖与轴承座内，轴瓦的前后两段凸缘侧面与轴承盖、轴承座的两侧端面配合，以防止轴瓦沿轴向移动，轴瓦内表面开有油孔和油沟，油脂由油孔输入后，经油沟分布到整个轴瓦表面上；轴瓦固定套用于防止轴瓦转动，并兼有油管作用；轴承盖与轴承座用两个螺栓连接，并配有两个螺母紧固以防松动；油杯是个标准组合件，内装油脂，拧动油杯即可将油脂挤入轴瓦内进行润滑。根据装配关系绘制的装配示意图如图 8 – 17 所示。

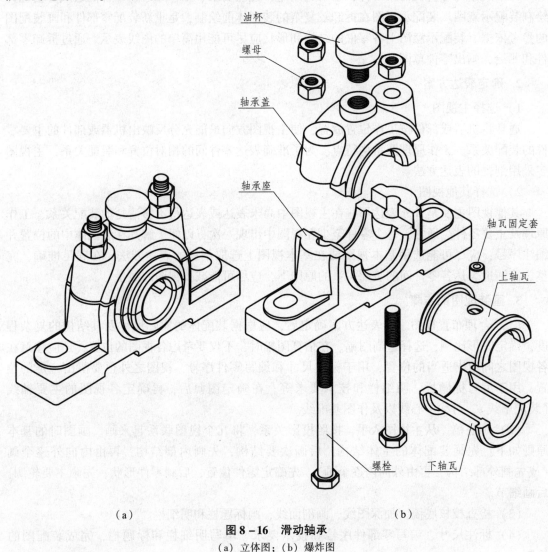

（a）   （b）

图 8 – 16 滑动轴承

（a）立体图；（b）爆炸图

2. 确定表达方案

根据滑动轴承的特点，按滑动轴承的工作位置放置作为主视图的投影方向，既可表达各零件之间的装配关系，又能充分反映主要零件的结构形状。由于滑动轴承左右对称，因此主视图选择半剖视图。为了进一步表达轴承的外部形状和主要零件的形状，俯视图选取沿轴承盖与轴承座的结合面剖切，作半剖视图。左视图采用了阶梯剖的局部剖视图，采用了拆去油杯的画法，既表达了轴承盖、轴承座与轴瓦的配合情况，也表达了轴承座下部安装螺栓的凹槽形状。

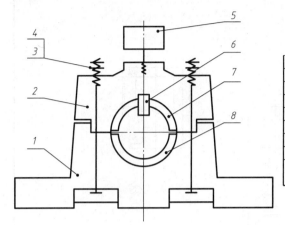

8	下轴瓦	1	ZQSn6-6-3
7	上轴瓦	1	ZQSn6-6-3
6	轴瓦固定套	4	Q235
5	油杯	2	HT20-40
4	螺母M6	4	HT20-40
3	螺栓M6×70	2	Q235
2	轴承盖	1	HT12-28
1	轴承座	1	HT12-28
序号	名称	数量	材料

图 8 – 17　滑动轴承装配示意

3. 画装配图的步骤

根据轴承尺寸，选择图幅，比例为 1 : 2，确定各视图的对称中心线和作图基准线，如图 8 – 18（a）所示。

按照轴承座、下轴瓦、上轴瓦、轴承盖、油杯、螺栓和轴瓦固定套的顺序画底稿，如图 8 – 18（b）～图 8 – 18(g) 所示。

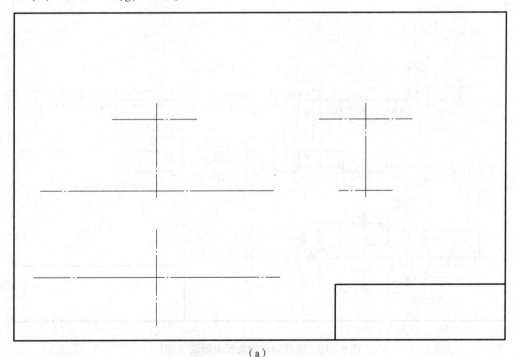

（a）

图 8 – 18　滑动轴承的装配图画法

（a）画对称中线和基准线

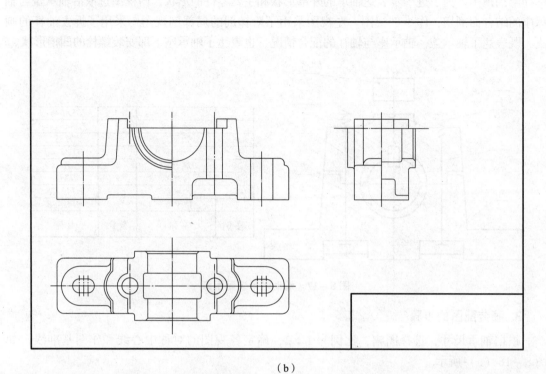

（b）

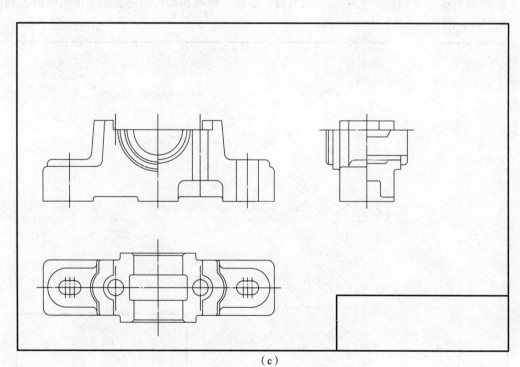

（c）

图 8 - 18　滑动轴承的装配图画法（续）

（b）画轴承座；（c）画下轴瓦

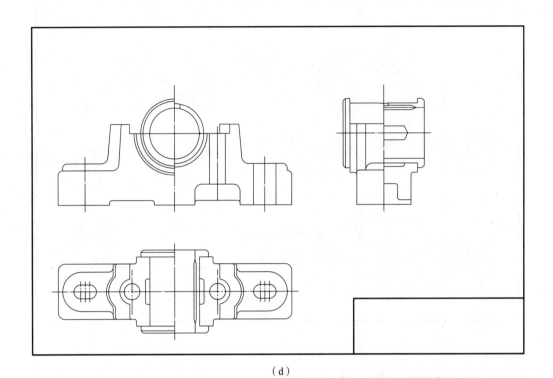

（d）

（e）

图8-18 滑动轴承的装配图画法（续）

（d）画上轴瓦；（e）画轴承盖

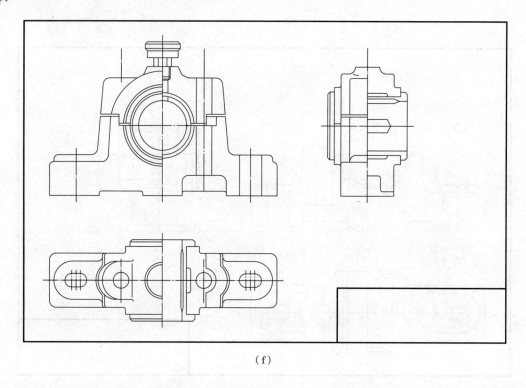

（f）

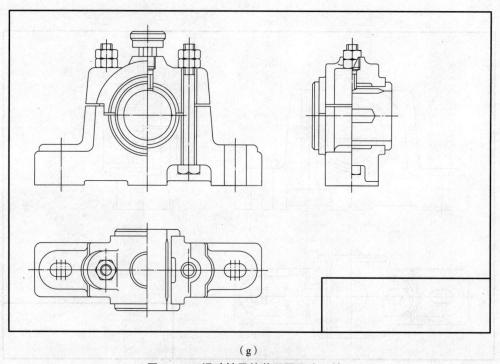

（g）

图 8 –18　滑动轴承的装配图画法（续）

（f）画油杯；（g）画螺栓和轴瓦固定

　　检查底稿，加深图线，画剖面线，画标题栏和明细栏，标注尺寸，编写零部件序号和技术要求，填写明细栏和标题栏，完成滑动轴承装配图的绘制，如图 8 –19 所示。

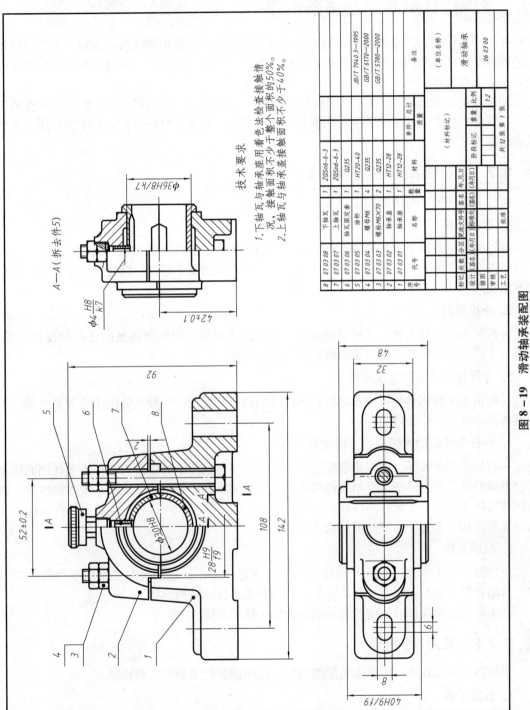

图 8 – 19 滑动轴承装配图

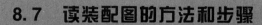

8.7　读装配图的方法和步骤

在生产工作中，产品从设计到制造、从安装到调试、从使用到维修，或对产品进行技术交流等都会用到装配图。因此，装配图是机械图样的核心内容之一，快速准确地读懂装配图是每一名工程技术人员所必须具备的一项基本技能。

阅读装配图的目的：了解产品的用途、性能、结构、工作原理以及其使用和调整的方法；了解各零件之间的装配关系；明确各零件的名称、数量、材料及在产品中的作用，并想象出其结构和形状。

8.7.1　阅读装配图的一般步骤

阅读装配图的一般步骤如下：

1. 概括了解

通过阅读标题栏了解机器或部件的名称，根据比例了解其形状大小；通过阅读明细栏了解各零件或机器的名称、数量，从而可了解机器或部件的复杂程度；结合说明书，了解其性能和用途等。

2. 分析视图

分析采用的表达方案。了解视图数量，先找出主视图，再找出各视图之间的投影关系，分析每个视图所采用的表达方法及所表达的重点内容。

3. 分析传动关系和工作原理

在概括了解和初步分析视图之后，还应仔细阅读装配图。一般从分析传动关系开始，了解其传动路线和工作原理。

4. 分析零件间的装配关系，确定零件形状

一般从主视图入手，根据主装配线，对照零件在各视图中的投影关系；由零件剖面线来区分不同的零件；由一些常见结构的规定画法来识别零件，如螺栓、齿轮、滚动轴承等；由所标注的配合代号，了解各零件间的配合关系；由零件序号和明细栏，了解零件在装配图中的位置和作用，并想象出零件的结构形状。

5. 归纳总结

经过以上几个步骤，分析了机器或部件的用途、工作原理、装配关系、零件的结构形状，再结合尺寸和技术要求，最后就能综合想象出其整体结构形状。

在实际阅读装配图时，应注意灵活掌握以上读图步骤。

8.7.2　应用举例

下面以图 8-20 所示的虎钳装配图为例，说明读装配图的方法和步骤。

1. 概括了解

从图 8-20 中的标题栏可知，该部件的名称为虎钳，绘图比例为 1:2。从明细栏可知，虎钳由 11 种零件组成，其中标准件有 4 种、非标准件有 7 种，在视图中找出相应零件所在的位置，该虎钳的总体大小为 $170 \times 120 \times 48$。

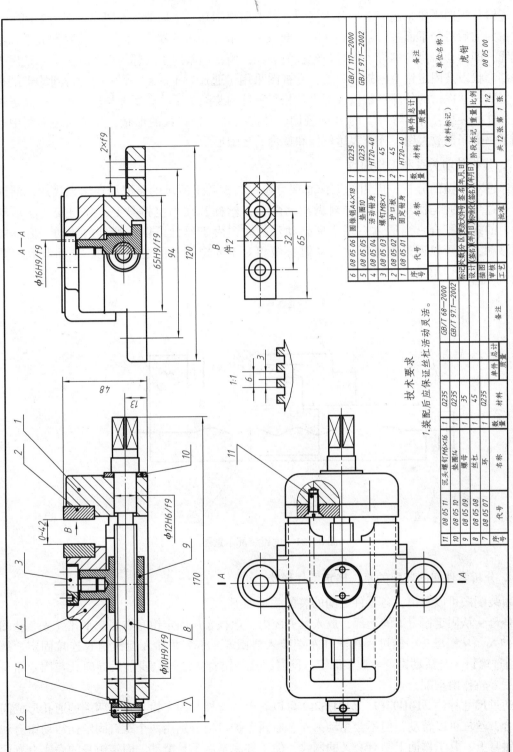

图 8-20 虎钳装配图

技术要求

1.装配后应保证丝杠活动灵活。

2. 分析视图

虎钳装配图主要采用了三个基本视图、一个向视图和一个局部放大图。主视图采用了通过虎钳的前后对称平面进行剖切得到的全剖视图，主要表达各零件之间的主要装配关系和主装配线，即活动钳身与螺母、螺母与丝杠的装配；俯视图采用了局部剖视图，主要表达虎钳的外部形状以及固定钳身的螺钉深度；左视图采用了通过"A—A"平面剖切得到的半剖视图，主要表达虎钳的外部形状以及螺母与相邻零件的装配关系，即螺母与活动钳身、固定钳身及丝杠的装配；针对零件 2 的 B 向视图，补充表达了护口板的形状；此外，装配图中还采用了一个局部放大图，补充表达丝杠和螺母的牙型形状。

3. 分析传动关系和工作原理

通过对视图的分析，虎钳的工作原理可通过图 8 – 21 所示的装配示意图来描述。活动钳身通过导轨孔与固定钳身的导轨做滑动配合，丝杠装在固定钳身上，并与安装在活动钳身内的螺母配合。当通过右端手柄转动丝杠时，由于丝杠可以在螺母内转动，但不能轴向移动，就可以通过螺母带动活动钳身做相对于固定钳身的进退移动，从而起到夹紧或放松工件的作用。

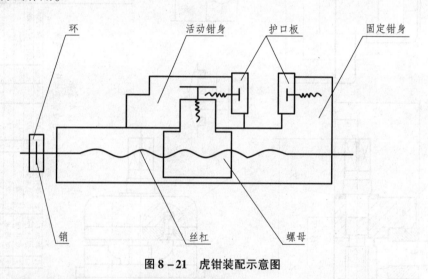

图 8 – 21　虎钳装配示意图

4. 分析零件间的装配关系，确定零件形状

由装配图可以看出，各零件之间的装配关系如下：

螺母 9 从固定钳身 1 的上部，放入其方腔内，丝杠 8 从固定钳身右端锪平孔（先装垫圈 10）伸入，从螺母 9 中旋过，在丝杠左端装入垫圈 5、环 7 并插入圆锥销 6 连接固定。螺母 9 通过螺钉 3 与活动钳身 4 连接固定。同时，活动钳身 4 通过自身前后导轨孔与固定钳身的前后导轨作滑动配合。

通过尺寸标注 $\phi10H9/f9$、$\phi12H6/f9$ 可以看出，丝杠与固定钳身左右两端的通孔形成间隙配合，丝杠可以转动，但不会晃动。左、右两个护口板分别用两个螺钉固定在活动钳身和固定钳身上，其工作面上制有交叉的网纹，使工件夹紧后不易滑动，固定钳身的底座上有两个螺栓孔，用以通过螺栓安装和固定钳工工作台。

5. 归纳总结

通过归纳总结，虎钳的爆炸图如图 8 - 22（a）所示，立体图如图 8 - 22（b）所示。

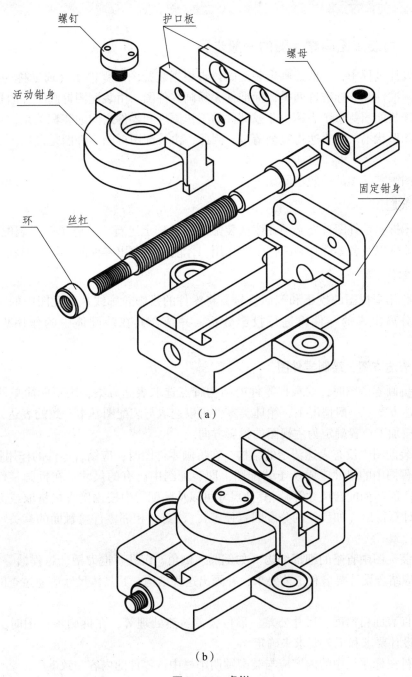

（a）

（b）

图 8 - 22　虎钳

（a）爆炸图；（b）立体图

8.8　由装配图画零件图

8.8.1　由装配图画零件图的一般步骤

在产品设计过程中，一般先画出装配图，再根据装配图画零件图（通常称为拆图）。零件一般分为标准件和非标准件两类，标准件无须画零件图，由装配图拆画零件图是指拆画非标准件。由于装配图侧重于表达机器或部件的工作原理和零件之间的装配关系，对每个零件的具体结构和形状不一定表达得完全清楚。因此，由装配图拆画零件图是设计工作中的一个重要环节。

由装配图画零件图的一般步骤如下：

1. 读懂装配图

由装配图拆画零件图首先必须在读懂装配图的基础上进行。只有了解了装配体的性能、结构、工作原理以及各零件在装配体中的作用，才能够想象出零件的结构和形状。

2. 分离零件

通过对照几个视图的投影和剖面符号，将零件的投影轮廓线从装配图中的相邻零件分离出来，对分离出来的零件再进行投影分析，并结合其在装配体中的作用想象出结构形状。

3. 选取表达方案，绘制零件图

（1）在拆画零件图时，要根据零件的结构特点选取表达方案，决不能简单照抄装配图中零件的表达方案。一般情况下，箱体类零件可以选取与装配图基本一致的表达方案，而轴套类零件应按加工位置确定为主视图的投影方向。

（2）在装配图中没有表达清楚的结构，在拆画零件图时，应结合零件的作用补画出来。

（3）零件图中的尺寸应服从于装配图，即装配图中已有的尺寸，在拆画零件图时，这些尺寸必须保证（如配合尺寸等），其他尺寸可以从装配图中按比例直接量取或由装配图所给数据设计计算得出（如齿轮的分度圆直径等）。注意：相邻零件接触面的有关尺寸及连接件的尺寸应一致。

（4）在装配图中省略的细部结构（如倒圆、倒角、沉孔、退刀槽、越程槽等），在拆画零件图时，应结合设计要求和工艺要求，补画出这些结构，其具体尺寸应通过查阅有关设计手册获得。

（5）零件表面粗糙度、尺寸公差、形位公差、热处理等，在拆画零件图时，应结合零件的作用、设计要求和工艺要求来确定。

（6）零件图标题栏中的内容应与装配图明细栏中该零件的内容一致。

8.8.2　应用举例

下面以图 8-20 所示的虎钳装配图为例，说明从装配图中拆画出零件 4 "活动钳身"的方法和步骤。

根据装配图中零件 4 "活动钳身"的剖面符号，在各视图中找到相应的投影，逐步将活动钳身的投影轮廓线从装配图中的相邻零件分离出来，如图 8 – 23 所示，图中的粗实线表示活动钳身的投影，细实线表示相邻零件的投影。

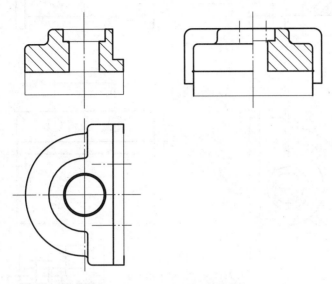

图 8 – 23 活动钳身分离示意图

对分离出的活动钳身进行投影分析，并结合活动钳身在虎钳中的作用，即可以想象出钳身形状，如图 8 – 24 所示。

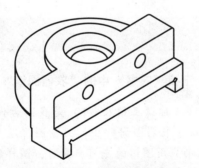

图 8 – 24 活动钳身直观示意图

根据活动钳身的形状特点，取装配图中的三个视图，由于右端面没有表达清楚，因此增加一个 A 向视图，另外用一个局部放大图表达导轨孔的细部结构，表达方案如图 8 – 25 所示。

最后，标注尺寸和技术要求。装配图中已有的尺寸为 65H9、32，都标注在零件图上。其他尺寸可按装配图上的尺寸直接量取，铸造圆角和倒角尺寸可根据工艺要求确定。沉孔与螺母配合，对尺寸的精度要求较高，可以采用基孔制间隙配合。由于活动钳身底面导轨孔与固定钳身导轨及导轨前后侧面有相对运动，这些表面应要求光滑，表面粗糙度值相对要小，而右端由于与护口板配合、中间的沉孔需要安装螺钉，因此也要考虑粗糙度数值，最后完成零件图如图 8 – 25 所示。

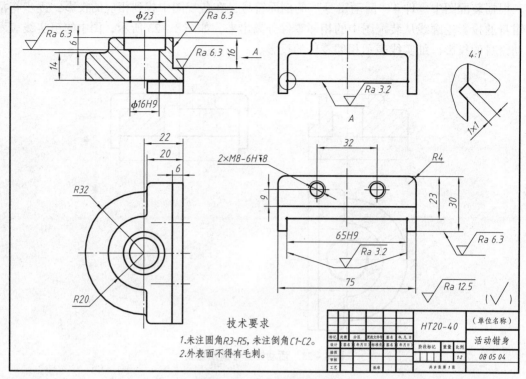

技术要求

1.未注圆角R3~R5,未注倒角C1~C2。

2.外表面不得有毛刺。

图 8-25　活动钳身零件图

文化阅读

王祯《农书》中的"农器图谱"

　　元代王祯所著的《农书》（或称《王祯农书》）是我国古代农书中附有图谱之作的最有影响力的农学著作之一。《农书·农器图谱》中的大量图样及其绘制技术,是该书最为突出的成就之一,它开中国古代农书应用图谱的先河,同时,图样的应用标志着中国农书迈向系统性与科学性的新纪元。其时,王祯所处的年代正是我国古代科学技术由鼎盛而转入缓慢发展的关键时期。《农书》承宋元科技发展和图学发展之余,仍可代表这一时期图学的技术水平。

　　《农书》中其"农器图谱"有图258幅,可谓洋洋大观,其中的农具图、农机图、建筑图等条理井然、绘制精细、主题鲜明,并有一些较复杂的机械。王祯还设计并绘制了一些较大型的生产工具图样。他不但设计绘图,还进一步制造试用。他对机械的原理和制造颇有心得体会,而且热心于创造和推广。《农书》中的"农器图谱"可称元代工程制图的代表作。

　　1.《农书》中的图样采用了平行投影和透视投影的方法,其中大部分采用了等角投影的方法绘制。

　　等角投影方法满足了作图简便的要求,有的图样为了把农机表现得更为清晰,还选择了有利的轴测投影方向。等角投影的画法以及其所具有的简便度量、关系准确的特点,在《农书》中得到了应用。在现存的《农书》版本中，无论是明本，还是库本，采用等角投影画法的图样都具有立体感强、图形清晰的特点。例如，《农书》卷十五中的"筐"，卷十七中的"下泽车""大车"（图8-26）和"拖车"（图8-27），卷二十中的"蚕架"，卷二十一中的"绵矩"等。

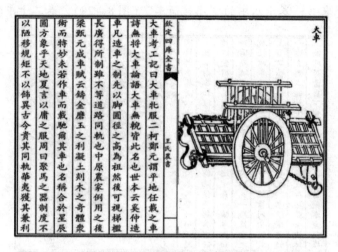

图8-26 《农书》中的"大车"

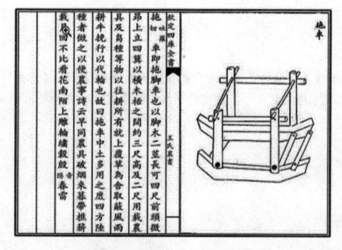

图8-27 《农书》中的"拖车"

2.《农书》中对于复杂的农业机械，在绘制过程中采用了去掉建筑物外部结构的表达方法，以便更好地显示机械的内部结构、总体尺度、传动方法、工作原理、内部装配关系等。

这种表达方法是宋代《新仪象法要》所开创的剖视图画法的继续。《农书》中的有些图样，为了表达各种零件在整部机械中的位置和相互关系，还详细按其装配关系绘成一图，配合图说使结构形状的相对关系一目了然。例如，《农书》卷十六中的"连磨"，其说明有："此虽并载前史，然世罕有传者，今乃寻绎搜索，度其可用，述此制度，既图于前，复叙于后，庶来者效之。"，此图可称为连磨的装配示意图；卷十八中的"筒车"等，也采用了相同的绘制方法。

3.《农书》中的各种图样在完整、清晰表达机械形状的前提下，都注有机械的名称，每张图都附有较为详细的文字说明。

对于较为复杂的纺织机械，采用图内标注的方法，使读者一目了然。在文字说明中，还对制造的方法和原理都论述颇详，有的文字不仅标注了总体和部分的尺寸，还包括材料、容积、重量等，如《农书》卷十八中的"高转筒车"（图8-28）、卷二十中的"北缫车"等。

图8-28　《农书》中的"高转筒车"

🚗 **延伸** ▶▶ ▶

《农书》中的图样几乎概括了我国古代机械工程的各个方面，《农书》中的图样成为我国机械工程史必须参考的文献之一。从这些图样中，我们可以看到我国古代农业机械所取得的科学成就。

附 录

附录 A 标准结构

A.1 55°管螺纹（摘自 GB/T 7306.1—2000、GB/T 7306.2—2000、GB/T 7307—2001）

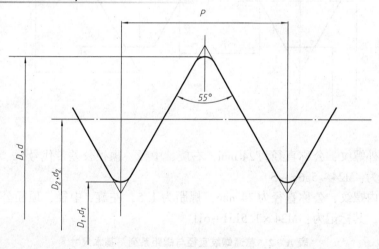

标记示例：

管子尺寸代号为 2 的右旋圆柱内螺纹的标记为：Rp 2

管子尺寸代号为 3 的右旋圆锥外螺纹的标记为：R_1 3

管子尺寸代号为 3/4 的非密封的 A 级左旋管螺纹标记为：G3/4A – LH

表 A – 1 管螺纹尺寸代号及基本尺寸

尺寸代号	每 25.4 mm 中的螺纹牙数 n	螺距 P/mm	螺纹直径/mm		尺寸代号	每 25.4 mm 中的螺纹牙数 n	螺距 P/mm	螺纹直径/mm	
			大径 D, d	小径 D_1, d_1				大径 D, d	小径 D_1, d_1
1/16	28	0.907	7.723	6.561	1	11	2.309	33.249	30.291
1/8	28	0.907	9.728	8.566	$1\frac{1}{4}$	11	2.309	41.910	38.952

续表

尺寸代号	每25.4 mm中的螺纹牙数 n	螺距 P/mm	螺纹直径/mm		尺寸代号	每25.4 mm中的螺纹牙数 n	螺距 P/mm	螺纹直径/mm	
			大径 D, d	小径 D_1, d_1				大径 D, d	小径 D_1, d_1
1/4	19	1.337	13.157	11.445	$1\frac{1}{2}$	11	2.309	47.803	44.845
3/8	19	1.337	16.662	14.950	2	11	2.309	59.614	56.656
1/2	14	1.814	20.955	18.631	$2\frac{1}{2}$	11	2.309	75.184	72.226
3/4	14	1.814	26.441	24.117	3	11	2.309	87.884	84.926

A.2 普通螺纹（摘自 GB/T 193—2003）

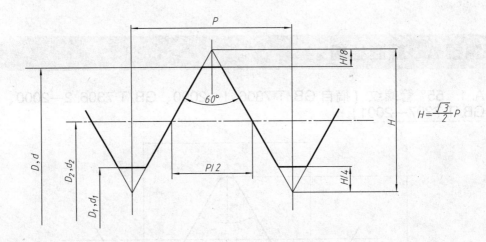

$$H=\frac{\sqrt{3}}{2}P$$

标记示例：

普通粗牙外螺纹，公称直径为24 mm，右旋，中径、顶径公差带代号5g、6g，短的旋合长度，其标记为：M24 - 5g6g - S

普通细牙内螺纹，公称直径为24 mm，螺距为1.5，左旋，中径、顶径公差带代号6H，中等旋合长度，其标记为：M24×1.5LH - 6H

表 A - 2 普通螺纹直径与螺距系列、基本尺寸   mm

公称直径 D、d		螺距 P		公称直径 D、d		螺距 P	
第一系列	第二系列	粗牙	细牙	第一系列	第二系列	粗牙	细牙
3		0.5	0.35	20		2.5	2, 1.5, 1
	3.5	0.6			22	2.5	2, 1.5, 1
4		0.7	0.5	24		3	2, 1.5, 1
	4.5	0.75			27	3	2, 1.5, 1
5		0.8		30		3.5	(3), 2, 1.5, 1

公称直径 D、d		螺距 P		公称直径 D、d		螺距 P	
第一系列	第二系列	粗牙	细牙	第一系列	第二系列	粗牙	细牙
6		1	0.75		33	3.5	(3),2,1.5
8		1.25	1,0.75	36		4	3,2,1.5
10		1.5	1.25,1,0.75		39	4	
12		1.75	1.25,1	42		4.5	4,3,2,1.5
	14	2	1.5,1.25,1		45	4.5	
16		2	1.5,1	48		5	
					52	5	
	18	2.5	2,1.5,1	56		5.5	4,3,2,1.5

注：①优先选用第一系列（第三系列未列入），中径 D_2、d_2 尺寸数值未列入，括号内的数字尽量不用。

②M14×1.25 仅用于火花塞。

A.3 梯形螺纹（摘自 GB/T 5796.2—2005）

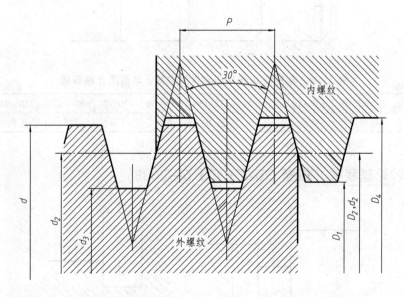

标记示例：

单线右旋梯形内螺纹，公称直径为 40 mm，螺距为 7 mm，中径公差带代号为 7H，其标记为：Tr40×7-7H

双线左旋梯形外螺纹，公称直径为 40 mm，导程为 14 mm，中径公差带代号为 7e，其标记为：Tr40×14(P7)LH-7e

表 A-3　梯形螺纹直径与螺距系列　　　　　　　　　　　　　mm

公称直径 d 第一系列	公称直径 d 第二系列	螺距 P	公称直径 d 第一系列	公称直径 d 第二系列	螺距 P	公称直径 d 第一系列	公称直径 d 第二系列	螺距 P
8		1.5		22	(3)	32		(10)
	9	(1.5)			5		34	(3)
		2			(8)			6
10		(1.5)	24		(3)			(10)
		2			5	36		(3)
	11	2			(8)			6
		(3)		26	(3)			(10)
12		(2)			5		38	(3)
		3			(8)			7
	14	(2)	28		(3)			(10)
		3			5	40		(3)
16		(2)			(8)			7
		4		30	(3)			(10)
	18	(2)			6		42	(3)
		4			(10)			7
20		(2)	32		(3)			(10)
		4			6	44		(3)
								7

注：①优先选用第一系列。

　　②在每个公称直径所对应的螺距中，优先选用非括号内的数值。

A.4　倒角与倒圆（摘自 GB/T 6403.4—2008）

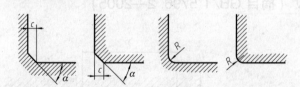

表 A-4　与直径 φ 相对应零件的倒角 c 与倒圆 R 推荐值　　　　mm

φ	~3	>3~6	>6~10	>10~18	>18~30	>30~50	>50~80	>80~120	>120~180	>180~250
c 或 R	0.2	0.4	0.6	0.8	1.0	1.6	2.0	2.5	3.0	4.0

注：α 优先选用 45°，也可采用 30° 或 60°。

A.5　砂轮越程槽（根据 GB/T 6403.5—2008）

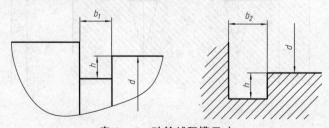

表 A-5　砂轮越程槽尺寸　　　　　　　　　　　　　　　　　mm

d	~10			>10~50		>50~100		>100	
b_1	0.6	1.0	1.6	2.0	3.0	4.0	5.0	8.0	10
b_2	2.0	3.0		4.0		5.0		8.0	10
h	0.1	0.2		0.3	0.4	0.6		0.8	1.2

附录 B　标准件

B. 1　螺栓

1. 六角头螺栓　A 和 B 级（GB/T 5782—2016）

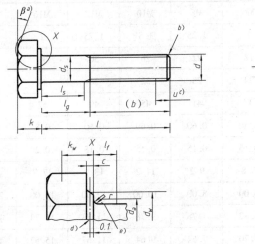

a) β 为 $15° \sim 30°$。

b) 末端应倒角，对螺纹规格 $\leqslant$ M4 可为辗制末端（GB/T 2）。

c) 不完整螺纹的长度 $u \leqslant 2P$。

d) d_w 的仲裁基准。

e) 最大圆弧过渡。

2. 六角头螺栓　全螺纹　A 和 B 级（GB/T 5783—2016）

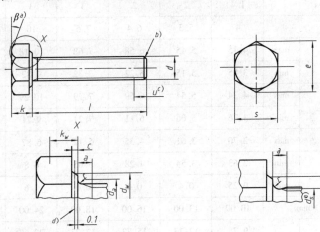

a) $\beta = 15° \sim 30°$。

b) 末端应倒角，对螺纹规格 $\leqslant$ M4 可为辗制末端（GB/T 2）。

c) 不完整螺纹的长度 $u \leqslant 2P$。

d) d_w 的仲裁基准。

e) $d_s \approx$ 螺纹中径。

标记示例：

螺纹规格 $d = $ M12，公称长度 $l = 80$ mm，性能等级为 8.8 级，表面氧化，A 级的六角头螺栓标记为：

螺栓 GB/T 5782　　M12 × 80

若为全螺纹，则表示为：

螺栓 GB/T 5783　　M12 × 80

表 B－1　优选的螺纹规格（GB/T 5782—2016）　　　　　　mm

螺纹规格 d				M6	M8	M10	M12	M16	M20	M24
$P^{a)}$				1	1.25	1.5	1.75	2	2.5	3
b 参考		b)		18	22	26	30	38	46	54
		c)		24	28	32	36	44	52	60
		d)		37	41	45	49	57	65	73
c		max		0.50	0.60	0.60	0.60	0.8	0.8	0.8
		min		0.15	0.15	0.15	0.15	0.2	0.2	0.2
d_a		max		6.8	9.2	11.2	13.7	17.7	22.4	26.4
d_s		公称 = max		6.00	8.00	10.00	12.00	16.00	20.00	24.00
	产品等级	A	min	5.82	7.78	9.78	11.73	15.73	19.67	23.67
		B		5.70	7.64	9.64	11.57	15.57	19.48	23.48
d_w	产品等级	A	min	8.88	11.63	14.63	16.63	22.49	28.19	33.61
		B		8.74	11.47	14.47	16.47	22	27.7	33.25
e	产品等级	A	min	11.05	14.38	17.77	20.03	26.75	33.53	39.98
		B		10.89	14.20	17.59	19.85	26.17	32.95	39.55
l_f		max		1.4	2	2	3	3	4	4
k		公称		4	5.3	6.4	7.5	10	12.5	15
	产品等级	A	max	4.15	5.45	6.58	7.68	10.18	12.715	15.215
			min	3.85	5.15	6.22	7.32	9.82	12.285	14.785
		B	max	4.24	5.54	6.69	7.79	10.29	12.85	15.35
			min	3.76	5.06	6.11	7.21	9.71	12.15	14.65
$k_w^{e)}$	产品等级	A	max	2.70	3.61	4.35	5.12	6.87	8.6	10.35
		B	min	2.63	3.54	4.28	5.05	6.8	8.51	10.26
r		min		0.25	0.4	0.4	0.6	0.6	0.8	0.8
s		公称 = max		10.00	13.00	16.00	18.00	24.00	30.00	36.00
	产品等级	A	min	9.78	12.73	15.73	17.73	23.67	29.67	35.38
		B		9.64	12.57	15.57	17.57	23.16	29.16	35.00

续表

螺纹规格 d				M6		M8		M10		M12		M16		M20		M24	
l				l_s 和 $l_g^{f)}$													
	产品等级																
公称	A		B		l_s	l_g	l_s	l_g	l_s	l_g	l_s	l_g	l_s	l_g	l_s	l_g	l_s	l_g
	min	max	min	max	min	max	min	max	min	max	min	max	min	max	min	max	min	max
20	19.58	20.42	18.95	21.05	折线以上规格推荐选用 GB/T 5783—2016													
25	24.58	25.42	23.95	26.05														
30	29.58	30.42	28.95	31.05	7	12												
35	34.5	35.5	33.75	36.25	12	17												
40	39.5	40.5	38.75	41.25	17	22	11.75	18										
45	44.5	45.5	43.75	46.25	22	27	16.75	23	11.5	19								
50	49.5	50.5	48.75	51.25	27	32	21.75	28	16.5	24	11.25	20						
55	54.4	55.6	53.5	56.5	32	37	26.75	33	21.5	29	16.25	25						
60	59.4	60.6	58.5	61.5	37	42	31.75	38	26.5	34	21.25	30						
65	64.4	65.6	63.5	66.5			36.75	43	31.5	39	26.25	35	17	27				
70	69.4	70.6	68.5	71.5			41.75	48	36.5	44	31.25	40	22	32				
80	79.4	80.6	78.5	81.5			51.75	58	46.5	54	41.25	50	32	42	21.5	34		
90	89.3	90.7	88.25	91.75					56.5	64	51.25	60	42	52	31.5	44	21	36
100	99.3	100.7	98.25	101.75					66.5	74	61.25	70	52	62	41.5	54	31	46
110	109.3	110.7	108.25	111.75							71.25	80	62	72	51.5	64	41	56
120	119.3	120.7	118.25	121.75							81.25	90	72	82	61.5	74	51	66
130	129.2	130.8	128	132									76	86	65.5	78	55	70
140	139.2	140.8	138	142									86	96	75.5	88	65	80
150	149.2	150.8	148	152									96	106	85.5	98	75	90
160	—	—	158	162									106	116	95.5	108	85	100

注：优选长度由 l_s min、l_g max 确定。阶梯虚线以上为 A 级；阶梯虚线以下为 B 级。

a) P 为螺距。

b) $l_{公称} \leqslant 125$ mm。

c) 125 mm $< l_{公称} \leqslant 200$ mm。

d) $l_{公称} > 200$ mm。

e) $k_{wmin} = 0.7k_{min}$。

f) $l_{gmax} = l_{公称} - b$。

$l_{smin} = l_{公称} - 5P$。

表 B－2　优选的螺纹规格（GB/T 5783—2016）　　　　　　　mm

螺纹规格 d				M6	M8	M10	M12	M16	M20	M24
$P^{a)}$				1	1.25	1.5	1.75	2	2.5	3
a		max$^{b)}$		3.00	4.00	4.50	5.30	6.00	7.50	9.00
		min		1.00	1.25	1.5	1.75	2.00	2.50	3.00
c		max		0.50	0.60	0.60	0.60	0.80	0.80	0.80
		min		0.15	0.15	0.15	0.15	0.20	0.20	0.20
d_a		max		6.80	9.20	11.20	13.70	17.70	22.40	26.40
d_w	产品等级	A	min	8.88	11.63	14.63	16.63	22.49	28.19	33.61
		B		8.74	11.47	14.47	16.47	22.00	27.70	33.25
e	产品等级	A	min	11.05	14.38	17.77	20.03	26.75	33.53	39.98
		B		10.89	14.20	17.59	19.85	26.17	32.95	39.55
k	公称			4	5.3	6.4	7.5	10	12.5	15
	产品等级	A	max	4.15	5.45	6.58	7.68	10.18	12.715	15.215
			min	3.85	5.15	6.22	7.32	9.82	12.285	14.785
		B	max	4.24	5.54	6.69	7.79	10.29	12.85	15.35
			min	3.76	5.06	6.11	7.21	9.71	12.15	14.65
$k_w^{c)}$	产品等级	A	min	2.70	3.61	4.35	5.12	6.87	8.6	10.35
		B		2.63	3.54	4.28	5.05	6.8	8.51	10.26
r		min		0.25	0.40	0.40	0.60	0.60	0.80	0.80
s	公称＝max			10.00	13.00	16.00	18.00	24.00	30.00	36.00
	产品等级	A	min	9.78	12.73	15.73	17.73	23.67	29.67	35.38
		B		9.64	12.57	15.57	17.57	23.16	29.16	35.00

l

公称	产品等级			
	A		B	
	min	max	min	max
10	9.71	10.29	—	—
12	11.65	12.35	—	—
16	15.65	16.35	—	—
20	19.58	20.42	18.95	21.05
25	24.58	25.42	23.95	26.05
30	29.58	30.42	28.95	31.05
35	34.5	35.5	33.75	36.25
40	39.5	40.5	38.75	41.25
45	44.5	45.5	43.75	46.25

螺纹规格 d					M6	M8	M10	M12	M16	M20	M24
50	49.5	50.5	48.75	51.25							
55	54.4	55.6	53.5	56.5							
60	59.4	60.6	58.5	61.5							
65	64.4	65.6	63.5	66.5							
70	69.4	70.6	68.5	71.5							
80	79.4	80.6	78.5	81.5							
90	89.4	90.7	88.25	91.75							
100	99.3	100.7	98.25	101.75							
110	109.3	110.7	108.25	111.75							
120	119.3	120.7	118.25	121.75							
130	129.2	130.8	128	132							
140	139.2	140.8	138	142							
150	149.2	150.8	148	152							
160	—	—	158	162							

注：在阶梯实线间为优选长度范围。阶梯虚线以上为 A 级；阶梯虚线以下为 B 级。

a) P 为螺距。

b) 按 GB/T 3 标准系列 a_{max} 值。

c) $k_{wmin} = 0.7 k_{min}$。

① d_w 表示支撑面直径，l_g 表示最末一扣完整螺纹到支撑面的距离，l_s 表示无螺纹杆部的长度。

② 螺栓 l 的长度系列为：6、8、10、12、16、20、25、30、35、40、45、50、55、60、65、70～160（10 进位），180～360（20 进位），其中 55、65 的螺栓不是优化数值。

③ 无螺纹部分的杆部直径可按螺纹大径画出。

④ 本表仅摘录画装配图所需尺寸。

⑤ 末端倒角可画成 45°，端面直径小于等于螺纹小径。

B.2 双头螺柱

双头螺柱　$b_m = 1d$ （GB/T 897—1988）

A 型

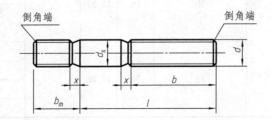

双头螺柱 $b_m = 1.25d$（GB/T 898—1988）

B 型

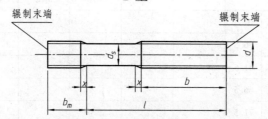

标记示例：

两端均为粗牙普通螺纹，$d = 10$ mm　$l = 50$ mm，性能等级为 4.8 级，不经表面处理，B 型，$b_m = 1d$ 的双头螺柱标记为：

螺柱　GB/T 897　M10 $\times$ 50

表 B-3　双头螺柱各部分尺寸　　　　　　　　　　　　　　　　mm

螺纹规格 d	$b_{m公称}$		d_s		x_{max}	b	$l_{公称}$
	GB/T 897—1988	GB/T 898—1988	max	min			
M5	5	6	5	4.7		10	16 ~（22）
						16	25 ~ 50
M6	6	8	6	5.7	2.5P	10	20，（22）
						14	25，（28），30
						18	（32）~（75）
M8	8	10	8	7.64		12	20，（22）
						16	25，（28），30
						22	（32）~ 90
M10	10	12	10	9.64		14	25，（28）
						16	30 ~（38）
						26	40 ~ 120
						32	130
M12	12	15	12	11.57		16	25 ~ 30
						20	（32）~ 40
						30	45 ~ 120
						36	130 ~ 180
M16	16	20	16	15.57	2.5P	20	30 ~（38）
						30	40 ~ 50
						38	60 ~ 120
						44	130 ~ 200
M20	20	25	20	19.48		25	35 ~ 40
						35	45 ~ 60
						46	（65）~ 120
						52	130 ~ 200

注：①P 为螺距。

②l 的长度系列：16，（18），20，（22），25，（28），30，（32），35，（38），40，45，50，（55），60，（65），70，（75），80，（85），90，（95），100 ~ 200（10 进位）。括号内的数值尽可能不用。

B.3 螺钉

1. 开槽圆柱头螺钉（GB/T 65—2016）

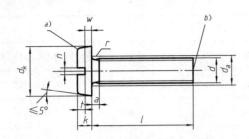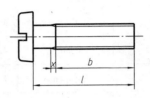

a) 圆的或平的。

b) 辗制末端。

开槽盘头螺钉（GB/T 67—2016）

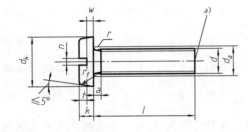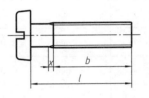

a) 辗制末端。

开槽沉头螺钉（GB/T 68—2016）

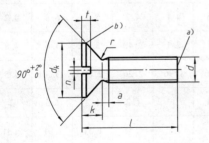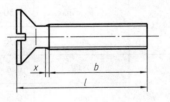

a) 辗制末端。

b) 圆的或平的。

标记示例：

螺纹规格 d＝M5、公称长度 l＝20、性能等级为 4.8 级、不经表面处理的 A 级开槽圆柱头螺钉标记为：

$$螺钉\ GB/T\ 65 \quad M5 \times 20$$

工程制图（第2版）

表 B-4 螺钉各部分尺寸　　　　　　　　　　　　　　　　　　　　　mm

规格 d			M2.5	M3	(M3.5)	M4	M5	M6	M8	M10
a_{max}			0.9	1.0	1.2	1.4	1.6	2	2.5	3
b_{min}			25	25	38	38	38	38	38	38
d_{amax}			3.1	3.6	4.1	4.7	5.7	6.8	9.2	11.2
GB/T 65—2016	d_k	公称 = max	4.50	5.50	6.00	7.00	8.50	10.00	13.00	16.00
		min	4.32	5.32	5.82	6.78	8.28	9.78	12.73	15.73
	k	公称 = max	1.80	2.00	2.40	2.60	3.30	3.9	5.0	6.0
		min	1.66	1.86	2.26	2.46	3.12	3.6	4.7	5.7
	n	nom	0.6	0.8	1	1.2	1.2	1.6	2	2.5
		max	0.8	1.00	1.2	1.51	1.51	1.91	2.31	2.81
		min	0.66	0.86	1.06	1.26	1.26	1.66	2.06	2.56
	r	min	0.10	0.10	0.10	0.20	0.20	0.25	0.40	0.40
	t	min	0.70	0.85	1.00	1.10	1.30	1.60	2.00	2.40
	w	min	0.70	0.75	1.00	1.10	1.30	1.60	2.00	2.40
	x	max	1.10	1.25	1.50	1.75	2.00	2.50	3.20	3.80
GB/T 67—2016	d_k	公称 = max	5.0	5.6	7.00	8.00	9.50	12.00	16.00	20.00
		min	4.7	5.3	6.64	7.64	9.14	11.57	15.57	19.48
	d_a	max	3.1	3.6	4.1	4.7	5.7	6.8	9.2	11.2
	k	公称 = max	1.50	1.8	2.1	2.40	3.0	3.6	4.8	6.0
		min	1.36	1.66	1.96	2.26	2.88	3.3	4.5	5.7
	n	公称	0.6	0.8	1	1.2	1.2	1.6	2	2.5
		max	0.8	1	1.2	1.51	1.51	1.91	2.31	2.81
		min	0.66	0.86	1.06	1.26	1.26	1.66	2.06	2.56
	r	min	0.10	0.10	0.10	0.20	0.20	0.25	0.40	0.40
	r_f	参考	0.8	0.9	1	1.20	1.5	1.8	2.40	3
	t	min	0.60	0.7	0.8	1	1.20	1.40	1.9	2.40
	w	min	0.5	0.7	0.8	1	1.2	1.4	1.9	2.40
	x	max	1.10	1.25	1.50	1.75	2.00	2.50	3.20	3.80

规格 d			M2.5	M3	(M3.5)	M4	M5	M6	M8	M10
d_k^c 公称	理论值 max		5.50	6.30	8.2	9.4	10.4	12.6	17.3	20
	实际值	公称 = max	4.7	5.5	7.3	8.4	9.3	11.3	15.8	18.3
		min	4.4	5.2	6.94	8.04	8.94	10.87	15.37	17.78
k^c	公称 = max		1.5	1.65	2.35	2.7	2.7	3.3	4.65	5
n	nom		0.6	0.8	1	1.2	1.2	1.6	2	2.5
	max		0.8	1	1.2	1.51	1.51	1.91	2.31	2.81
	min		0.66	0.86	1.06	1.26	1.26	1.66	2.06	2.56
r	max		0.6	0.8	0.9	1	1.3	1.5	2	2.5
t	max		0.75	0.85	1.2	1.3	1.4	1.6	2.3	2.6
	min		0.5	0.6	0.9	1.0	1.1	1.2	1.8	2.0
x	max		1.10	1.25	1.50	1.75	2.00	2.50	3.20	3.80

注：①标准规定螺纹规格 d = M1.6 ~ M10 。
②螺钉公称长度系列 l 为：2，3，4，5，6，8，10，12，（14），16，20，25，30，35，40，45，50，（55），60，（65），70，（75），80。括号内的规格尽可能不采用 。
③GB/T 65 和 GB/T 67 的螺钉，公称长度 l≤40 mm 的，制出全螺纹。GB/T 68 的螺钉，公称长度 l≤45 mm 的，制出全螺纹。

2. 开槽锥端紧定螺钉（GB/T 71—1985）

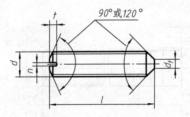

开槽平端紧定螺钉（GB/T 73—1985）

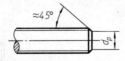

开槽长圆柱端紧定螺钉（GB/T 75—1985）

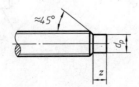

标记示例：

螺纹规格 d = M5、公称长度 l = 12 mm、性能等级为 14H 级、表面氧化的开槽锥端紧定螺钉标记为：

螺钉　GB/T 71　M5×12

表 B−5　紧定螺钉各部分尺寸　　　　　　　　　　　　　mm

螺纹规格 d		M1.6	M2	M2.5	M3	M4	M5	M6	M8	M10	M12
P（螺距）		0.35	0.4	0.45	0.5	0.7	0.8	1	1.25	1.5	1.75
$n_{公称}$		0.25	0.25	0.4	0.4	0.6	0.8	1	1.2	1.6	2
t_{max}		0.74	0.84	0.95	1.05	1.42	1.63	2	2.5	3	3.6
d_{tmax}		0.16	0.2	0.25	0.3	0.4	0.5	1.5	2	2.5	3
d_{pmax}		0.8	1	1.5	2	2.5	3.5	4	5.5	7	8.5
z_{max}		1.05	1.25	1.5	1.75	2.25	2.75	3.25	4.3	5.3	6.3
l	GB/T 71—1985	2~8	3~10	3~12	4~16	6~20	8~25	8~30	10~40	12~50	14~60
	GB/T 73—1985	2~8	2~10	2.5~12	3~16	4~20	5~25	6~30	8~40	10~50	12~60
	GB/T 75—1985	2.5~8	3~10	4~12	5~16	6~20	8~25	8~30	10~40	12~50	14~60
l 系列		2, 2.5, 3, 4, 5, 6, 8, 10, 12, (14), 16, 20, 25, 30, 35, 40, 45, 50, (55), 60									

注：①l 为公称长度。
　　②括号内的规格尽可能不采用。

3. 内六角圆柱头螺钉 GB/T 70.1—2000

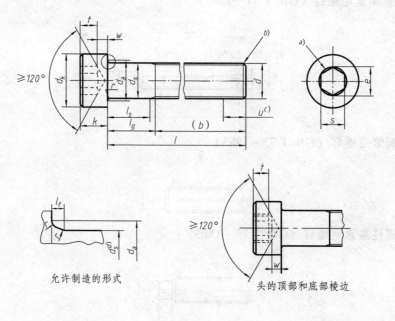

允许制造的形式　　　　　　头的顶部和底部棱边

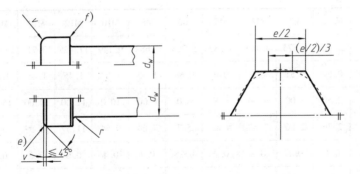

最大的头下圆角

$l_{f_{max}} = 1.7 r_{max}$;

$$r_{max} = \frac{d_{a_{max}} - d_{s_{max}}}{2}$$

r_{min} 见表 B－6。

注：对切制内六角，当尺寸达到最大极限时，由于钻孔造成的过切不应超过内六角任何一面长度（$e/2$）的 1/3。

[a] 内六角口部允许稍许倒圆或沉孔。

[b] 末端倒角，$d \leqslant M4$ 的为辗制末端，见 GB/T 2。

[c] 不完整螺纹的长度 $u \leqslant 2P$。

[d] d_s 适用于规定了 $l_{s_{min}}$ 数值的产品。

[e] 头的顶部棱边可以是圆的或倒角的，由制造者任选。

[f] 底部棱边可以是圆的或倒角到 d_a，但均不得有毛刺。

标记示例：

螺纹规格 d = M5、公称长度 l = 20 mm、性能等级为 8.8 级、表面氧化的内六角圆柱头螺钉标记为：

螺钉　GB/T 70.1　M5×20

表 B－6　内六角圆柱头螺钉各部分尺寸　　　　　　　mm

螺纹规格 d		M2.5	M3	M4	M5	M6	M8	M10	M12	M14	M16	M20	M24
P [a]		0.45	0.5	0.7	0.8	1	1.25	1.5	1.75	2	2	2.5	3
b [b] 参考		17	18	20	22	24	28	32	36	40	44	52	60
d_k	max [e]	4.5	5.5	7.00	8.5	10.00	13.00	16.00	18.00	21.00	24.00	30.00	36.00
	max [d]	4.68	5.68	7.22	8.72	10.22	13.27	16.27	18.27	21.33	24.33	30.33	36.39
	min	4.32	5.32	6.78	8.28	9.78	12.73	15.73	17.73	20.67	23.67	29.67	35.61
d_a	max	3.1	3.6	4.7	5.7	6.8	9.2	11.2	13.7	15.7	17.7	22.4	26.4
d_s	max	2.50	3.00	4.00	5.00	6.00	8.00	10.00	12.00	14.00	16.00	20.00	24.00
	min	2.36	2.86	3.82	4.82	5.82	7.78	9.78	11.73	13.73	15.73	19.67	23.67

螺纹规格 d			M2.5	M3	M4	M5	M6	M8	M10	M12	M14	M16	M20	M24
e		min^e)	2.303	2.873	3.443	4.583	5.723	6.683	9.149	11.429	13.716	15.996	19.437	21.734
l_f		公称	0.51	0.51	0.6	0.6	0.68	1.02	1.02	1.45	1.45	1.45	2.04	2.04
k		max	2.50	3.00	4.00	5.00	6.0	8.00	10.0	12.00	14.00	16.00	20.00	24.00
		min	2.36	2.86	3.82	4.82	5.7	7.64	9.64	11.57	13.57	15.57	19.48	23.48
r		min	0.1	0.1	0.2	0.2	0.25	0.4	0.4	0.6	0.6	0.6	0.8	0.8
$s^{f)}$		公称	2	2.5	3	4	5	6	8	10	12	14	17	19
		max	2.08	2.58	3.08	4.095	5.14	6.14	8.175	10.175	12.212	14.212	17.23	19.275
		min	2.02	2.52	3.02	4.02	5.02	6.02	8.025	10.025	12.032	14.032	17.05	19.065
t		min	1.1	1.3	2	2.5	3	4	5	6	7	8	10	12
v		max	0.25	0.3	0.4	0.5	0.6	0.8	1	1.2	1.4	1.6	2	2.4
d_w		min	4.18	5.07	6.53	8.03	9.38	12.33	15.33	17.23	20.17	23.17	28.87	34.81
w		min	0.85	1.15	1.4	1.9	2.3	3.3	4	4.8	5.8	6.8	8.6	10.4

螺纹规格 d			M2.5		M3		M4		M5		M6		M8	
$l^{g)}$			l_s 和 l_g											
公称	min	max	l_s min	l_g max	l_s min	l_g max	l_s min	l_g max	l_s min	l_g max	l_s min	l_g max	l_s min	l_g max
16	15.65	16.35												
20	19.58	20.42												
25	24.58	25.42	5.75	8	4.5	7								
30	29.58	30.42			9.5	12	6.5	10	4	8				
35	34.5	35.5					11.5	15	9	13	6	11		
40	39.5	40.5					16.5	20	14	18	11	16	5.75	12
45	44.5	45.5							19	23	16	21	10.75	17
50	49.5	50.5							24	28	21	26	15.75	22
55	54.5	55.6									26	31	20.75	27
60	59.4	60.6									31	36	25.75	32
65	64.4	65.6											30.75	37
70	69.4	70.6											35.75	42
80	79.4	80.6											45.75	52

续表

螺纹规格 d			M10		M12		(M14)[h]		M16		M20		M24	
l			l_s 和 l_g											
公称	min	max	l_s min	l_g max	l_s min	l_g max	l_s min	l_g max	l_s min	l_g max	l_s min	l_g max	l_s min	l_g max
16	15.65	16.35												
20	19.58	20.42												
25	24.58	25.42												
30	29.58	30.42												
35	34.5	35.5												
40	39.5	40.5												
45	44.5	45.5	5.5	13										
50	49.5	50.5	10.5	18										
55	54.5	55.6	15.5	23	10.25	19								
60	59.4	60.6	20.5	28	15.25	24	10	20						
65	64.4	65.6	25.5	33	20.25	29	15	25	11	21				
70	69.4	70.6	30.5	38	25.25	34	20	30	16	26				
80	79.4	80.6	40.5	48	35.25	44	30	40	26	36	15.5	28		
90	89.3	90.7	50.5	58	45.25	54	40	50	36	46	25.5	38	15	30
100	99.3	100.7	60.5	68	55.25	64	50	60	46	56	35.5	48	25	40
110	109.3	110.7			65.25	74	60	70	56	66	45.5	58	35	50
120	119.3	120.7			75.25	84	70	80	66	76	55.5	68	45	60
130	129.2	130.8					80	90	76	86	65.5	78	55	70
140	139.2	140.8					90	100	86	96	75.5	88	65	80
150	149.2	150.8							96	106	85.5	98	75	90
160	159.2	160.8							106	116	95.5	108	85	100
180	179.2	180.8									115.5	128	105	120
200	199.075	200.925									135.5	148	125	140

a) P 为螺距。

b) 用于在粗阶梯线间的长度。

c) 对光滑头部。

d) 对滚花头部。

e) $e_{min} = 1.14\ s_{min}$。

f) 内六角组合量规尺寸见 GB/T 70.5。

g) 粗阶梯线间为商品长度规格。阴影部分长度，螺纹制到距头部 $3P$ 以内，阴影以下的长度，l_s 和 l_g 按以下公式计算：

$$l_{gmax} = l_{公称} - b;\quad l_{smin} = l_{amax} - 5P。$$

h) 尽可能不采用括号里的规格。

B.4 垫圈

1. 小垫圈 A级（GB/T 848—2002）、平垫圈 A级（GB/T 97.1—2002）、平垫圈倒角型 A级（GB/T 97.2—2002）、平垫圈 C级（GB/T 95—2002）、特大垫圈 C级（GB/T 5282—2002）、大垫圈 A级和C级（GB/T 96—2002）

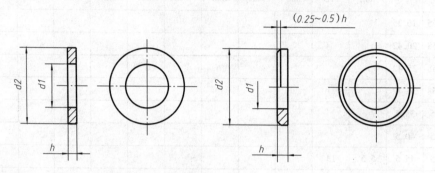

标记示例：

标准系列、公称尺寸 $d = 8$ mm、性能等级为140 HV级、不经表面处理的平垫圈标记为：

垫圈 GB/T 97.1 8

表 B – 7 垫圈各部分尺寸（GB/T 848—2002）   mm

公称规格（螺纹大径 d）	内径 d_1		外径 d_2		厚度 h		
	公称（min）	max	公称（max）	min	公称	max	min
1.6	1.7	1.84	3.5	3.2	0.3	0.35	0.25
2	2.2	2.34	4.5	4.2	0.3	0.35	0.25
2.5	2.7	2.84	5	4.7	0.5	0.55	0.45
3	3.2	3.38	6	5.7	0.5	0.55	0.45
4	4.3	4.48	8	7.64	0.5	0.55	0.45
5	5.3	5.48	9	8.64	1	1.1	0.9
6	6.4	6.62	11	10.57	1.6	1.8	1.4
8	8.4	8.62	15	14.57	1.6	1.8	1.4
10	10.5	10.77	18	17.57	1.6	1.8	1.4
12	13	13.27	20	19.48	2	2.2	1.8
16	17	17.27	28	27.48	2.5	2.7	2.3
20	21	21.33	34	33.38	3	3.3	2.7
24	25	25.33	39	38.38	4	4.3	3.7
30	31	31.39	50	49.38	4	4.3	3.7
36	37	37.62	60	58.8	5	5.6	4.4

2. 标准型弹簧垫圈（GB/T 93—1987）、轻型弹簧垫圈（GB/T 859—1987）、重型弹簧垫圈（GB/T 7244—1987）

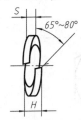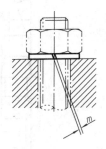

标记示例：

规格 16 mm、材料为 65 Mn、表面氧化的标准型弹簧垫圈标记为：

垫圈　GB/T 93　16

表 B-8　弹簧垫圈各部分尺寸　　　　　　　　　　　　mm

螺纹规格 d		M4	M5	M6	M8	M10	M12	(M14)	M16	(M18)	M20	M24	M30
d_{min}		4.1	5.1	6.1	8.1	10.2	12.2	14.2	16.2	18.2	20.2	24.5	30.5
H_{min}	GB/T 93—1987	2.2	2.6	3.2	4.2	5.2	6.2	7.2	8.2	9	10	12	15
	GB/T 859—1987	1.6	2.2	2.6	3.2	4	5	6	6.4	7.2	8	10	12
$S(b)_{公称}$	GB/T 93—1987	1.1	1.3	1.6	2.1	2.6	3.1	3.6	4.1	4.5	5	6	7.5
$S_{公称}$	GB/T 859—1987	0.8	1.1	1.3	1.6	2	2.5	3	3.2	3.6	4	5	6
$m \leqslant$	GB/T 93—1987	0.55	0.65	0.8	1.05	1.3	1.55	1.8	2.05	2.25	2.5	3	3.75
	GB/T 859—1987	0.4	0.55	0.65	0.8	1	1.25	1.5	1.6	1.8	2	2.5	3
$b_{公称}$	GB/T 859—1987	1.2	1.5	2	2.5	3	3.5	4	4.5	5	5.5	7	9

注：①括号内的规格尽可能不采用。

　　②m 应大于零。

B.5　螺母

1 型六角螺母（GB/T 6170—2015）

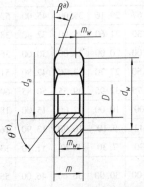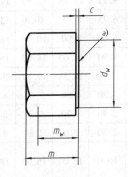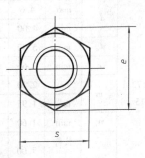

a) 要求垫圈面型式时，应注明。

b) $\beta = 15° \sim 30°$。

c) $\theta = 90° \sim 120°$。

六角薄螺母（GB/T 6172.1—2015）

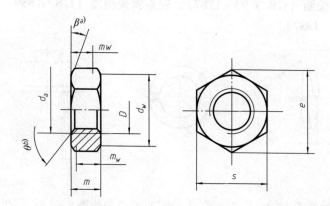

^{a)} $\beta = 15° \sim 30°$

^{b)} $\theta = 110° \sim 120°$

标记示例：

螺纹规格 $D = M12$、性能等级为 8 级、不经表面处理、A 级的 1 型六角螺母标记为：

螺母　GB/T 6170　M12

表 B－9　优选的螺纹规格

mm

螺纹规格 D			M4	M5	M6	M8	M10	M12	M16	M20	M24	M30	M36
GB/T 6170 —2015	c	max	0.4	0.5	0.5	0.6	0.6	0.6	0.8	0.8	0.8	0.8	0.8
		min	0.15	0.15	0.15	0.15	0.15	0.15	0.2	0.2	0.2	0.2	0.2
	d_a	max	4.6	5.75	6.75	8.75	10.8	13	17.3	21.6	25.9	32.4	38.9
		min	4	5	6	8	10	12	16	20	24	30	36
	d_w	min	5.9	6.9	8.9	11.6	14.6	16.6	22.5	27.7	33.3	42.8	51.1
	e	min	7.66	8.97	11.05	14.38	17.77	20.03	26.75	32.95	39.55	50.85	60.79
	m	max	3.20	4.70	5.20	6.80	8.40	10.80	14.80	18	21.5	25.60	31.00
		min	2.90	4.40	4.90	6.44	8.04	10.37	14.10	16.90	20.20	24.30	29.40
	m_w	min	2.30	3.50	3.90	5.20	6.40	8.30	11.30	13.50	16.20	19.40	23.50
	s	公称 = max	7.00	8.00	10.0	13.00	16.00	18.00	24.00	30.00	36.00	46.00	55.00
		min	6.78	7.78	9.78	12.73	15.73	17.73	23.67	29.16	35.00	45.00	53.80
GB/T 6172.1 —2015	d_a	max	4.6	5.75	6.75	8.75	10.8	13.00	17.30	21.60	25.90	32.40	38.90
		min	4.00	5.00	6.00	8.00	10.00	12.00	16.00	20.00	24.00	30.00	36.00
	d_w	min	5.90	6.90	8.90	11.60	14.60	16.60	22.50	27.70	33.30	42.80	51.10
	e	min	7.66	8.97	11.05	14.38	17.77	20.03	26.75	32.95	39.55	50.85	60.79
	m	max	2.20	2.70	3.20	4.00	5.00	6.00	8.00	10.00	12.00	15.00	18.00
		min	1.95	2.45	2.90	3.70	4.70	5.70	7.42	9.10	10.90	13.90	16.90
	m_w	min	1.60	2.00	2.30	3.0	3.80	4.60	5.90	7.30	8.70	11.10	13.50
	s	公称 = max	7.00	8.00	10.0	13.00	16.00	18.00	24.00	30.00	36.00	46.00	55.00
		min	6.78	7.78	9.78	12.73	15.73	17.73	23.67	29.16	35.00	45.00	53.80

B.6　销

圆柱销（GB/T 119.1—2000）

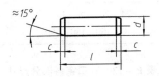

圆锥销（GB/T 117—2000）

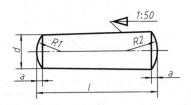

开口销（GB/T 91—2000）

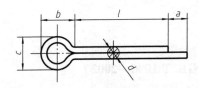

标记示例：

公称直径为 6 mm、公差为 m6、长 30 mm 的圆柱销标记为：

销　GB/T 119.1　6×30

公称直径为 10 mm、长 60 mm 的圆锥销标记为：

销　GB/T 117　10×60

公称直径为 5 mm、长 50 mm 的开口销标记为：

销　GB/T 91　5×50

表 B-10　圆柱销各部分尺寸　　　　　　　　　　　　mm

d（公称）	4	5	6	8	10	12	16	20	25	30	40	50
$c\approx$	0.63	0.80	1.2	1.6	2.0	2.5	3.0	3.5	4.0	5.0	6.3	8.0
长度范围 l	8~40	10~50	12~60	14~80	18~95	22~140	26~180	35~200	50~200	60~200	80~200	95~200
l（系列）	8，10，12，14，16，18，20，22，24，26，28，30，32，35，40，45，50，55，60，65，70，75，80，85，90，95，100，120，140，160，180，200											

表 B – 11　圆锥销各部分尺寸

mm

d（公称）	4	5	6	8	10	12	16	20	25	30	40
$\alpha \approx$	0.5	0.63	0.8	1	1.2	1.6		2.5	3	4	5
长度范围 l	14~55	18~60	22~90	22~120	26~160	32~180	40~200	45~200	50~200	55~200	60~200
l（系列）	14，16，18，20，22，24，26，28，30，32，35，40，45，50，55，60，65，70，75，80，85，90，95，100，120，140，160，180，200										

表 B – 12　开口销各部分尺寸

mm

d（公称）		1.2	1.6	2	2.5	3.2	4	5	6.3	8	10	13
c	max	2	2.8	3.6	4.6	5.8	7.4	9.2	11.8	15	19	24.8
	min	1.7	2.4	3.2	4	5.1	6.5	8	10.3	13.1	16.6	21.7
$b \approx$		3	3.2	4	5	6.4	8	10	12.6	16	20	26
α_{max}		2.5			3.2		4			6.3		
长度范围 l		8~25	8~32	10~40	12~50	14~63	18~80	22~100	32~125	40~160	45~200	71~250
l（系列）		8，10，12，14，16，18，20，22，25，28，32，36，40，45，50，56，63，71，80，90，100，112，125，140，160，180，200，224，250										

注：销孔的公称直径等于 d（公称）。

B.7　键

平键和键槽的剖面尺寸（GB/T 1096—2003）

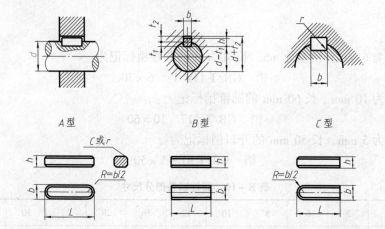

标记示例：

宽度 $b = 18$ mm、高度 $h = 11$ mm、长度 $L = 100$ mm 的普通 A 型平键标记为：

GB/T 1096　键　$18 \times 11 \times 100$

宽度 $b = 18$ mm、高度 $h = 11$ mm、长度 $L = 100$ mm 的普通 B 型平键标记为：

GB/T 1096　键 B　$18 \times 11 \times 100$

宽度 $b = 18$ mm、高度 $h = 11$ mm、长度 $L = 100$ mm 的普通 C 型平键标记为：

GB/T 1096　键 C　$18 \times 11 \times 100$

表 B-13 键及键槽的尺寸 　　　　　　　　　　　mm

轴径	键的公称尺寸				键槽尺寸					
	B	h			t_1		t_2			
d	(h8)	(h11)	c 或 r	L(h14)	基本尺寸	公差	基本尺寸	公差	b	半径 r
自 6~8	2	2		6~20	1.2		1			
>8~10	3	3	0.16~0.25	6~36	1.8	+0.1 0	1.4	+0.1 0		0.08~0.16
>8~12	4	4		8~45	2.5		1.8			
>12~17	5	5		10~56	3.0		2.3			
>17~22	6	6	0.25~0.4	14~70	3.5		2.8			0.16~0.25
>22~30	8	7		18~90	4.0		3.3			
>30~38	10	8		22~110	5.0		3.3			
>38~44	12	8		28~140	5.0		3.3			
>44~50	14	9	0.4~0.6	36~160	5.5	+0.2 0	3.8	+0.2 0		0.25~0.4
>50~58	16	10		45~180	6.0		4.3			
>58~65	18	11		50~200	7.0		4.4			
>65~75	20	12		56~220	7.5		4.9		公称尺寸同键，公差见表 B-14	
>75~85	22	14		63~250	9.0		5.4			
>85~95	25	14	0.6~0.8	70~280	9.0		5.4			0.4~0.6
>95~110	28	16		80~320	10.0		6.4			
>110~130	32	18		90~360	11		7.4			
>130~150	36	20		100~400	12		8.4			
>150~170	40	22		100~400	13		9.4			0.7~1.0
>170~200	45	25	1~1.2	110~450	15		10.4			
>200~230	50	28		125~500	17		11.4			
>230~260	56	32		140~500	20	+0.3 0	12.4	+0.3 0		
>260~290	63	32	1.6~2.0	160~500	20		12.4			1.2~1.6
>290~330	70	36		180~500	22		14.4			
>330~380	80	40		200~500	25		15.4			
>380~440	90	45	2.5~3	220~500	28		17.4			2~2.5
>440~500	100	50		250~500	31		19.5			
L（系列）	6, 8, 10, 12, 14, 16, 18, 20, 22, 25, 28, 32, 36, 40, 45, 50, 56, 63, 70, 80, 90, 100, 110, 125, 140, 160, 180, 200, 220, 250, 280									

表 B-14 键槽的尺寸公差带 　　　　　　　　　　　mm

轴径 d	槽宽 b					槽长 L
	较松连接		一般连接		较紧连接	H14
	轴 H9	毂 D10	轴 N9	毂 Js9	轴与毂 P9	
≤3	+25 0	+60 +20	-4 -30	±12.5	-6 -31	+250 0
>3~6	+30 0	+78 +30	0 -30	±15	-12 -42	+300 0
>6~10	+36 0	+98 +40	0 -36	±18	-15 -51	+360 0

轴径 d	槽宽 b					槽长 L
	较松连接		一般连接		较紧连接	
	轴 H9	毂 D10	轴 N9	毂 Js9	轴与毂 P9	H14
>10~18	+43 0	+120 +50	0 −43	±21	−18 −61	+430 0
>18~30	+52 0	+149 +65	0 −52	±26	−22 −74	+520 0
>30~50	+62 0	+180 +80	0 −62	±31	−26 −88	+620 0
>50~806	+74 0	+220 +100	0 −74	±37	−32 −106	+740 0
>80~120	+87 0	+260 +120	0 −87	±43	−37 −124	+870 0
>120~180	+100 0	+305 +145	0 −100	±50	−43 −143	+1 000 0
>180~250	+115 0	+355 +170	0 −115	±57	−50 −165	+1 150 0

B. 8　密封圈　（JB/T 1091—1991）

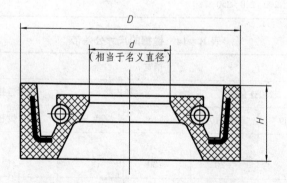

标记示例：

代号为 PD，d = 22 mm，D = 40 mm，H = 10 mm 的骨架型真空用橡胶密封圈标记为：

骨架型密封圈 PD22 × 40 × 10　JB/T 1091

表 B-15 骨架型真空用橡胶密封圈　　　　　　　　　　　mm

内径 d	外径 D	高度 H	内径 d	外径 D	高度 H	内径 d	外径 D	高度 H
6	22	8	35	56	12	95	125	12
8	22	8	38	56	12	100	125	12
10	22	8	40	62	12	105	130	14
12	25	10	42	62	12	110	140	14
14	30	10	45	62	12	115	140	14
15	30	10	50	72	12	120	150	14
16	30	10	52	72	12	125	150	15
17	35	10	55	75	12	130	160	15
18	35	10	60	80	12	140	170	16
20	35	10	65	90	12	150	180	16
22	40	10	70	90	12	160	190	16
25	40	10	75	100	12	170	200	16
28	50	10	80	100	12	180	220	18
30	50	10	85	110	12	190	240	18
32	52	12	90	110	12	200	240	18

B.9 弹簧 （JB/T 1091—1991）

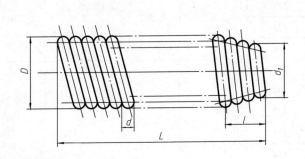

（将弹簧的圆锥端拧入圆柱端）

注：弹簧的材料及热处理条件等应符合 YB248 的规定。

表 B－16　弹簧尺寸参数

mm

名义直径	螺旋圈数	展开长度	自由长度 L	锥部长度 l	弹簧外径 D	锥部外径 d_1	钢丝直径
6	89	475	27	2.5			0.3
8	112	596	34	2.5			0.3
10	142	756	43				
12	121	606	49	3	2	1.0	0.4
14	136	682	55	3	2	1.0	0.4
15	145	725	58	3	2	1.0	0.4
16	151	758	61	3	2	1.0	0.4
18	166	833	67	3	2	1.0	0.4
20	184	920	74	3	2	1.0	0.4
22	199	998	80	3	2	1.0	0.4
25	221	1 110	89	3	2	1.0	0.4
28	244	1 220	98	3	2	1.0	0.4
30	261	1 311	105	3	2	1.0	0.4
32	221	1 302	111	4	2.5	1.2	0.5
35	239	1 495	120	4	2.5	1.2	0.5
40	271	1 696	136	4	2.5	1.2	0.5
45	303	1 897	152	4	2.5	1.2	0.5
50	335	2 098	168	4	2.5	1.2	0.5
55	365	2 286	183	4	2.5	1.2	0.5
60	397	2 487	199	4	2.5	1.2	0.5
65	429	2 688	215	4	2.5	1.2	0.5
70	459	2 877	230	4	2.5	1.2	0.5
75	491	3 078	246	4	2.5	1.2	0.5
80	373	2 940	262	5	3.2	1.6	0.7
85	395	3 080	277	5	3.2	1.6	0.7
90	418	3 235	293	5	3.2	1.6	0.7
100	468	3 630	328	5	3.2	1.6	0.7
110	400	2 830	360	8	3.2	2	0.9
120	433	3 160	390	8	3.2	2	0.9
130	469	3 380	422	8	3.2	2	0.9
140	503	3 660	453	8	3.2	2	0.9
150	537	3 870	484	8	3.2	2	0.9
160	573	4 130	516	8	3.2	2	0.9
180	644	4 640	580	8	3.2	2	0.9
200	713	5 150	642	8	3.2	2	0.9

B. 10　挡圈

1. 轴用弹性挡圈

A 型（GB/T 894.1—2017）

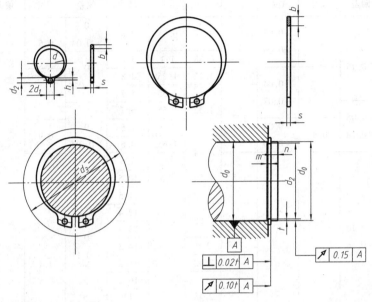

B 型（GB/T 894.2—2017）

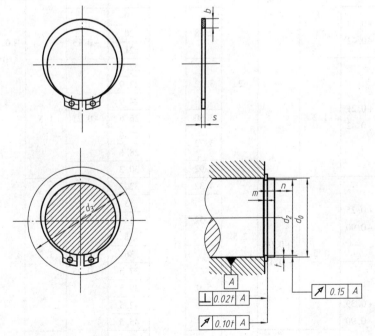

标记示例：

　　轴径 $d_0 = 50$ mm，材料为 65Mn、热处理 44～51HRC，经表面氧化处理的 A 型（B 型）轴用弹性挡圈标记为：

　　　　　　挡圈 GB/T 894.1—2017　50（GB/T 894.2—2017　50）

表 B－17　轴用弹性挡圈　　　　　　　　　　　　mm

挡圈 — 沟槽（推荐）

轴径 d_0	d 基本尺寸	d 极限偏差	s 基本尺寸	s 极限偏差	d_1	b	h	d_2 基本尺寸	d_2 极限偏差	m 基本尺寸	m 极限偏差	$n \geq$	孔 $d_3 \geq$
3	2.7	+0.04 −0.15	0.4	+0.03 −0.06	1	0.8	0.95	2.8	0 −0.04	0.5	+0.14 0	0.3	7.2
4	3.7	+0.04 −0.15	0.4	+0.03 −0.06	1	0.88	1.1	3.8	0 −0.04	0.5	+0.14 0	0.3	8.8
5	4.7	+0.04 −0.15	0.6	+0.04 −0.07	1	1.12	1.25	4.8	0 −0.048	0.7	+0.14 0	0.3	10.7
6	5.6	+0.06 −0.18	0.6	+0.04 −0.07	1.2	1.32	1.35	5.7	0 −0.048	0.7	+0.14 0	0.5	12.2
7	6.5	+0.06 −0.18	0.6	+0.04 −0.07	1.2	1.32	1.55	6.7	0 −0.048	0.7	+0.14 0	0.5	13.8
8	7.4	+0.06 −0.18	0.8	+0.04 −0.10	1.2	1.44	1.6	7.6	0 −0.058	0.9	+0.14 0	0.6	15.2
9	8.4	+0.06 −0.18	0.8	+0.04 −0.10	1.2	1.44	1.65	8.6	0 −0.058	0.9	+0.14 0	0.6	16.4
10	9.3	+0.10 −0.36	1	+0.05 −0.13	1.5	1.44	…	9.6	0 −0.058	1.1	+0.14 0	0.8	17.6
11	10.2	+0.10 −0.36	1	+0.05 −0.13	1.5	1.52	…	10.5	0 −0.058	1.1	+0.14 0	0.8	18.6
12	11	+0.10 −0.36	1	+0.05 −0.13	1.5	1.72	…	11.5	0 −0.058	1.1	+0.14 0	0.8	19.6
13	11.9	+0.10 −0.36	1	+0.05 −0.13	1.7	1.88	…	12.4	0 −0.11	1.1	+0.14 0	0.9	20.8
14	12.9	+0.10 −0.36	1	+0.05 −0.13	1.7	1.88	…	13.4	0 −0.11	1.1	+0.14 0	0.9	22
15	13.8	+0.10 −0.36	1	+0.05 −0.13	1.7	2.0	…	14.3	0 −0.11	1.1	+0.14 0	1.1	23.2
16	14.7	+0.10 −0.36	1	+0.05 −0.13	1.7	2.32	…	15.2	0 −0.11	1.1	+0.14 0	1.2	24.4
17	15.7	+0.10 −0.36	1	+0.05 −0.13	1.7	2.48	…	16.2	0 −0.11	1.1	+0.14 0	1.2	25.6
18	16.5	+0.10 −0.36	1	+0.05 −0.13	1.7	2.48	…	17	0 −0.11	1.1	+0.14 0	1.5	27
19	17.5	+0.13 −0.42	1	+0.05 −0.13	2	2.68	…	18	0 −0.13	1.1	+0.14 0	1.5	28
20	18.5	+0.13 −0.42	1	+0.05 −0.13	2	2.68	…	19	0 −0.13	1.1	+0.14 0	1.5	29
21	19.5	+0.13 −0.42	1	+0.05 −0.13	2	2.68	…	20	0 −0.13	1.1	+0.14 0	1.5	31
22	20.5	+0.13 −0.42	1	+0.05 −0.13	2	2.68	…	21	0 −0.13	1.1	+0.14 0	1.5	32
24	22.2	+0.21 −0.42	1.2	+0.05 −0.13	2	3.32	…	22.9	0 −0.21	1.3	+0.14 0	1.7	34
25	23.2	+0.21 −0.42	1.2	+0.05 −0.13	2	3.32	…	23.9	0 −0.21	1.3	+0.14 0	1.7	35
26	24.2	+0.21 −0.42	1.2	+0.05 −0.13	2	3.32	…	24.9	0 −0.21	1.3	+0.14 0	1.7	36
28	25.9	+0.21 −0.42	1.2	+0.05 −0.13	2	3.60	…	26.6	0 −0.21	1.3	+0.14 0	2.1	38.4
29	26.9	+0.21 −0.42	1.2	+0.05 −0.13	2	3.72	…	27.6	0 −0.21	1.3	+0.14 0	2.1	39.8
30	27.9	+0.21 −0.42	1.2	+0.05 −0.13	2	3.72	…	28.6	0 −0.21	1.3	+0.14 0	2.1	42
32	29.6	+0.21 −0.42	1.2	+0.05 −0.13	2	3.92	…	30.3	0 −0.21	1.3	+0.14 0	2.6	44
34	31.5	+0.25 −0.90	1.5	+0.06 −0.15	2.5	4.32	…	32.3	0 −0.25	1.7	+0.14 0	2.6	46
35	32.2	+0.25 −0.90	1.5	+0.06 −0.15	2.5	4.32	…	33	0 −0.25	1.7	+0.14 0	2.6	48
36	33.2	+0.25 −0.90	1.5	+0.06 −0.15	2.5	4.52	…	34	0 −0.25	1.7	+0.14 0	3	49
37	34.2	+0.25 −0.90	1.5	+0.06 −0.15	2.5	4.52	…	35	0 −0.25	1.7	+0.14 0	3	50
38	35.2	+0.25 −0.90	1.5	+0.06 −0.15	2.5	4.52	…	36	0 −0.25	1.7	+0.14 0	3	51
40	36.5	+0.25 −0.90	1.5	+0.06 −0.15	2.5	5.0	…	37.5	0 −0.25	1.7	+0.14 0	3.8	53
42	38.5	+0.25 −0.90	1.5	+0.06 −0.15	2.5	5.0	…	39.5	0 −0.25	1.7	+0.14 0	3.8	56
45	41.5	+0.39 −0.90	1.5	+0.06 −0.15	2.5	5.0	…	42.5	0 −0.25	1.7	+0.14 0	3.8	59.4
48	44.5	+0.39 −0.90	1.5	+0.06 −0.15	2.5	5.0	…	45.5	0 −0.25	1.7	+0.14 0	3.8	62.8
50	45.8	+0.46 −1.10	2	+0.06 −0.18	3	5.48	…	47	0 −0.30	2.2	+0.14 0	4.5	64.8
52	47.8	+0.46 −1.10	2	+0.06 −0.18	3	5.48	…	49	0 −0.30	2.2	+0.14 0	4.5	67
55	50.8	+0.46 −1.10	2	+0.06 −0.18	3	5.48	…	52	0 −0.30	2.2	+0.14 0	4.5	70.4
56	51.8	+0.46 −1.10	2	+0.06 −0.18	3	6.12	…	53	0 −0.30	2.2	+0.14 0	4.5	71.7

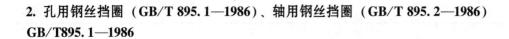

2. 孔用钢丝挡圈（GB/T 895.1—1986）、轴用钢丝挡圈（GB/T 895.2—1986）
GB/T895.1—1986

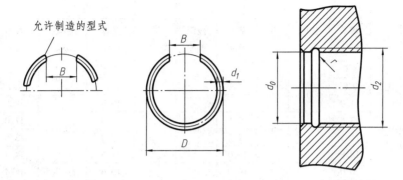

GB/T 895.2—1986

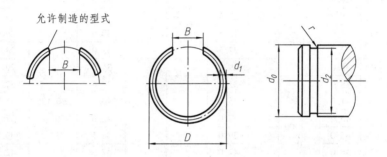

标记示例：

轴径 $d_0 = 40$ mm，材料为碳素弹簧钢丝、经低温回火及表面氧化处理的孔用钢丝挡圈：

挡圈 GB/T 895.1—1986　40（GB/T 895.2—1986　40）

表 B-18　弹性挡圈　　　　　　　　　　　　　　　　　　　mm

孔径轴径 d_0	d_1	r	挡圈 GB/T 895.1—1986 D		B	挡圈 GB/T 895.2—1986 d		B	沟槽（推荐）GB/T 895.1—1986 d_2		沟槽（推荐）GB/T 895.2—1986 d_2	
			基本尺寸	极限偏差		基本尺寸	极限偏差		基本尺寸	极限偏差	基本尺寸	极限偏差
4			—			3			—		3.4	
5	0.6	0.4	—	—	—	4	0 −0.18	1	—		4.4	±0.037
6			—			5			—		5.4	

续表

孔径轴径 d_0	挡圈								沟槽（推荐）			
			GB/T 895.1—1986			GB/T 895.2—1986			GB/T 895.1—1986		GB/T 895.2—1986	
	d_1	r	D		B	d		B	d_2		d_2	
			基本尺寸	极限偏差		基本尺寸	极限偏差		基本尺寸	极限偏差	基本尺寸	极限偏差
7	0.8	0.5	8.0	+0.22 / 0	4	6	0 / −0.22	2	7.8	±0.045	6.2	±0.045
8			9.0			7			8.8		7.2	
10			11.0			9			10.8		9.2	
12	1.0	0.6	13.5	+0.43 / 0	6	10.5	0 / −0.47		13.0	±0.055	11.0	±0.055
14			15.5			12.5			15.0		13.0	
16	1.6		18.0		8	14.0	0 / −0.47		17.6	±0.065	14.4	
18			20.0			16.0			19.6		16.4	
20			22.5	+0.52 / 0		17.5		3	22.0		18.0	±0.09
22	2.0	1.1	24.5			19.5			24.0	±0.105	20.0	
24			26.5		10	21.5			26.0		22.0	
25			27.5			22.5	0 / −0.52		27.0		23.0	±0.105
26			28.5			23.5			28.0		24.0	
28			30.5	+0.62 / 0		25.5			30.0		26.0	
30			32.5			27.5			32.0		28.0	
32			35.0			29.0			34.5		29.5	
35			38.0		12	32.0			37.6	±0.125	32.5	
38			41.0			35.0			40.6		35.5	
40	2.5	1.4	43.0	+1.00 / 0		37.0	0 / −1.00		42.6		37.5	
42			45.0			39.0			44.5		39.5	±0.125
45			48.0		16	42.0		4	47.5		42.5	
48			51.0			45.0			50.5		45.5	
50			53.0			47.0			52.5		47.5	
55			59.0			51.0			58.2		51.8	
60			64.0	+1.20 / 0	20	56.0			63.2	±0.150	56.8	
65			69.0			61.0	0 / −1.20		68.2		61.8	
70	3.2	1.8	74.0			66.0			73.2		66.8	±0.150
75			79.0			71.0			78.2		71.8	
80			84.0	+1.40 / 0	25	76.0		5	83.2		76.8	
85			89.0			81.0			88.2	±0.175	81.8	
90			94.0			86.0	0 / −1.40		93.2		86.8	±0.175
95			99.0			91.0			98.2		91.8	
100			104.0	+1.40 / 0		96.0		5	103.2		96.8	
105			109.0			101.0			108.2	±0.175	101.8	±0.175
110	3.2	1.8	114.0			106.0	0 / −1.40		113.2		106.8	
115			119.0		32	111.0			118.2		111.8	
120			124.0	+1.60 / 0		116.0			123.2	±0.20	116.8	
125			129.0			121.0	0 / −0.16		128.2		121.8	±0.20

附录 C 极限与配合

C.1 推荐选用的配合

表 C-1 基孔制优先、常用配合（摘自 GB/T 1801—2009）

基准孔	轴													
	间隙配合					过渡配合				过盈配合				
	c	d	f	g	h	js	k	m	n	p	r	s	t	u
H6			H6/f5	H6/g5	H6/h5	H6/js5	H6/k5	H6/m5	H6/n5	H6/p5	H6/r5	H6/s5	H6/t5	
H7			H7/f6	*H7/g6	*H7/h6	H7/js6	*H7/k6	H7/m6	*H7/n6	*H7/p6	H7/r6	*H7/s6	H7/t6	*H7/u6
H8		H8/d8	*H8/f7 H8/f8	H8/g7	*H8/h7 H8/h8	H8/js7	H8/k7	H8/m7	H8/n7	H8/p7	H8/r7	H8/s7	H8/t7	H8/u7
H9	H9/c9	*H9/d9	H9/f9		*H9/h9									
H10	H10/c10	H10/d10			H10/h10									
H11	*H11/c11	H11/d11			*H11/h11									
H12					H12/h12									

注：① H6/n5、H7/p6 在基本尺寸小于或等于 3 mm 和 H8/r7 在基本尺寸小于或等于 100 mm 时，为过渡配合。

② 标注 * 的配合为优先配合。

267

表 C－2　基轴制优先、常用配合（摘自 GB/T 1801—2009）

基准轴	C	D	F	G	H	Js	K	M	N	P	R	S	T	U
			间隙配合				过渡配合			过盈配合				
h5			F6/h5	G6/h5	H6/h5	Js6/h5	K6/h5	M6/h5	N6/h5	P6/h5	R6/h5	S6/h5	T6/h5	
h6			F7/h6	* G7/h6	* H7/h6	Js7/h6	* K7/h6	M7/h6	N7/h6	* P7/h6	R7/h6	* S7/h6	T7/h6	* U7/h6
h7			* F8/h7		* H8/h7	Js8/h7	K8/h7	M8/h7	N8/h7					
h8		D8/h8	F8/h8		H8/h8									
h9		* D9/h9	F9/h9		* H9/h9									
h10		D10/h10			H10/h10									
h11	* C11/h11	D11/h11			H11/h11									
h12					H12/h12									

孔

注：标注 * 的配合为优先配合。

表 C – 3　基孔制与基轴制的优先、常用配合的极限间隙配合

间隙配合（单位：μm，上/下偏差）

基孔制	H6/f5	H6/g5	H6/h5	H7/f6	H7/g6*	H7/h6*	H8/e7	H8/f7*	H8/g7	H8/h7*	H8/d8	H8/e8	H8/f8	H8/h8	H9/c9	H9/d9*
基轴制	F6/h5	G6/h5	H6/h5	F7/h6	G7/h6*	H7/h6*	E8/h7	F8/h7*	H8/g7	H8/h7*	D8/h8	E8/h8	F8/h8	H8/h8	—	D9/h9*
基本尺寸/mm 大于／至																
30／40	+52/+25	+36/+9	+27/0	+66/+25	+50/+9	+41/0	+114/+50	+89/+25	+73/+9	+64/0	+158/+80	+128/+50	+103/+25	+78/0	+244/+120	+204/+80
40／50															+254/+130	
50／65	+62/+30	+42/+10	+32/0	+79/+30	+59/+10	+49/0	+136/+60	+106/+30	+86/+10	+76/0	+192/+100	+152/+60	+122/+30	+92/0	+288/+140	+248/+100
65／80															+298/+150	
80／100	+73/+36	+49/+12	+37/0	+93/+36	+69/+12	+57/0	+161/+72	+125/+36	+101/+12	+89/0	+228/+120	+180/+72	+144/+36	+108/0	+344/+170	+294/+120
100／120															+354/+180	
120／140	+86/+43	+57/+14	+43/0	+108/+43	+79/+14	+65/0	+188/+85	+146/+43	+117/+14	+103/0	+271/+145	+211/+85	+169/+43	+126/0	+400/+200	+345/+145
140／160															+410/+210	
160／180															+430/+230	

续表

基孔制	H6/f5	H6/g5	H6/h5	H7/f6	*H7/g6	*H7/h6	H8/e7	*H8/f7	H8/g7	*H8/h7	H8/d8	H8/e8	H8/f8	H8/h8	H9/e9	*H9/d9
基轴制	F6/h5	G6/h5	H6/h5	F7/h6	*G7/h6	*H7/h6	E8/h7	*F8/h7		*H8/h7	D8/h8	E8/h8	F8/h8	H8/h8		*D9/h9
基本尺寸/mm 大于 / 至						间隙配合										
180 / 200	+99/+50	+64/+15	+49/0	+125/+50	+90/+15	+75/0	+218/+100	+168/+50	+133/+15	+118/0	+314/+170	+244/+100	+194/+50	+144/0	+470/+240	+400/+170
200 / 225	+99/+50	+64/+15	+49/0	+125/+50	+90/+15	+75/0	+218/+100	+168/+50	+133/+15	+118/0	+314/+170	+244/+100	+194/+50	+144/0	+490/+260	+400/+170
225 / 250	+99/+50	+64/+15	+49/0	+125/+50	+90/+15	+75/0	+218/+100	+168/+50	+133/+15	+118/0	+314/+170	+244/+100	+194/+50	+144/0	+510/+280	+400/+170
250 / 280	+111/+56	+72/+17	+55/0	+140/+56	+101/+17	+84/0	+243/+110	+189/+56	+150/+17	+133/0	+352/+190	+272/+110	+218/+56	+162/0	+560/+300	+450/+190
280 / 315	+111/+56	+72/+17	+55/0	+140/+56	+101/+17	+84/0	+243/+110	+189/+56	+150/+17	+133/0	+352/+190	+272/+110	+218/+56	+162/0	+590/+330	+450/+190
315 / 355	+123/+62	+79/+18	+61/0	+155/+62	+111/+18	+93/0	+271/+125	+208/+62	+164/+18	+146/0	+388/+210	+303/+125	+240/+62	+178/0	+640/+360	+490/+210
355 / 400	+123/+62	+79/+18	+61/0	+155/+62	+111/+18	+93/0	+271/+125	+208/+62	+164/+18	+146/0	+388/+210	+303/+125	+240/+62	+178/0	+680/+400	+490/+210

续表

间隙配合

基孔制	H9/e9	H9/f9	*H9/h9	H10/c10	H10/d10	H10/h10	H11/a11	H11/b11	*H11/c11	H11/d11	*H11/h11	H12/b12	H12/h12
基轴制	E9/h9	F9/h9	*H9/h9		D10/h10	H10/h10	A11/h11	B11/h11	*C11/h11	D11/h11	*H11/h11	B12/h12	H12/h12
基本尺寸/mm 大于 至													
30　40	+174 +50	+149 +25	+124 0	+66 +25	+50 +9	+41 0	+114 +50	+89 +25	+73 +9	+64 0	+158 +80	+128 +50	+103 +25
40　50													
50　65	+208 +60	+178 +30	+148 0	+79 +30	+59 +10	+49 0	+136 +60	+106 +30	+86 +10	+76 0	+192 +100	+152 +60	+122 +30
65　80													
80　100	+246 +72	+210 +36	+174 0	+93 +36	+69 +12	+57 0	+161 +72	+125 +36	+101 +12	+89 0	+228 +120	+180 +72	+144 +36
100　120													
120　140	+285 +85	+243 +43	+200 0	+108 +43	+79 +14	+65 0	+188 +85	+146 +43	+117 +14	+103 0	+271 +145	+211 +85	+169 +43
140　160													
160　180													
180　200	+330 +100	+280 +50	+230 0	+125 +50	+90 +15	+75 0	+218 +100	+168 +50	+133 +15	+118 0	+314 +170	+244 +100	+194 +50
200　225													
225　250													
250　280	+370 +110	+316 +56	+260 0	+140 +56	+101 +17	+84 0	+243 +110	+189 +56	+150 +17	+133 0	+352 +190	+272 +110	+218 +56
280　315													
315　355	+405 +125	+342 +62	+280 0	+155 +62	+111 +18	+93 0	+271 +125	+208 +62	+164 +18	+146 0	+388 +210	+303 +125	+240 +62
355　400													

271

C.2 轴、孔极限偏差

表 C-4 轴的极限偏差（摘自 GB/T 1800.2—2009） μm

基本尺寸	d		f			g	h			js	k	m	n	p	r	s	t	u
	9	11	7	8	9	6	6	7	8	7	7	6	6	6	6	6	6	6
>0~3	−20 / −45	−20 / −80	−6 / −16	−6 / −20	−6 / −31	−2 / −8	0 / −6	0 / −10	0 / −14	±5	+10 / 0	+8 / +2	+10 / +4	+12 / +6	+16 / +10	+20 / +14		+24 / +18
>3~6	−30 / −60	−30 / −105	−10 / −22	−10 / −28	−10 / −40	−4 / −12	0 / −8	0 / −12	0 / −18	±6	+13 / +1	+12 / +4	+16 / +8	+20 / +12	+23 / +15	+27 / +19		+31 / +23
6~10	−40 / −76	−40 / −130	−13 / −28	−13 / −35	−13 / −49	−5 / −14	0 / −9	0 / −15	0 / −22	±7	+16 / +1	+15 / +6	+19 / +10	+24 / +15	+28 / +19	+32 / +23		+37 / +28
10~18	−50 / −93	−50 / −160	−16 / −34	−16 / −43	−16 / −59	−6 / −17	0 / −11	0 / −18	0 / −27	±9	+19 / +1	+18 / +7	+23 / +12	+29 / +18	+34 / +23	+39 / +28		+44 / +33
18~24	−65 / −117	−65 / −195	−20 / −41	−20 / −53	−20 / −72	−7 / −20	0 / −13	0 / −21	0 / −33	±10	+23 / +2	+21 / +8	+28 / +15	+35 / +22	+41 / +28	+48 / +35		+54 / +41
24~30	−65 / −117	−65 / −195	−20 / −41	−20 / −53	−20 / −72	−7 / −20	0 / −13	0 / −21	0 / −33	±10	+23 / +2	+21 / +8	+28 / +15	+35 / +22	+41 / +28	+48 / +35	+54 / +41	+61 / +48
30~40	−80 / −142	−80 / −240	−25 / −50	−25 / −64	−25 / −87	−9 / −25	0 / −16	0 / −25	0 / −39	±12	+27 / +2	+25 / +9	+33 / +17	+42 / +26	+50 / +34	+59 / +43	+64 / +48	+76 / +60
40~50	−80 / −142	−80 / −240	−25 / −50	−25 / −64	−25 / −87	−9 / −25	0 / −16	0 / −25	0 / −39	±12	+27 / +2	+25 / +9	+33 / +17	+42 / +26	+50 / +34	+59 / +43	+70 / +54	+86 / +70
50~65	−100 / −174	−100 / −290	−30 / −60	−30 / −76	−30 / −104	−10 / −29	0 / −19	0 / −30	0 / −46	±15	+32 / +2	+30 / +11	+39 / +20	+51 / +32	+60 / +41	+72 / +53	+85 / +66	+106 / +87
65~80	−100 / −174	−100 / −290	−30 / −60	−30 / −76	−30 / −104	−10 / −29	0 / −19	0 / −30	0 / −46	±15	+32 / +2	+30 / +11	+39 / +20	+51 / +32	+62 / +43	+78 / +59	+94 / +75	+121 / +102

基本尺寸	d 9	d 11	f 7	f 8	f 9	g 6	h 6	h 7	h 8	js 7	k 7	m 6	n 6	p 6	r 6	s 6	t 6	u 6
80~100	-120 / -207	-120 / -340	-36 / -71	-36 / -90	-36 / -123	-12 / -34	0 / -22	0 / -35	0 / -54	±17	+38 / +3	+35 / +13	+45 / +23	+59 / +37	+73 / +51	+93 / +71	+113 / +91	+146 / +124
100~120	-120 / -207	-120 / -340	-36 / -71	-36 / -90	-36 / -123	-12 / -34	0 / -22	0 / -35	0 / -54	±17	+38 / +3	+35 / +13	+45 / +23	+59 / +37	+76 / +54	+101 / +79	+126 / +104	+166 / +144
120~140	-145 / -245	-145 / -395	-43 / -83	-43 / -106	-43 / -143	-14 / -39	0 / -25	0 / -40	0 / -63	±20	+43 / +3	+40 / +15	+52 / +27	+68 / +43	+88 / +63	+117 / +92	+147 / +122	+195 / +170
140~160	-145 / -245	-145 / -395	-43 / -83	-43 / -106	-43 / -143	-14 / -39	0 / -25	0 / -40	0 / -63	±20	+43 / +3	+40 / +15	+52 / +27	+68 / +43	+90 / +65	+125 / +100	+159 / +134	+215 / +190
160~180	-145 / -245	-145 / -395	-43 / -83	-43 / -106	-43 / -143	-14 / -39	0 / -25	0 / -40	0 / -63	±20	+43 / +3	+40 / +15	+52 / +27	+68 / +43	+93 / +68	+133 / +108	+171 / 146	+235 / +210
180~200	-170 / -285	-170 / -460	-50 / -96	-50 / -122	-50 / -165	-15 / -44	0 / -29	0 / -46	0 / -72	±23	+50 / +4	+46 / +17	+60 / +31	+79 / +50	+106 / +77	+151 / +122	+195 / +166	+265 / +236
200~225	-170 / -285	-170 / -460	-50 / -96	-50 / -122	-50 / -165	-15 / -44	0 / -29	0 / -46	0 / -72	±23	+50 / +4	+46 / +17	+60 / +31	+79 / +50	+109 / +80	+159 / +130	+209 / +180	+287 / +258
225~250	-170 / -285	-170 / -460	-50 / -96	-50 / -122	-50 / -165	-15 / -44	0 / -29	0 / -46	0 / -72	±23	+50 / +4	+46 / +17	+60 / +31	+79 / +50	+113 / +84	+169 / +140	+225 / +196	+313 / +284
250~280	-190 / -320	-190 / -510	-56 / -108	-56 / -137	-56 / -186	-17 / -49	0 / -32	0 / -52	0 / -81	±26	+56 / +4	+52 / +20	+66 / +34	+88 / +56	+126 / +94	+190 / +158	+250 / +218	+347 / +315
280~315	-190 / -320	-190 / -510	-56 / -108	-56 / -137	-56 / -186	-17 / -49	0 / -32	0 / -52	0 / -81	±26	+56 / +4	+52 / +20	+66 / +34	+88 / +56	+130 / +98	+202 / +170	+272 / +240	+382 / +350
315~355	-210 / -350	-210 / -570	-62 / -119	-62 / -151	-62 / -202	-18 / -54	0 / -36	0 / -57	0 / -89	±28	+61 / +4	+57 / +21	+73 / +37	+98 / +62	+144 / +108	+226 / +190	+304 / +268	+426 / +390
355~400	-210 / -350	-210 / -570	-62 / -119	-62 / -151	-62 / -202	-18 / -54	0 / -36	0 / -57	0 / -89	±28	+61 / +4	+57 / +21	+73 / +37	+98 / +62	+150 / +114	+244 / +208	+330 / +294	+471 / +435

表 C-5　孔的极限偏差（摘自 GB/T 1800.2—2009）　　　　μm

基本尺寸	D 9	D 11	F 7	F 8	F 9	G 7	H 7	H 8	H 9	JS 8	K 7	M 7	N 7	P 7	R 7	S 7	T 7	U 7
>0~3	+45 +20	+80 +20	+16 +6	+20 +6	+31 +6	+12 +2	+10 0	+14 0	+25 0	±7	0 -10	-2 -12	-4 -14	-6 -16	-10 -20	-14 -24		-18 -28
>3~6	+60 +30	+105 +30	+22 +10	+28 +10	+40 +10	+16 +4	+12 0	+18 0	+30 0	±9	+3 -9	0 -12	-4 -16	-8 -20	-11 -23	-15 -27		-19 -31
6~10	+76 +40	+130 +40	+28 +13	+35 +13	+49 +13	+20 +5	+15 0	+22 0	+36 0	±11	+5 -10	0 -15	-4 -19	-9 -24	-13 -28	-17 -32		-22 -37
10~18	+93 +50	+160 +50	+34 +16	+43 +16	+59 +16	+24 +6	+18 0	+27 0	+43 0	±13	+6 -12	0 -18	-5 -23	-11 -29	-16 -34	-21 -39		-26 -44
18~24	+117 +65	+195 +65	+41 +20	+53 +20	+72 +20	+28 +7	+21 0	+33 0	+52 0	±16	+6 -15	0 -21	-7 -28	-14 -35	-20 -41	-27 -48		-33 -54
24~30																	-33 -54	-40 -61
30~40	+142 +80	+240 +80	+50 +25	+64 +25	+87 +25	+34 +9	+25 0	+39 0	+62 0	±19	+7 -18	0 -25	-8 -33	-17 -42	-25 -50	-34 -59	-39 -64	-51 -76
40~50																	-45 -70	-61 -81
50~65	+174 +100	+290 +100	+60 +30	+76 +30	+104 +30	+40 +10	+30 0	+46 0	+74 0	±23	+9 -21	0 -30	-9 -39	-21 -51	-30 -60	-42 -72	-55 -85	-76 -106
65~80															-32 -60	-48 -78	-64 -94	-91 -121
80~100	+207 +120	+340 +120	+71 +36	+90 +36	+123 +36	+47 +12	+35 0	+54 0	+87 0	±27	+10 -25	0 -35	+45 +23	-24 -59	-38 -73	-58 -93	-78 -113	-111 -146
100~120															-41 -76	-66 -101	-91 -125	-131 -166

续表

基本尺寸	D	D	F	F	F	G	H	H	H	JS	K	M	N	P	R	S	T	U
	9	11	7	8	9	7	7	8	9	8	7	7	7	7	7	7	7	7
120~140															-48/-88	-77/-117	-107/-147	-155/-195
140~160	+245/+145	+395/+145	+83/+43	+106/+43	+143/+43	+54/+14	+40/0	+63/0	+100/0	±31	+12/-28	0/-40	+52/+27	-28/-68	-50/-90	-85/-125	-119/-159	-175/-215
160~180															-53/-93	-93/-133	-131/-171	-195/-235
180~200															-60/-106	-105/-151	-149/-195	-219/-265
200~225	+285/+170	+460/+170	+96/+50	+122/+50	+165/+50	+61/+15	+46/0	+72/0	+115/0	±36	+13/-33	0/-46	+60/+31	-33/-79	-63/-109	-113/-159	-163/-209	-241/-287
225~250															-67/-113	-123/-169	-179/-225	-267/-313
250~280	+320/+190	+510/+190	+108/+56	+137/+56	+186/+56	+69/+17	+52/0	+81/0	+130/0	±40	+16/-36	0/-52	+66/+34	-36/-88	-74/-126	-138/-190	-198/-250	-295/-347
280~315															-78/-130	-150/-202	-220/-272	-330/-382
315~355	+350/+210	+570/+210	+119/+62	+151/+62	+202/+62	+75/+18	+57/0	+89/0	+140/0	±44	+17/-40	0/-57	+98/+62	-41/-98	-87/-144	-169/-226	-247/-304	-369/-426
355~400															-93/-150	-187/-244	-273/-330	-414/-471

附录 D　常用粗糙度选用

表 D–1　常用粗糙度选用表

$Ra/\mu m$	表面状况	加工方法	应用举例
100	明显可见的刀痕	粗车、镗、刨、钻	粗加工的表面，如粗车、粗刨、切断等表面，用粗镗刀和粗砂轮等加工的表面，一般很少采用
25、50	明显可见的刀痕	粗车、镗、刨、钻	粗加工后的表面，焊接前的焊缝、粗钻孔壁等
12.5	可见刀痕	粗车、刨、铣、钻	一般非结合表面，如轴的端面、倒角、齿轮及皮带轮的侧面，键槽的非工作表面，减重孔眼表面
6.3	可见加工痕迹	车、镗、刨、钻、铣、锉、磨、粗铰、铣齿	不重要零件的配合表面，如支柱、支架、外壳、衬套、轴、盖等的端面，紧固件的自由表面，紧固件通孔的表面，内、外花键的非定心表面，不作为计量基准的齿轮顶圈圆表面等
3.2	微见加工痕迹	车、镗、刨、铣、刮 1 ~ 2 点/cm²、拉、磨、锉、滚压、铣齿	和其他零件连接不形成配合的表面，如箱体、外壳、端盖等零件的端面。要求有定心及配合特性的固定支承面，如定心的轴之间、键和键槽的工作表面。不重要的紧固螺纹的表面。需要滚花或氧化处理的表面
1.6	看不清加工痕迹	车、镗、刨、铣、铰、拉、磨、滚压、刮 1 ~ 2 点/cm²、铣齿	安装直径超过 80 mm 的 G 级轴承的外壳孔，普通精度齿轮的齿面，定位销孔，V 型带轮的表面，外径定心的内花键外径，轴承盖的定中心凸肩表面
0.8	可辨加工痕迹的方向	车、镗、拉、磨、立铣、刮 3 ~ 10 点/cm²、滚压	要求保证定心及配合特性的表面，如锥销与圆柱销的表面，与 G 级精度滚动轴承相配合的轴径和外壳孔，中速转动的轴径，直径超过 80 mm 的 E、D 级滚动轴承配合的轴径及外壳孔，内、外花键的定心内径，外花键键侧及定心外径，过盈配合 IT7 级的孔（H7），间隙配合 IT8 ~ IT9 级的孔（H8，H9），磨削的齿轮表面等
0.4	微辨加工痕迹的方向	铰、磨、镗、拉、刮 3 ~ 10 点/cm²、滚压	要求长期保持配合性质稳定的配合表面，IT7 级的轴、孔配合表面，精度较高的齿轮表面，受变应力作用的重要零件，与直径小于 80 mm 的 E、D 级轴承配合的轴径表面，与橡胶密封件接触的轴的表面，尺寸大于 120 mm 的 IT13 ~ IT16 级孔和轴用量规的测量表面
0.2	不可辨加工痕迹的方向	布轮磨、磨、研磨、超级加工	工作时受变应力作用的重要零件的表面。保证零件的疲劳强度、防腐性和耐久性，并在工作时不破坏配合性质的表面，如轴径表面、要求气密的表面和支承表面，圆锥定心表面等。IT5、IT6 级配合表面，高精度齿轮的表面，与 G 级滚动轴承配合的轴径表面，尺寸大于 315 mm 的 IT7 ~ IT9 级级孔和轴用量规尺寸大于 120 ~ 315 mm 的 IT10 ~ IT12 级孔和轴用量规的测量表面等

续表

$Ra/\mu m$	表面状况	加工方法	应用举例
0.1	暗光泽面	超级加工	工作时承受较大变应力作用的重要零件的表面。保证精确定心的锥体表面，如液压传动用的孔表面、气缸套的内表面、活塞销的外表面、仪器导轨面、阀的工作面、尺寸小于 120 mm 的 IT10～IT12 级孔和轴用量规测量面等
0.05	亮光泽面	超级加工	保证高度气密性的接合表面，如活塞、柱塞和气缸内表面，摩擦离合器的摩擦表面。对同轴度有精确要求的孔和轴。滚动导轨中的钢球或滚子和高速摩擦的工作表面
0.025	镜面光泽面	超级加工	高压柱塞泵中柱塞和柱塞套的配合表面，中等精度仪器零件配合表面，尺寸大于 120 mm 的 IT6 级孔用量规、小于 120 mm 的 IT7～IT9 级轴用和孔用量规测量表面
0.012	雾状镜面	超级加工	仪器的测量表面和配合表面，尺寸超过 100 mm 的块规工作面
0.006 3	雾状表面	超级加工	块规的工作表面，高精度测量仪器的测量面，高精度仪器摩擦机构的支承表面

附录E　机械工程CAD制图规则（GB/T 14665—2012）

表E-1　线型分组

一般用途	分　组					
	组别	1	2	3	4	5
粗实线、粗点画线、粗虚线	线宽/mm	2.0	1.4	1.0	0.7	0.5
细实线、波浪线、双折线、细虚线、细点画线、细双点画线		1.0	0.7	0.5	0.35	0.25

表E-2　CAD工程图的字体与图纸幅面之间的大小关系

字符类别	图　幅				
	A0	A1	A2	A3	A4
	字体高度 h/mm				
字母与数字	5		3.5		
汉字	7		5		

注：h 表示汉字、字母和数字的高度。

表E-3　基本图线的颜色

图线类型		屏幕上的颜色	图线类型		屏幕上的颜色
粗实线	————	白　色	虚线	- - - - - -	黄　色
细实线	————	绿　色	细点画线	— — —	红　色
波浪线	～～～		粗点画线	— — —	棕　色
双折线	～∧∨～		双点画线	— · · —	粉红色

表E-4　书写字体间的最小距离　　　　　　　　　　　　　　　mm

字体	最小距离	
汉字	字距	1.5
	行距	2
	间隔线或基准线与汉字的间距	1
字母与数字	字符	0.5
	词距	1.5
	行距	1
	间隔线或基准线与字母、数字的间距	1

注：当汉字与字母数字混合使用时，字体的最小字距、行距等应根据汉字的规定使用。

附录 F　常用材料及热处理名词解释

表 F-1　钢

标准	名称	钢号	应用举例	说　明
GB/T 700—2006	碳素结构钢	Q215	受轻载荷机件、铆钉、螺钉、垫片、外壳、螺栓、螺母、拉杆、钩、连杆、楔、轴、焊件	"Q"为钢的屈服点的"屈"字汉语拼音首位字母，数字为屈服点数值，单位为 N/mm²
		Q235		
		Q275		
GB/T 699—1999	优质碳素结构钢	30	曲轴、转轴、轴销、连杆、横梁、星轮，齿轮、齿条、链轮、凸轮、轧辊、曲柄轴、活塞杆、轮轴、不重要的弹簧、万向联轴器，高负荷下耐磨的热处理零件，大尺寸的各种扁、圆弹簧、发条	数字表示钢中平均含碳量的万分数，例如，"45"表示平均含碳量为 0.45%
		35		
		40		
		45		
		50		
		55		
		60		
		30Mn		含锰量 0.7%～1.2% 的优质碳素钢
		65Mn		
GB/T 3077—1999	合金结构钢	40Cr	较重要的调质零件：齿轮、进气阀、辊子、轴强度及耐磨性高的轴、齿轮、螺栓，汽车上重要的渗碳件、拖拉机上强度较高的渗碳齿轮	①合金结构钢前面两位数字表示钢中含碳量的万分数。②合金元素以化学符号表示。③合金元素含量小于 1.5% 时仅注出元素符号
		45Cr		
		20CrMnTi		
		30CrMnTi		
		40CrMnTi		
GB/T 11352—2009	铸钢	ZG200-400	强度高、耐磨性高的大齿轮，主轴、机座、箱体、支架等	"ZG"表示铸钢；后面的两组数字表示力学性能，第一组数字表示该牌号铸钢的屈服强度最低值，第二组数字表示其抗拉强度最低值，单位均为 MPa，两组数字中间用"—"隔开
		ZG230-450		

表 F-2　铸铁

名称	牌号	特性及应用举例	说　明
灰铸铁	HT150	低强度铸铁用于盖、手轮、支架。高强度铸铁用于床身、机座、齿轮、凸轮、气缸泵体。高强度耐磨铸铁用于齿轮、凸轮、高压泵、阀壳体、锻模	"HT"表示灰铸铁，后面的数字表示抗拉强度值（N/mm²）
	HT200		
	HT350		

名称	牌号	特性及应用举例	说　明
球墨铸铁	QT800 – 2 QT700 – 2 QT500 – 5 QT420 – 10	球墨铸铁具有较高强度，但塑性低，用于曲轴、凸轮轴、齿轮、气缸、缸套、轧辊、水泵轴、活塞环、摩擦片	"QT" 表示球墨铸铁，其后第一组数字表示抗拉强度（N/mm^2），第二组数字表示延伸率（%）
可锻铸铁	KTH330 – 08 KTH370 – 12 KTB380 – 12 KTB400 – 05 KTB450 – 07	黑心可锻铸铁用于承受冲击振动的零件，如汽车、拖拉机、农机铸件 白心可锻铸铁韧性较低，但强度高，耐磨性、加工性好。可代替低、中碳钢及低合金钢的重要零件，如曲轴、连杆、机床附件	"KT" 表示可锻铸铁，"H" 表示黑心，"B" 表示白心，第一组数字表示抗拉强度值（N/mm^2），第二组数字表示延伸率（%）

表 F – 3　常用热处理和表面处理

名称	代号及标注举例	说　明	目　的
退火	Th	加热—保温—随炉冷却	消除铸、锻、焊零件的内应力，降低硬度，细化晶粒，增加韧性
正火	Z	加热—保温—空气冷却	处理低碳钢、中碳结构钢，增加强度与韧性，改善切削性能
淬火	C C48	加热—保温—急冷 淬火回火 HRC 45 ~ 50	提高机件强度及耐磨性。但淬火后引起内应力，使钢变脆，所以淬火后必须回火
调质	T T235	淬火—高温回火 调质至 HB 220 ~ 250	提高韧性及强度。重要的齿轮、轴及丝杆等零件需调质
高频淬火	G G52（）	高频电流加热—急速冷却 高频淬火后，回火至 HRC 50 ~ 55	提高表面硬度及耐磨性，常用来处理齿轮
渗碳淬火	S – C S0.5 – C59	渗碳后，再淬火回火 渗碳层深 0.5 mm，硬度 HRC 56 ~ 62	提高表面的硬度、耐磨性、抗拉强度
氮化	D D0.3 – 900	氨气内加热，使氮原子渗入表面。氮化深度 0.3 mm，硬度大于 HV 850	提高表面硬度、耐磨性、疲劳强度和抗蚀能力
氰化	Q Q59	碳氮原子渗入钢表面，得到氰化层 淬火后，回火至 HRC 56 ~ 62	提高表面硬度、耐磨性、疲劳强度和耐蚀性
时效	时效处理	加热到 100 ~ 150 ℃后，保温 5 ~ 20 h，空气冷却，铸件可天然时效（露天放置一年以上）	消除内应力，稳定机件形状和尺寸
发蓝发黑	发蓝或发黑	氧化剂内加热使表面形成氧化铁保护膜	防腐蚀、美化，如用于螺纹连接件
镀镍		用电解方法，在钢件表面镀一层镍	防腐蚀、美化
镀铬		用电解方法，在钢件表面镀一层铬	提高表面硬度、耐磨性和耐蚀能力，也用于修复零件上磨损了的表面

参考文献

[1] 吕海霆. 现代工程制图 [M]. 北京：机械工业出版社，2012.

[2] 刘军，王琳. 工程制图 [M]. 北京：机械工业出版社，2015.

[3] 焦永和. 工程制图 [M]. 北京：北京理工大学出版社，2015.

[4] 朱辉. 画法几何及工程制图 [M]. 上海：上海科学技术出版社，2013.

[5] 庞正刚. 机械制图 [M]. 北京：北京航空航天大学出版社，2014.

[6] 冯岩，王美蓉. 机械制图与 CAD 绘图 [M]. 北京：北京邮电大学出版社，2013.

[7] 余兴波. 互换性与技术测量 [M]. 武汉：华中科技大学出版社，2017.

[8] 王兰美. 画法几何及工程制图 [M]. 北京：机械工业出版社，2013.

[9] 仝基斌. 机械制图 [M]. 北京：人民邮电出版社，2015.

[10] 刘朝儒，吴志军，高政一，等. 机械制图 [M]. 6 版. 北京：高等教育出版社，2014.

[11] 刘克明. 中国建筑图学文化源流 [M]. 武汉：湖北教育出版社，2006.

[12] 刘克明.《墨子》的几何学与图学成就及其科学价值 [J]. 图学学报，2018，39（1）：148－158.

[13] 杨道富，杨鹏. 图学在人类文明进展中的作用研究 [J]. 图学学报，2014，35（6）：923－929.

[14] 姜彤彤. 中国设计中的工匠精神——以榫卯结构为例 [J]. 西部皮革，2021，43（22）：19－20.

[15] 刘克明. 中国图学投影理论及其研究 [J]. 图学学报，2014，35（2）：155－160.

[16] 刘克明，胡显章. 中西机械制图之比较 [J]. 清华大学学报（哲学社会科学版），1996（2）：91－98.

[17] 刘克明. 楚辞与古代图学的成就 [J]. 十堰职业技术学院学报，2009，22（5）：60－64.

[18] 刘克明.《营造法式》中的图学成就及其贡献——纪念《营造法式》发表 900 周年 [J]. 华中建筑，2004（2）：127－130.

[19] 张玮. 历史的温度：寻找历史背面的故事，热血和真性情 [M]. 北京：中信出版集团，2017.